T0235062

Werkstofftechnische Berichte | Reports of Materials Science and Engineering

Reihe herausgegeben von

Frank Walther, Lehrstuhl für Werkstoffprüftechnik (WPT), TU Dortmund, Dortmund, Nordrhein-Westfalen, Deutschland

IIn den Werkstofftechnischen Berichten werden Ergebnisse aus Forschungsprojekten veröffentlicht, die am Lehrstuhl für Werkstoffprüftechnik (WPT) der Technischen Universität Dortmund in den Bereichen Materialwissenschaft und Werkstofftechnik sowie Mess- und Prüftechnik bearbeitet wurden. Die Forschungsergebnisse bilden eine zuverlässige Datenbasis für die Konstruktion, Fertigung und Überwachung von Hochleistungsprodukten für unterschiedliche wirtschaftliche Branchen. Die Arbeiten geben Einblick in wissenschaftliche und anwendungsorientierte Fragestellungen, mit dem Ziel, strukturelle Integrität durch Werkstoffverständnis unter Berücksichtigung von Ressourceneffizienz zu gewährleisten.

Optimierte Analyse-, Auswerte- und Inspektionsverfahren werden als Entscheidungshilfe bei der Werkstoffauswahl und -charakterisierung, Qualitätskontrolle und Bauteilüberwachung sowie Schadensanalyse genutzt. Neben der Werkstoffqualifizierung und Fertigungsprozessoptimierung gewinnen Maßnahmen des Structural Health Monitorings und der Lebensdauervorhersage an Bedeutung. Bewährte Techniken der Werkstoff- und Bauteilcharakterisierung werden weiterentwickelt und ergänzt, um den hohen Ansprüchen neuentwickelter Produktionsprozesse und Werkstoffsysteme gerecht zu werden.

Reports of Materials Science and Engineering aims at the publication of results of research projects carried out at the Chair of Materials Test Engineering (WPT) at TU Dortmund University in the fields of materials science and engineering as well as measurement and testing technologies. The research results contribute to a reliable database for the design, production and monitoring of high-performance products for different industries. The findings provide an insight to scientific and applied issues, targeted to achieve structural integrity based on materials understanding while considering resource efficiency.

Optimized analysis, evaluation and inspection techniques serve as decision guidance for material selection and characterization, quality control and component monitoring, and damage analysis. Apart from material qualification and production process optimization, activities concerning structural health monitoring and service life prediction are in focus. Established techniques for material and component characterization are aimed to be improved and completed, to match the high demands of novel production processes and material systems.

Patrick Striemann

Entwicklung und Validierung einer Prüfsystematik zur Charakterisierung von additiv gefertigten Thermoplast-Leichtbaustrukturen

 Springer Vieweg

Patrick Striemann
Weingarten, Deutschland

Veröffentlichung als Dissertation in der Fakultät für Maschinenbau der Technischen Universität Dortmund.
Promotionsort: Dortmund
Tag der mündlichen Prüfung: 11.07.2022
Vorsitzender: Prof. Dr. Ulrich Handge
Erstgutachter: Prof. Dr.-Ing. habil. Frank Walther
Zweitgutachter: Prof. Dr.-Ing. Michael Niedermeier
Mitberichter: Prof. Dr. sc. Gion Barandun

ISSN 2524-4809　　　　　　　ISSN 2524-4817　(electronic)
Werkstofftechnische Berichte | Reports of Materials Science and Engineering
ISBN 978-3-658-40754-4　　　　ISBN 978-3-658-40755-1　(eBook)
https://doi.org/10.1007/978-3-658-40755-1

Die Deutsche Nationalbibliothek verzeichnet diese Publikation in der Deutschen Nationalbibliografie; detaillierte bibliografische Daten sind im Internet über http://dnb.d-nb.de abrufbar.

Planung/Lektorat: Stefanie Probst
Springer Vieweg ist ein Imprint der eingetragenen Gesellschaft Springer Fachmedien Wiesbaden GmbH und ist ein Teil von Springer Nature.
Die Anschrift der Gesellschaft ist: Abraham-Lincoln-Str. 46, 65189 Wiesbaden, Germany

Geleitwort

Die Forschungsaktivitäten des Lehrstuhls für Werkstoffprüftechnik an der Technischen Universität Dortmund umfassen im Bereich der Leichtbaustrukturen die anwendungsorientierte Charakterisierung des Ermüdungsverhaltens additiv gefertigter Thermoplaste. Die Untersuchungen zielen auf die Berücksichtigung von prozess- und materialspezifischen Charakteristiken der additiven Fertigung für die Bewertung der Leistungsfähigkeit von Werkstoffen und Bauteilen ab.

Die vorliegende Arbeit entstand in Kooperation mit der Hochschule Ravensburg-Weingarten und befasst sich mit Prüfstrategien zur Charakterisierung der Prozess-Struktur-Eigenschafts-Zusammenhänge von additiv gefertigten Thermoplasten. Die Gesamtheit der Prüfstrategien wird in einer Prüfsystematik zusammengefasst, die qualitative Merkmale und mechanische Kennwerte beinhaltet. Die Qualitätsbeurteilung erfolgt oberflächen- und volumenbasiert, in einem breiten Dehnratenbereich bis 250 s^{-1} und unter zyklischer Beanspruchung bis 10^8 Lastspiele. Die neuartigen Ansätze zur Prüfung und Auswertung gewährleisten ein tiefgreifendes Verständnis der Zusammenhänge zwischen den gewählten Prozessparametern, den sich einstellenden Mikro- und Makrostrukturen sowie abgeleiteten Werkstoff- und Bauteileigenschaften. Die Ausführungen münden in einer Prüfsystematik zur ganzheitlichen Charakterisierung additiv gefertigter Thermoplaste, die Prozesscharakteristiken berücksichtigt.

Dortmund   Frank Walther
Oktober 2022

Vorwort

Diese Dissertation entstand im Rahmen meiner Tätigkeit als wissenschaftlicher Mitarbeiter im Werkstoffprüflabor der Hochschule Ravensburg-Weingarten. Die Forschungsinhalte wurden in Kooperation mit dem Lehrstuhl für Werkstoffprüftechnik der Technischen Universität Dortmund generiert. Auf diesem Wege bedanke ich mich bei allen Beteiligten, die zum Gelingen dieser Arbeit beigetragen haben.

An erster Stelle bedanke ich mich bei Prof. Dr.-Ing. habil. Frank Walther für die Betreuung und Unterstützung meines Promotionsvorhabens. Die inhaltlichen Diskussionen haben diese Dissertation entscheidend mitgestaltet. Ebenso gilt mein besonderer Dank Prof. Dr.-Ing. Michael Niedermeier, der diese Dissertation mit seinem persönlichen Engagement ermöglicht hat. Prof. Dr. sc. Gion Barandun und Prof. Dr. Ulrich Handge danke ich für die Bereitschaft, die Prüfungskommission vervollständigt zu haben.

Meinen Kollegen aus dem Werkstoffprüflabor der RWU danke ich für die angenehme Zusammenarbeit der letzten Jahre. Hierbei sind insbesondere Prof. Dr.-Ing. Thomas Glogowski, Bernhard Bauer und Emil Lotschan zu nennen.

Am WPT danke ich allen Kolleginnen und Kollegen, die mich während meiner Forschungsaufenthalte unterstützt haben. Namentlich sind hier Dr.-Ing. Daniel Hülsbusch, Dr.-Ing. Ronja Scholz, Selim Mrzljak und Lars Gerdes hervorzuheben.

Zu guter Letzt danke ich meiner Familie und meinen Freunden für die Ermutigungen im Laufe der letzten Jahre. Für die grenzenlose Unterstützung würdige

ich in tiefster Dankbarkeit meine Eltern Ingrid und Michael, meine Schwester
Diana und meine Partnerin Daniela.

Weingarten   Patrick Striemann
Oktober 2022

Kurzfassung

Die schichtbasierte Charakteristik der additiven Fertigung ermöglicht die Generierung von komplexen, dreidimensionalen Geometrien. Dies eröffnet Möglichkeiten für Bauteile, die bisher keine technische oder wirtschaftliche Relevanz hatten. Allerdings zeigen die resultierenden Werkstoffe reduzierte mechanische Eigenschaften und schlechtere Qualitätsmerkmale im Vergleich zum Stand der Technik. Für einen Transfer zu einem reproduzierbaren Serienprozess ist die zuverlässige Absicherung von werkstofflichen Kennwerten notwendig. Hierfür stehen sowohl für die mechanische als auch die zerstörungsfreie Prüfung nahezu keine Standardisierung zur Verfügung, die die prozessinduzierten Eigenheiten berücksichtigen. Dadurch ist die Charakterisierung von fertigungsbedingten Einflüssen und Wechselwirkungen, wie der Anisotropie oder der Grenzschichtverbindung, nicht möglich. Die Zielsetzung dieser Arbeit ist die Entwicklung und Validierung einer Prüfsystematik zur Charakterisierung von additiv gefertigten Thermoplast-Leichtbaustrukturen. Ein Schwerpunkt liegt auf den prozessinduzierten Defekten der additiven Fertigung und dem Einfluss auf die strukturelle Ausprägung sowie die eigenschaftsbezogene Leistungsfähigkeit. Die strukturellen Unterschiede wurden mittels materialografischer, mikroskopischer und thermischer Analysen sowie zerstörungsfreier Mikro-Computertomografie analysiert. Diese schaffen die Voraussetzung für Korrelationen mit der mechanischen Leistungsfähigkeit. Das mechanische Werkstoffverhalten wurde in einem breiten Dehnratenbereich (statisch, niedrig, hochdynamisch) sowie unter zyklischer Belastung bis zur Lastspielzahl 10^8 erforscht.

In der experimentellen Arbeit wurde der Einfluss der Bauraumorientierung innerhalb der extrusionsbasierten additiven Fertigung untersucht. Diese Testreihe wurde als vergleichende Untersuchung mit sortenreinen spritzgegossenen Referenzproben durchgeführt. Dabei deutete sich eine prozessinduzierte Anisotropie ggü. der Referenz an, die sich unter anderem durch die Reduzierung der mechanischen Leistungsfähigkeit bemerkbar macht. Die anisotrope Werkstoffcharakteristik korreliert mit der oberflächen- und volumenbasierten Qualitätsbeurteilung. Im Gegensatz zu den Referenzproben zeigten sich prozessspezifische Verformungs- und Schädigungsmechanismen, die die materialspezifische Charakteristik des Faserverbundkunststoffs in unterschiedlichen Ausprägungen ausnutzt. In besonderem Maße ist die prozessinduzierte Werkstoffversprödung in Fertigungsrichtung hervorzuheben, die als übergeordnete Schwachstelle identifiziert wurde. Darauf aufbauend folgte eine Parameterstudie, welche die fertigungsbedingte Grenzschicht in Abhängigkeit der Prozessgröße Schichthöhe untersuchte. Durch die Erhöhung der Schichthöhe resultierten schlechtere qualitative Kennwerte und eine weitere Reduzierung der mechanischen Leistungsfähigkeit. Losgelöst von anderen fertigungsbedingten Effekten, konnte der Oberflächeneffekt separat betrachtet werden. Dabei zeigte sich unter niedrigen Dehnraten erstmalig ein konstanter Einfluss, trotz steigender Schichthöhe und steigendem Oberflächenprofil. Die Ergebnisse bezüglich der prozessinduzierten Grenzschicht signalisieren durch den Prozessparameter Schichthöhe Potenzial für die Leistungsfähigkeit und die Prozesseffizienz. Eine anwendungsorientierte Betrachtung unter hohen Dehnraten und sehr hohen Lastspielzahlen verbesserte zusätzlich das Prozessverständnis und ermöglicht erstmals eine eigenschaftsfokussierte Auslegung mit der Schichthöhe. Auf Basis der Ergebnisse konnte eine Prüfsystematik entwickelt und validiert werden, die als Leitfaden zur Charakterisierung von additiv gefertigten Thermoplast-Leichtbaustrukturen dient. Ebenso können durch die Separierung von überlagerten prozessinduzierten Defekten anwendungsorientierte Gestaltungsrichtlinien abgeleitet werden. Dadurch wird eine eigenschaftsfokussierte Auswahl von Prozessparametern und Nachbearbeitungsschritten eingeführt.

Abstract

The layer-based characteristic of additive manufacturing enables the generation of complex, three-dimensional geometries. This provides opportunities for components that previously had no technical or economic relevance. However, the resulting materials show reduced mechanical properties and poorer quality characteristics compared to the state of the art. For a transfer to a reproducible series process, the reliable validation of material properties is necessary. However, there is almost no standardization available for both mechanical and non-destructive testing that considers process-induced effects into account. As a result, the characterization of process-induced effects and interactions, such as anisotropy or interlayer bonding, is not possible. The aim of this work is the development and validation of a systematic approach for the characterization of additively manufactured lightweight thermoplastic structures. The main focus is on process-induced defects of additive manufacturing and the influence on the structural characteristics and the property-related performance. The structural differences were analyzed using materialographic, microscopic and thermal analyses as well as non-destructive micro-computed tomography. These provide the basis for correlations with mechanical performance. This was investigated in a wide strain rate range (static, low, dynamic) as well as under cyclic loading until 10^8 cycles.

The experimental study investigated the influence of build orientation within extrusion-based additive manufacturing. The test series was carried out in comparison to single-batch injection molding reference specimens. This revealed a process-induced anisotropy, which is noticeable through the reduction in mechanical performance. The anisotropic material characteristics correlate with the surface- and volume-based quality assessment. In contrast to the injection molded reference specimens, process-specific deformation and damage mechanisms were found to exploit the material-specific characteristics of the composite to varying levels. Highlighted is the process-induced embrittlement of the material in manufacturing direction. This was shown to be an overall weak point within extrusion-based additive manufacturing, which was identified as the overall weakness. Therefore, a parameter study followed, which investigated the process-induced interlayer bonding as a function of the process parameter layer height. Increasing the layer height resulted in lower qualitative indicators and a further reduction of the mechanical performance. Separated from other process-induced effects, the surface effect was extracted. At low strain rates, the influence was constant, despite increasing layer height and surface profile. The results concerning the process-induced interlayer bonding in combination with the process parameter layer height showed potential for the mechanical performance and the process efficiency. An application-oriented consideration under high strain rates and under cyclic loading up to the very high cycle fatigue regime additionally improved the process knowledge and enables for the first time a property-controlled design with the layer height. Based on the results, it was possible to develop and validate a systematic test approach that serves as a guideline for the characterization of additively manufactured lightweight thermoplastic structures. Likewise, by separating superimposed process-induced defects, application-oriented design guidelines can be derived. This introduces a property-controlled selection of process parameters and post-processing steps.

Formelzeichenverzeichnis

Lateinische Symbole

Formelzeichen	Bezeichnung	Einheit
a	Ermüdungsfestigkeitskoeffizient	-
A	Fläche	mm^2
A_{Dyn}	Probenquerschnitt im Dynamometerbereich	mm^2
$A_{eff,Schub}$	Effektive Querschnittsfläche unter Schubbelastung	mm^2
$A_{eff,Zug}$	Effektive Querschnittsfläche unter Zugbelastung	mm^2
$A_{Prüf}$	Probenquerschnitt im Prüfbereich	mm^2
c	Geschwindigkeit der Spannungswelle	$m \cdot s^{-1}$
$c_{Oberfläche}$	Oberflächeneffekt	MPa
c_{Pore}	Poreneffekt	MPa
$c_{Prozess}$	Prozesseffekt	MPa
C	Steifigkeit	$kN \cdot mm^{-1}$
C_{dyn}	Dynamische Steifigkeit	$kN \cdot mm^{-1}$
d_F	Faserdurchmesser	μm
E	Elastizitätsmodul	GPa
E_{dyn}	Dynamischer Elastizitätsmodul	GPa
$E_{Prüf}$	Elastizitätsmodul im Prüfbereich (1)	GPa
f	Prüffrequenz	Hz
F	Kraft	N
F_{max}	Maximale Kraft	N

Formelzeichen	Bezeichnung	Einheit
F_{min}	Minimale Kraft	N
$F_{S,k}$	Schwingungskompensierte Versuchskraft	N
i	Zeitpunkt	-
l	Länge	mm
l_0	Anfangsmesslänge	mm
$l_{0,max}$	Maximale Anfangsmesslänge	mm
l_{eff}	Effektive Probenlänge	mm
l_F	Faserlänge	μm
$l_{F,k}$	Kritische Faserlänge	μm
l_{makro}	Makroskopisch gemessene Probenlänge	mm
l_O	Einzelmessstrecke zur Oberflächenbeurteilung	μm
m	Dehnratensensitivitätsindex	-
m_{Pro}	Probenmasse	g
n	Ermüdungsfestigkeitsexponent	-
N	Lastspielzahl	-
N_B	Bruchlastspielzahl	-
N_G	Grenzlastspielzahl	-
p_x, p_y, p_z	Porenabmessung	μm
P	Leistung	W
$P(z)$	Primäres Oberflächenprofil	μm
P_a	Arithmetisches Mittel des Primärprofils	μm
P_E	Extrusionsdruck	MPa
P_z	Größte Höhe des Primärprofils	μm
$\dot{Q}_n$	Normierter Wärmestrom	$W \cdot g^{-1}$
R	Spannungsverhältnis	-
R^2	Determinationskoeffizient	-
R_a	Arithmetisches Mittel des Rauheitsprofils	μm
R_z	Größte Höhe des Rauheitsprofils	μm
s	Weg	mm
s_{max}	Maximale Verformung	mm
s_{min}	Minimale Verformung	mm
s_t	Totaler Weg	mm
S_a	Arithmetisches Mittel der skalenbegrenzten Oberfläche	μm

Formelzeichen	Bezeichnung	Einheit
S_z	Maximale Höhe der skalenbegrenzten Oberfläche	μm
t	Zeit	s
t_0	Versuchsbeginn	s
t_g	Versuchsdauer	s
T	Temperatur	°C
T_0	Starttemperatur	°C
T_g	Glasübergangstemperatur	°C
T_i	Temperatur zum Zeitpunkt i	°C
T_m	Schmelztemperatur	°C
T_{mg}	Mittenpunktstemperatur im Glasübergangsbereich	°C
T_{pc}	Kristallisationstemperatur (Peakmaximum)	°C
T_{pm}	Schmelztemperatur (Peakmaximum)	°C
v	Geschwindigkeit	$m \cdot s^{-1}$
v_E	Geschwindigkeit zur Ermittlung des E-Moduls	$m \cdot s^{-1}$
v_σ	Geschwindigkeit zur Ermittlung der Festigkeit	$m \cdot s^{-1}$
V_F	Filamentvolumen	mm^3
V_{Pro}	Probenvolumen	mm^3
V_S	Extrusionsstrangvolumen	mm^3
w	Breite	mm
w_{eff}	Effektive Probenbreite	mm
w_{makro}	Makroskopisch gemessene Probenbreite	mm
W_a	Arithmetisches Mittel des Welligkeitsprofils	μm
W_V	Verlustarbeit	$J \cdot mm^3$
W_z	Größte Höhe des Welligkeitsprofils	μm
x	Fertigungsrichtung in der additiven Fertigung	-
y	Fertigungsrichtung in der additiven Fertigung	-
z	Fertigungsrichtung in der additiven Fertigung	-

Griechische Symbole

Formelzeichen	Bezeichnung	Einheit
α	Thermischer Ausdehnungskoeffizient	K^{-1}

Formelzeichen	Bezeichnung	Einheit
α_F	Profilwinkel	°
$\Delta\sigma_{max}$	Spannungsänderung – Stufenhöhe im Mehrstufenversuch	MPa
Δt	Zeitänderung – Stufenlänge im Mehrstufenversuch	s
ΔT	Temperaturänderung	K
ΔT_i	Temperaturänderung zum Zeitpunkt i	K
$\Delta T_{Kerntemperatur}$	Temperaturänderung im Volumen	K
$\Delta T_{Oberfläche}$	Temperaturänderung an der Oberfläche	K
$\Delta T_{Referenz}$	Temperaturänderung an der Referenz	K
ε	Dehnung	-
ε_b	Bruchdehnung	-
ε_{Dyn}	Dehnung im Dynamometerbereich (2)	-
ε_{max}	Maximale Dehnung	-
$\varepsilon_{max,t}$	Optische maximale Totaldehnung	-
ε_{min}	Minimale Dehnung	-
$\varepsilon_{Prüf}$	Dehnung im Prüfbereich (1)	-
ε_t	Totaldehnung	-
$\dot{\varepsilon}$	Dehnrate	s^{-1}
$\dot{\varepsilon}_d$	Durchschnittliche Dehnrate	s^{-1}
θ_O	Oberflächenwinkel	°
λ_c	Kurzwelliger Profilfilter	µm
λ_f	Langwelliger Profilfilter	µm
λ_s	Kurzwelliger Profilfilter	µm
σ	Spannung	MPa
σ_A	Spannungsamplitude	MPa
σ_{Dyn}	Spannung im Dynamometerbereich (2)	MPa
$\sigma_{F,B}$	Faserbruchfestigkeit	MPa
σ_m	Zugfestigkeit	MPa
σ_M, τ_M	Mittelspannung	MPa
σ_{max}	Maximale Zugspannung	MPa
σ_{min}	Minimale Zugspannung	MPa
σ_n, τ_n	Nennspannung	MPa
σ_O, τ_O	Oberspannung	MPa
$\sigma_{O,r}$	Relative Oberspannung	MPa

Formelzeichen	Bezeichnung	Einheit
$\sigma_{Prüf}$	Spannung im Prüfbereich (1)	MPa
$\sigma_{Prüf,S,k}$	Schwingungskompensierte Spannung im Prüfbereich (1)	MPa
σ_{Start}	Oberspannung bei Start im Mehrstufenversuch	MPa
σ_U, τ_U	Unterspannung	MPa
$\sigma_{U,r}$	Relative Unterspannung	MPa
ρ	Dichte	$g \cdot cm^3$
ρ_{Fil}	Filamentdichte	$g \cdot cm^3$
ρ_{Pro}	Probendichte	$g \cdot cm^3$
τ_m	Schubfestigkeit	MPa
$\tau_{M,B}$	Matrixschubfestigkeit	MPa
φ_F	Faservolumengehalt	%
φ_M	Matrixvolumengehalt	%
$\varphi_{P,F}$	Porenflächengehalt	%
$\varphi_{P,V}$	Porenvolumengehalt	%
$\varphi_{P,V,akk}$	Akkumuliertes Porenvolumen	μm^3

Inhaltsverzeichnis

Abkürzungsverzeichnis

μCT	Mikro-Computertomografie
ABS	Acrylnitril-Butadien-Styrol-Copolymer
AM	Additive Fertigung (engl. „Additive Manufacturing")
AMF	Additive Manufacturing File (.amf)
CAD	Computer-Aided Design
CF	Kohlenstofffaser
CF-PA	Kohlenstoff-kurzfaserverstärktes Polyamid
CT	Computertomografie
DIC	Digitale Bildkorrelation (engl. „Digital Image Correlation")
DIN	Deutsches Institut für Normung
DSC	Dynamische Differenzkalorimetrie (engl. „Differential Scanning Calorimetry)
E-Modul	Elastizitätsmodul
EN	Europäische Norm
FDM™	Fused Deposition Modeling™
FFF	Fused Filament Fabrication
FLM	Fused Layer Manufacturing
fps	Bilder pro Sekunde (engl. „Frames per Second")
FVK	Faserverbundkunststoff
HCF	Zeitfestigkeit (engl. „High Cycle Fatigue")
HM	High Modulus
HT	High Tenacity
IPS	Infrarot-Vorheiz-System (engl. „Infrared Preheating System")
ISO	Internationale Organisation für Normung (engl. „International Organization for Standardization")
LCF	Kurzzeitfestigkeit (engl. „Low Cycle Fatigue")

LH   Schichthöhe (engl. „Layer Height")
MRT   Magnetresonanztomografie
ND   Düsendurchmesser (engl. „Nozzle Diameter")
PA   Polyamid
PA6   Polyamid 6
REM   Rasterelektronenmikroskop
SiC   Siliziumkarbid
ST   Super Tenacity
STL   Surface Tesselation Language (.stl)
UHM   Ultra High Modulus
VHCF   Langzeitfestigkeit (engl. „Very High Cycle Fatigue")
WE   Werkstoffextrusion

Abbildungsverzeichnis

Tabellenverzeichnis

Einleitung

Die additive Fertigung (AM, engl. „Additive Manufacturing") kann als Kollektiv von Technologien umschrieben werden, die dreidimensionale Volumenkörper systematisch Schicht für Schicht generieren [1]. Durch diesen Fertigungsansatz können neuartige, komplexe Geometrien erzeugt werden, die bisher durch den Einsatz konventioneller Fertigungsverfahren nicht möglich oder unwirtschaftlich waren. Die hohen Freiheitsgrade bezüglich der Komplexität ermöglichen die Integration von zusätzlichen Funktionen. Somit können nachfolgende Prozessschritte, wie z. B. die Montage, ersetzt werden. Des Weiteren findet die Fertigung in der Regel werkzeuglos ohne hohen Initialaufwand statt. Die AM ist somit als Fertigungsprozess ab Losgröße 1 interessant. In einer gesamtheitlichen Betrachtungsweise kann die AM, auch durch den ressourcenschonenden Materialeinsatz, ein vielversprechender Ansatz für hoch individualisierte Bauteile sein.

Dieses Potenzial ist hinlänglich bekannt, wird derzeit allerdings vermehrt im Prototypenbau eingesetzt. Dem Einsatz als zuverlässiger Fertigungsprozess in Serienqualität stehen bisher die reduzierte Leistungsfähigkeit der AM-Werkstoffe [2,3], aber auch die resultierende Oberflächenqualität [4] im Wege. Zusätzlich wird die Fertigungszeit für industrielle Anwendungen nach derzeitigem Stand der Technik als zu langsam eingestuft [5]. All diese Faktoren lassen sich durch die Prozessparameter der AM beeinflussen. Einerseits kann dadurch eine Prozessoptimierung vorangetrieben werden, andererseits eröffnet dies auch Potenzial hinsichtlich multifunktionaler Werkstoffe mit lokal hinterlegten Eigenschaftsprofilen. Die lokal aufgelösten Funktionalitäten können hingegen nur bedingt mit integralen Prüfstrategien charakterisiert werden.

Die Grundlage für eine Auslegung von technischen Bauteilen bilden die werkstoffmechanischen Kennwerte, die durch Normprüfungen generiert werden. Die

P. Striemann, *Entwicklung und Validierung einer Prüfsystematik zur Charakterisierung von additiv gefertigten Thermoplast-Leichtbaustrukturen*, Werkstofftechnische Berichte | Reports of Materials Science and Engineering, https://doi.org/10.1007/978-3-658-40755-1_1

zuverlässige Ermittlung und reproduzierbare Ergebnisse bilden das Fundament für die Entwicklung der technologischen Anwendungen. In der extrusionsbasierten AM sind weniger die Eigenschaften des Ausgangsmaterials entscheidend, vielmehr zählt das Zusammenspiel aus dem Ausgangsmaterial und dem Fertigungsprozess, die in einem AM-Werkstoff resultieren. Dieser AM-Werkstoff kann mit Prozess-Struktur-Eigenschafts-Beziehungen definiert und charakterisiert werden. Dabei bestimmen die Prozessparameter maßgeblich die Struktur und das Eigenschaftsprofil des resultierenden AM-Werkstoffs. Eine beispielhafte Zusammenstellung dieser 3-Säulen, mit potenziell relevanten Einflussfaktoren, lautet:

- **Prozess**: Bauraumorientierung, Schichthöhe, Düsendurchmesser.
- **Struktur**: Oberflächenqualität, Fehlstellen, Morphologie.
- **Eigenschaft**: Verformungs- und Ermüdungsverhalten, Anisotropie.

Diese beschriebene Möglichkeit zur Charakterisierung bietet einen Lösungsansatz für einen stationären Betriebspunkt der Fertigungstechnologie. Die Betrachtung des Prozessverständnisses findet nur lokal, hinsichtlich des strukturellen Aufbaus und des entsprechenden Eigenschaftsprofils, statt. Eine dynamische Anpassung zu multifunktionalen AM-Werkstoffen berücksichtigt hingegen kaum gegenseitige Wechselwirkungen. Für einen Transfer zu einem reproduzierbaren Serienprozess ist die zuverlässige Absicherung von werkstofflichen Kennwerten auch hinsichtlich von Wechselwirkungen zwischen Struktur und Eigenschaft notwendig. Damit diese Wechselwirkungen innerhalb von Prozess-Struktur-Eigenschafts-Beziehungen extrahiert und charakterisiert werden können, bedarf es Anpassungen der prüftechnischen Strategien. Der Grund hierfür ist, dass sowohl für die mechanische als auch die zerstörungsfreie Prüfung nahezu keine Standardisierung zur Verfügung stehen, die die prozessinduzierten Eigenheiten der AM berücksichtigen. Dadurch können die Einflüsse und Wechselwirkungen von prozessinduzierten Defekten, wie die Anisotropie und die Grenzschicht, nicht ausreichend beschrieben werden. Überlagerte Fertigungseffekte können somit nur gebündelt erfasst und betrachtet werden, ohne die Möglichkeit einer eindeutigen Zuordnung zwischen Prozess, Struktur und Eigenschaft. Das veränderte Eigenschaftsprofil der AM-Werkstoffe kann sowohl auf prozessbedingte als auch auf strukturelle Änderungen zurückgeführt werden. Somit besteht die Gefahr, dass überlagerte Fertigungseffekte die Charakterisierung und die Werkstoffkennwerte verfälschen.

Das Ziel dieser Arbeit ist die Entwicklung und Validierung einer Prüfsystematik zur Charakterisierung von additiv gefertigten Thermoplast-Leichtbaustrukturen. Fokussiert werden dabei die prozessinduzierten Defekte und der Einfluss auf die strukturelle Ausprägung sowie die eigenschaftsbezogene Leistungsfähigkeit. Hierzu werden die werkstofflichen Untersuchungen an einem kohlenstoff-kurzfaserverstärkten Polyamid 6 durchgeführt. Es stehen die prozessinduzierten Defekte der Werkstoffextrusion (WE), wie die bauraumabhängige Anisotropie und die fertigungsbedingte Grenzschicht, im Vordergrund. Um die prozessinduzierten Defekte bewerten zu können, werden zusätzlich Versuche an spritzgegossenen Referenzproben durchgeführt. Die mechanischen Kennwerte der AM-Werkstoffe werden mit einer oberflächen- und volumenbasierten Qualitätsbeurteilung in Verbindung gebracht. Dabei wurde insbesondere bei der volumenbasierten Qualitätsbeurteilung Optimierungspotenzial bei der lokalen Betrachtung der Ergebnisse offengelegt. Durch eine zusätzliche Datenauswertung konnte die integrale Betrachtungsweise der Fehlstellen zu einer lokal aufgelösten Porenverteilung weiterentwickelt werden. Die Ergebnisse der lokalen Betrachtung konnten für eine Korrelation der mechanischen Kennwerte herangezogen werden. Für die Separierung von überlagerten Prozessen wurden angepasste Prüfstrategien verwendet, um eine nachträgliche Zuordnung der Verformungs- und Schädigungsmechanismen zu ermöglichen.

Vielversprechende Prozessvarianten mit dem Fokus auf der prozessinduzierten Grenzschichtverbindung zeigen Potenziale für die Leistungsfähigkeit und Prozesseffizienz. In Anbetracht einer ganzheitlichen Entwicklung und Auslegung von technischen Anwendungen ist das Verformungsverhalten unter hohen Dehnraten und das Ermüdungsverhalten bei sehr hohen Lastspielzahlen für polymerbasierte Werkstoffe von besonderem Interesse. Die Ermittlung der Ermüdungseigenschaften bei sehr hohen Lastspielzahlen von polymerbasierten Werkstoffen benötigt besondere Aufwendungen hinsichtlich der frequenzbedingten Eigenerwärmung. Durch prüftechnische Adaption konnte jedoch ein Hochfrequenz-Prüfsystem zur Ermittlung der Ermüdungseigenschaften von polymerbasierten Normproben verwendet werden. Der Frequenzübergangsbereich wurde hinsichtlich der Zeit-, Dehnraten- und Temperaturkomponente separat betrachtet, um den Vergleich zu normkonformen Prüffrequenzen zu gewährleisten.

Die Ergebnisse lassen sich als Prüfsystematik zur Charakterisierung von additiv gefertigten Thermoplast-Leichtbaustrukturen zusammenfassen. Die Integration der oberflächenbasierten Qualitätskennwerte resultiert in oberflächenkompensierten Werkstoffkennwerten. Die Kopplung aus oberflächen- und volumenbasierter Qualitätsbeurteilung ermöglicht erstmals die Klassifizierung und Lokalisierung

von Porenvolumen in den AM-Werkstoffen. Für die Charakterisierung des grundlegenden Verformungs- und Ermüdungsverhaltens werden Prüfstrategien mit
prozessspezifischen Empfehlungen zu Verfügung gestellt. Sollten im Rahmen
einer anwendungsorientierten Auslegung hohe Dehnraten oder Lastspielzahlen
größer 10^6 benötigt werden, werden erstmalig Prüfstrategien für die mechanische
Absicherung von AM-Werkstoffen empfohlen. Im Rahmen der prozessinduzierten Grenzschicht konnte der Oberflächendefekt separiert werden. Dadurch konnte
der Einfluss der Oberfläche in der Prozess-Struktur-Eigenschafts-Beziehung
quantifiziert werden. Diese Erkenntnisse können sowohl für die eigenschaftsfokussierte Auswahl von Prozessparametern oder Nachbearbeitungsprozessen als
auch für Rückkopplungen zum Fertigungsprozess verwendet werden. Durch
Erweiterungen mit relevanten Prozessparametern kann die Werkstoffprüfung
von multifunktionalen AM-Werkstoffen realisiert werden. Zusätzlich lassen sich
anwendungsorientierte Gestaltungsrichtlinien ableiten, um eine eigenschaftsfokussierte Auswahl der Prozessparameter und Nachbearbeitungsprozesse im Sinne
einer effizienten Prozessgestaltung zu ermöglichen.

Stand der Technik

2

In diesem Kapitel wird der Stand der Technik mit Hilfe der aktuell relevanten Literatur dargestellt. Die Unterkapitel 2.1 und 2.2 werden ein grundlegendes Verständnis für die verwendeten Materialien aufbauen. In Unterkapitel 2.3 werden die additive Fertigung von unverstärkten und faserverstärkten Thermoplasten und prozessbedingte Eigenheiten vorgestellt. Im Zentrum der Beschreibung steht die extrusionsbasierte WE. Unterkapitel 2.4 beleuchtet die aktuelle Vorgehensweise zur Charakterisierung additiv gefertigter unverstärkter und faserverstärkter Polymere. Da in vielen Bereichen durch die Normung noch kein einheitliches Vorgehen definiert wurde, gibt es bei der Charakterisierung große Unterschiede. Dies gilt sowohl für die zerstörungsfreie qualitative Bewertung als auch für die zerstörende mechanische Prüfung unter niedrigen und hohen Dehnraten sowie zyklischer Belastung. Daher werden die verschiedenen Ansätze vorgestellt und diskutiert. Mit Hilfe dieser Literaturrecherche werden Grundlagen geschaffen, die zum Verständnis der Thematik benötigt werden. Ferner wird daraus der wissenschaftliche Handlungsbedarf abgeleitet und in Unterkapitel 2.5 zusammengefasst.

2.1 Polymere

Polymerwerkstoffe können sowohl natürlichen als auch synthetischen Ursprungs sein. Die Grundlagen, Eigenschaften und Einsatzgebiete beziehen sich auf synthetische Polymerwerkstoffe, die durch Verkettung von niedermolekularen Verbindungen entstehen. [6] Die Begriffe Polymerwerkstoffe und Kunststoffe werden in dieser Abhandlung gleichgesetzt.

P. Striemann, *Entwicklung und Validierung einer Prüfsystematik zur Charakterisierung von additiv gefertigten Thermoplast-Leichtbaustrukturen*, Werkstofftechnische Berichte | Reports of Materials Science and Engineering, https://doi.org/10.1007/978-3-658-40755-1_2

2.1.1 Grundlagen

Polymerwerkstoffe entstehen, wenn niedermolekulare Moleküle, sog. Monomere (griech. „mono" = ein, einzel; „meros" = Teil), sich zu Makromolekülen oder Polymeren (griech. „poly" = viel) verketten. Durch die Auswahl der chemischen Grundbausteine (Monomer) werden frühzeitig Eigenschaftsprofile der entstehenden Polymere festgelegt. [7] Dementsprechend beschreibt die Konstitution, den chemischen Aufbau eines Moleküls, die Konfiguration, die räumliche Anordnung der Atome im Molekül und die Konformation, die räumliche Gestalt der Makromoleküle. [8] Die chemische Reaktion von niedermolekularen Verbindungen zu Makromolekülen kann auf verschiedene Arten erfolgen. Die Polymerisation verbindet gleichartige Monomere in einer Kettenreaktion durch die Aufspaltung von Doppelbindungen. Die Polykondensation verknüpft Moleküle durch reaktive Endgruppen in einer Gleichgewichtsreaktion unter Abspaltung von Nebenprodukten. Hingegen verkettet die Polyaddition ungleiche Monomere ohne Abspaltung von Nebenprodukten. [6] Die Polymerketten werden dabei durch die Hauptvalenzbindungen (kovalente Bindungen) chemisch verbunden [8].

Thermoplaste sind unvernetzte Kunststoffe, in denen die einzelnen Polymerketten nicht verbunden sind und durch Nebenvalenzbindungen zusammengehalten werden. Diese können z. B. Dipol-Dipol-Kräfte, Induktionskräfte, Dispersionskräfte und Wasserstoffbrückenbindungen sein. Liegen diese im ungeordneten Zustand vor, wird von amorphen Thermoplasten gesprochen, ordnen sich die Polymerketten mit optimalem Wirkabstand der physikalischen Kräfte in Kristalliten an, wird von teilkristallinen Thermoplasten gesprochen. [8,9] Bei Erwärmung können die Polymerketten gegeneinander abgleiten, was einem Erweichen oder Schmelzen gleichgestellt werden kann. Diese Eigenheit tritt ohne chemische Veränderung auf und stellt eine Grundvoraussetzung für einige Verarbeitungsverfahren dar. [6] Sind die Polymerketten untereinander chemisch vernetzt, handelt es sich um Duromere oder Elastomere. Während des Herstellungsprozesses entsteht die chemische Verbindung, die bis zur Zersetzungstemperatur besteht. Daher sind diese Polymerwerkstoffe nicht schmelzbar. [6,9] Duromere sind hochgradig vernetzt und haben tendenziell sehr hohe Glasübergangstemperaturen. Hierbei gilt je höher der chemische Vernetzungsgrad, desto höher ist die thermische und mechanische Belastbarkeit [9,10]. Elastomere sind weitmaschig vernetzt und haben eine Glasübergangstemperatur unterhalb von 0 °C, dadurch sind diese bei Gebrauchstemperatur entropieelastisch. [6,9]

2.1.2 Eigenschaften

Für den zugrundeliegenden Fertigungsprozess in dieser Arbeit bedarf es eines Thermoplasts mit der Fähigkeit des Schmelzens und des Wiedererstarrens. Daher werden hier die wesentlichsten Eigenschaften von amorphen und teilkristallinen Thermoplasten behandelt, die Eigenheiten der vernetzten Polymere werden hier nicht weiter beschrieben. Falls nicht explizit anderes angegeben, werden im Nachfolgenden die Begriffe „Thermoplast" und „Kunststoff" gleichgesetzt.

Ausgangsbasis für thermoplastische Polymere ist der amorphe Zustand, der mit dem Knäuelmodell und einer entsprechenden Gaußverteilung der Ketten beschrieben werden kann [7]. Dabei sind die Ketten im ungeordneten Zustand, bedeutet mit hoher Entropie, ineinander verschlungen. Bei teilkristallinen Thermoplasten befinden sich die Polymerketten sowohl in einem amorphen Zustand als auch in geregelten Strukturen, den sog. Kristalliten. In Abhängigkeit von dieser Anordnung der Polymerketten unterscheidet sich auch das werkstoffliche Verhalten der Kunststoffe.

Kunststoffe befinden sich bei tiefen Temperaturen im sog. Glaszustand [7]. Dieser Zustand wird ebenfalls als energieelastisch beschrieben. Die Kunststoffe sind fest, spröde und verhalten sich glasartig. [8] Da die Molekülbewegungen eingefroren sind, beruhen Verformungen weitestgehend auf reversiblen Änderungen der intermolekularen Atomabstände oder der Valenzwinkel bei typischen Bruchdehnungen von 1 % [7,8]. Durch eine Erhöhung der Temperatur findet ein Wechsel von dem energieelastischen in den entropieelastischen Zustand statt. Dieser Phasenübergang 2. Ordnung wird Glasübergangsbereich genannt und durch die Glasübergangstemperatur (T_g) charakterisiert [7,8]. Im Phasenübergang treten unstetige Änderungen der physikalischen Eigenschaften auf, wie z. B. die plötzliche Erhöhung der Wärmekapazität oder die signifikante Änderung des thermischen Ausdehnungskoeffizienten (α) [7]. Oberhalb der Glasübergangstemperatur befinden sich Kunststoffe im sog. entropieelastischen Zustand. In diesem Temperaturbereich gibt es Rotationsmöglichkeiten von Seitenketten, die bei zunehmender Dehnung eine Orientierung der Polymerketten zulassen. Diese entspricht einer abnehmenden Entropie, wobei die innere Energie konstant bleibt. [7,8] In diesem Bereich werden in der Regel nur teilkristalline Thermoplaste eingesetzt, da die amorphen Bereiche aufgrund der geringen Festigkeit und Steifigkeit nur eingeschränkt nutzbar sind. [8] Für die kristallinen Bereiche gilt bis zum Aufschmelzen eine reine Energieelastizität, das bedeutet teilkristalline Thermoplaste liegen dabei sowohl im energieelastischen als auch im entropieelastischen Zustand vor [8]. Im Schmelzbereich wird durch Erhöhung der Temperatur in den amorphen Zuständen eine zunehmende Beweglichkeit der

Polymerketten ermöglicht. Dadurch lösen sich Verschlaufungen und Makromoleküle können gegeneinander verschoben werden. Sind die amorphen Bereiche vollständig erweicht, schmelzen bei zunehmender Temperatur die Kristallite. [8] Das mechanische Verhalten eines Kunststoffs ist stark abhängig von der Temperatur. Weiterhin sind die Geschwindigkeit und die Höhe der Belastung von entscheidender Bedeutung. Da Kunststoffe nicht nur spontan auf Belastungen reagieren, sondern über die Zeit einen Gleichgewichtszustand anstreben, sind die Eigenschaften in wesentlichem Maße zeitabhängig. [8] Die Elastizität amorpher Thermoplaste beruht auf spontanen, reversiblen Kettenverformungen durch die intermolekularen Bindungen. Die Elastizität teilkristalliner Polymere ergibt sich dabei aus der Elastizität der amorphen Bereiche. Bei der zeitabhängigen Viskoelastizität reagieren Polymere durch Molekülumlagerungen mit Zeitverzögerung, um einen Gleichgewichtszustand zu erreichen. Die viskosen Verformungen sind irreversibel und lassen sich u. a. auf ein Abgleiten der Polymerketten zurückführen. Geringe plastische Verformungen wirken entfestigend, bei großen Dehnungen und orientierten Polymerketten kann jedoch eine Verfestigung stattfinden. [8,11]

Das Materialverhalten von Polymeren kann durch das 4-Parameter-Modell (Burger-Modell) realitätsnah beschrieben werden. Die reversible elastische Verformung wird durch eine Feder, die zeitabhängige irreversible durch einen Dämpfer und die zeitabhängige reversible Viskoelastizität durch eine Parallelschaltung von Feder und Dämpfer beschrieben. [8] Bei kurzzeitigen Belastungen und kleinen Dehnungen können die viskoelastischen und viskosen Effekte vernachlässigt werden. [11]

Bei einigen Kunststoffen, wie den Polyamiden, ist die Wasseraufnahme des Polymers hervorzuheben. Dabei lagern sich Wassermoleküle bevorzugt in den amorphen Bereichen ab und beeinflussen u. a. die mechanischen Eigenschaften. Daher muss stets ein Verweis auf den Feuchtigkeitsgehalt bzw. den Konditionierungszustand des Polymers nach Tabelle 2.1 vorhanden sein.

Tabelle 2.1
Konditionierungszustände
von Polyamid 6 mit
Wassergehalt nach [8][1]

Zustand	Umgebung	Wassergehalt
trocken	keine Feuchte	< 0,2 %
luftfeucht	23 °C und 50 % rel. Feuchte	3 %
nass	Wasser	8 %

---

[1] Reprinted by permission from Carl Hanser Verlag: Polymer-Werkstoffe: Struktur – Eigenschaften – Anwendung by G. Ehrenstein; Carl Hanser Verlag (2011).

2.1.3 Einsatzgebiete

In den vergangenen Jahren waren zu großen Teilen die Einsatzgebiete von Polymeren in der Verpackungs-, Bau-, Fahrzeug- und Elektronikindustrie [12]. Hierbei stehen oft die Eigenschaften der Polymere im Vordergrund. So ist die Gewichtsersparnis durch die Verwendung von Polymeren nicht nur in der Verpackungsindustrie, sondern auch in der Fahrzeugindustrie ein treibender Faktor. Heutzutage werden technisch belastete Bauteile aus Polymeren in der Fahrzeug-, Landmaschinen- sowie der Luft- und Raumfahrttechnik verwendet [7]. Die Vorteile sind die vielen wirtschaftlichen Verarbeitungsmöglichkeiten, die Gestaltungsfreiräume und die Integration verschiedenster Funktionen [10]. Insbesondere mit Thermoplasten können deutlich höhere Produktionsraten erzielt werden im Vergleich zu Duroplasten [13]. Für kleine und große Volumenkörper wird in der Regel das Spritzgussverfahren angewendet, große Flächenbauteile werden oft im Thermoformprozess hergestellt.

2.2 Faserverstärkte Polymere

Das technische Anwendungsspektrum von Polymeren kann durch den Einsatz von Verstärkungsfasern erweitert werden. In dieser Arbeit sind nur die faserverstärkten Polymere mit thermoplastischer Matrix von Bedeutung. Daher beschränken sich die nachfolgenden Erläuterungen hinsichtlich Grundlagen, Eigenschaften und Einsatzgebiete auf Faserverbundkunststoffe (FVK) mit thermoplastischer Matrix.

2.2.1 Grundlagen

Wie vorherigem Kapitel zu entnehmen, sind Polymere im unverstärkten Zustand als Konstruktionsmaterial geeignet. Das Eigenschaftsprofil des Polymers wird u. a. durch die verwendeten Monomere, die Fertigung oder weitere äußere Einflüsse bestimmt. Zusätzlich können die Polymere durch Füllstoffe wie Fasern verstärkt werden. Die Fasern alleine können zwar hohe Zugbelastungen, jedoch keine Biege- oder Druckkräfte ertragen. Erst die Kombination aus Polymer-Matrix und Verstärkungsfaser hebt den resultierenden FVK auf ein höheres mechanisches Niveau. Hierbei werden Teile der Belastung von der Faserverstärkung aufgenommen. Damit dieser Mechanismus gewährleistet ist, müssen die folgenden Voraussetzungen im FVK erfüllt sein [14]:

- Die Bruchfestigkeit der Verstärkungsfaser muss größer sein als die der Matrix.
- Der Elastizitätsmodul (E-Modul) der Verstärkungsfaser muss größer sein als der der Matrix.
- Die Bruchdehnung der Matrix muss größer sein als die der Verstärkungsfaser.

FVK bestehen aus den beiden Phasen Matrix und Verstärkungsfasern. Makroskopisch ist der FVK quasihomogen, mikroskopisch hingegen inhomogen, da die beiden Phasen sichtbar sind [10]. Die beste Verstärkungswirkung, die zu den höchsten mechanischen Eigenschaften führen, wird durch kontinuierliche und ausgerichtete Verstärkungsfasern erreicht. Bei endlichen Fasern, die im ungerichteten Zustand vorliegen, wird die Verstärkungswirkung abgeschwächt. [15] Daher können die Fasern in Abhängigkeit der Faserlänge (l_F) wie folgt unterteilt werden [16]:

- Kurzfaser: $l_F = 0{,}1\text{-}1$ mm.
- Langfaser: $l_F = 1\text{-}50$ mm.
- Endlosfaser: $l_F > 50$ mm.

In Abbildung 2.1 ist ein qualitativer Verlauf der Leistungsfähigkeit in Abhängigkeit der Faserlänge bei einem Faserdurchmesser (d_F) von 10 μm dargestellt. Festigkeit, Steifigkeit und Schlagzähigkeit bilden mit der Faserlänge einen komplexen Zusammenhang. Die getrennte Betrachtung innerhalb der Abbildung verdeutlicht lediglich Tendenzen. Die Steifigkeit durch die Verstärkungsfasern wird schon im Bereich der Kurzfasern nahezu vollständig ausgenutzt. Dagegen tritt der Effekt einer Festigkeitssteigerung erst oberhalb von 1 mm Faserlänge auf, die Schlagzähigkeit wird sogar erst oberhalb von 5 mm signifikant optimiert. [15]
     Da sich die Verarbeitungsmethoden und die Werkstoffeigenschaften für die unterschiedlichen Faserlängen fundamental unterscheiden, werden in diesem Kapitel nur die relevanten Kurzfasern berücksichtigt. Als Verstärkungsfasern können verschiedene Faserwerkstoffe zum Einsatz kommen. Als verbreitete Faserwerkstoffe in technischen Anwendungen sind Glas, Aramid und Kohlenstoff zu nennen. In den weiteren Ausführungen wird sich auf die Kohlenstofffaserverstärkung beschränkt. Für die Kohlenstofffasern (CF) gibt es verschiedene Faserklassen, die sich durch Faserfestigkeit und -steifigkeit unterscheiden. Die High Tenacity (HT-Faser) ist als Standard zu sehen, Super Tenacity (ST-Faser) als Variante mit erhöhter Festigkeit. Die High Modulus (HM-Faser) und Ultra High Modulus (UHM-Faser) Variation haben hingegen erhöhte E-Moduln in Faserrichtung. In Tabelle 2.2 sind beispielhafte Herstellerangaben zu den mechanischen

Abbildung 2.1
Qualitativer Einfluss der
Faserlänge auf die
Leistungsfähigkeit eines
faserverstärkten Polymers
nach [15][2]

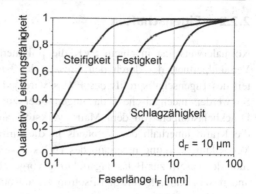

Kennwerten zusammengefasst. Hierbei ist anzumerken, dass die Ausrichtung der kovalenten Bindungen in Faserrichtung zu einer deutlichen Anisotropie der Kohlenstofffaser führt. Die angegebene Steifigkeit ist in Faserrichtung angegeben und kann sich orthogonal dazu unterscheiden. Die großen Bereiche der mechanischen Leistungsfähigkeit ermöglichen eine anforderungsgerechte Auslegung der FVK beim Einsatz der unterschiedlichen Fasertypen. [16]

Tabelle 2.2 Mechanische Kennwerte von Kohlenstofffasern nach [16]. HT: High Tenacity; ST: Super Tenacity; HM: High Modulus; UHM: Ultra High Modulus[3]

Eigenschaft	Einheit	HT-Faser	ST-Faser	HM-Faser	UHM-Faser
E-Modul, längs	GPa	230	245	392	450
Zugfestigkeit	MPa	3430	4510	2450	2150
Dichte	$g \cdot cm^{-3}$	1,7	1,8	1,8	1,9

---

[2] Reprinted/adapted by permission from Springer Nature: Handbuch Faserverbundkunststoffe/Composites by AKV – Industrievereinigung Verstärkte Kunststoffe e.V.; Springer Fachmedien Wiesbaden (2013).

[3] Reprinted/adapted by permission from Springer Nature: Konstruieren mit Faser-Kunststoff-Verbunden by H. Schürmann; Springer-Verlag (2007).

2.2.2 Eigenschaften

Normalerweise ist in einem FVK die polymerbasierte Matrix der schwächere Verbundpartner, der durch den Einsatz der Fasern verstärkt wird. Ein Großteil des Eigenschaftsprofils des FVKs wird jedoch von der Matrix beeinflusst. So werden mechanische Belastungen quer zur Faserorientierung, Schub- und Druckbelastungen von dem Matrixwerkstoff aufgenommen. Weiterhin werden die Kräfte innerhalb des Verbunds in die einzelnen Fasern geleitet. [16] Die Verstärkungswirkung innerhalb des FVKs wird maßgeblich durch die Orientierung der Fasern zur Belastungsrichtung vorgegeben. Die Werkstoffcharakteristik ändert sich dadurch von quasiisotrop zu anisotrop. [17] Wie Tabelle 2.2 zeigt, haben die Kohlenstofffasern hervorragende Eigenschaften, die sich hinsichtlich der mechanischen Leistungsfähigkeit positiv im Verbund auswirken. Dass Werkstoffe in Faserform eine höhere Festigkeit erzielen im Vergleich zu kompakteren Formen, ist in der Literatur durch das Faserparadoxon nach Griffith ausreichend bekannt [18]. Zusätzlich lässt sich ein meist fertigungsbedingter Einfluss auf die Orientierung der Bindungsmechanismen festhalten. Dabei verbessert sich durch die Orientierung der Bindungsmechanismen die Eigenschaften in Längsrichtung. Bei kristallinen Werkstoffen kann dies auf Kristallebene sein, bei Polymeren auf Ebene der Molekülketten. Mit der Ausrichtung der Bindungsmechanismen erhalten ebenfalls die Fehlstellen eine Vorzugsrichtung. Wie in Abbildung 2.2a dargestellt, entstehen tendenziell Kerbformen mit geringeren Formfaktoren, die zu geringeren Spannungsüberhöhungen an den Fehlstellen führen. Orthogonal ausgerichtete Fehlstellen, wie in Abbildung 2.2b visualisiert, sind besonders bei spröden Materialien dominant. Durch fehlende Umlagerungsprozesse (plastisches Fließen) entstehen durch die höheren Formfaktoren der Kerben mehrachsige Spannungszustände, die in signifikant reduzierten Festigkeitskennwerten resultieren. [16] Neben der Querschnittsreduktion sind auch die Spannungsüberhöhung ausgehend von den Fehlstellen dafür mitverantwortlich. Auf die für diese Arbeit relevanten Schädigungsmechanismen wird detailliert in Abschnitt 2.4.1 eingegangen.

a)   b)

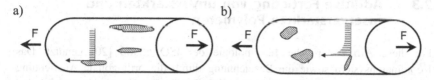

Abbildung 2.2 Einfluss der Fehlstellenorientierung auf die Kerbwirkung innerhalb einer Kohlenstofffaser nach [16]. a) Fehlstellenorientierung in Kraftrichtung; b) Fehlstellenorientierung orthogonal zur Kraftrichtung[4]

Versagt bei kurzfaserverstärkten FVK die Faser, gilt die Faserfestigkeit als voll ausgenutzt. Hierfür sollte die Länge der Kurzfasern über der kritischen Faserlänge ($l_{F,k}$) liegen. Als kritische Faserlänge wird dabei die Länge bezeichnet, in der die vorherrschenden Spannungen in der Matrix vollständig auf die Fasern übertragen werden können [19]. Wird diese unterschritten, besteht die Gefahr von Pull-Outs, was einem Versagen der Grenzschicht zwischen Faser und Matrix gleichkommt. Die kritische Faserlänge wird nach Gleichung 2.1 berechnet und ist abhängig von der Faserbruchfestigkeit ($\sigma_{F,B}$), der Grenzflächen- bzw. Matrixschubfestigkeit ($\tau_{M,B}$) und dem Faserdurchmesser (d_F) [15]:

$$l_{F,k} = \frac{\sigma_{F,B}}{\tau_{M,B}} \cdot \frac{d_F}{2} \qquad (2.1)$$

2.2.3 Einsatzgebiete

Die Einsatzgebiete für FVK sind hinsichtlich Produktionsvolumen ein kleines Segment im Vergleich zu den unverstärkten Polymeren. Hingegen befinden sich die Anwendungen meist auf einem hohen technischen Niveau, was die Ausnutzung werkstofflicher Potenziale angeht. Dies lässt sich u. a. auf das vorhandene Leichtbaupotenzial zurückführen, bei denen maßgeschneiderte Werkstoff- und Systemeigenschaften gezielt realisiert werden können. Die Kombination mit spezifischen Materialeigenschaften wie der Korrosionsbeständigkeit ergeben weiteres Innovationspotenzial. Anwendungen finden sich u. a. in der Luft- und Raumfahrt, dem Fahrzeug- und Bootsbau, aber auch für alternative Energiekonzepte wie Windkraftanlagen oder den Bau von Rohrleitung und Tanke. [15]

---

[4] Reprinted/adapted by permission from Springer Nature: Konstruieren mit Faser-Kunststoff-Verbunden by H. Schürmann; Springer-Verlag (2007).

2.3   Additive Fertigung von unverstärkten und faserverstärkten Polymeren

Für diese Arbeit wird die Terminologie der ISO 52900 [20] genutzt. Das Koordinatensystem sowie die Bezeichnung durch die orthogonale Ausrichtung orientieren sich an der ISO 52921 [21]. Die Inhalte für die Abschnitt 2.3.1 und 2.3.3 beziehen sich ausschließlich auf die Fertigungstechnologie der WE. Bei den Eigenschaften werden die beiden Prozessparameter Schichthöhe (LH, engl. „Layer Height") und Düsendurchmesser (ND, engl. „Nozzle Diameter") ebenso wie die resultierende prozessinduzierte Grenzschicht detailliert beschrieben.

2.3.1   Grundlagen

Die AM zählt nach der DIN 8580 [22] zu den Fertigungsverfahren Urformen. Dabei wird ein fester Körper aus einem formlosen Stoff durch das Schaffen von Zusammenhalt gefertigt [22]. Die resultierenden Eigenschaften des AM-Werkstoffs sind nur in Teilen abhängig von dem Ausgangsmaterial. Ein Großteil der Bauteileigenschaften wird durch die Verarbeitung und die Prozessparameter festgelegt [23]. Wie in Abbildung 2.3 visualisiert, entsteht der AM-Werkstoff mit dem Eigenschaftsprofil in Konsequenz aus einem Portfolio der verwendeten Parameter des Fertigungsprozesses.

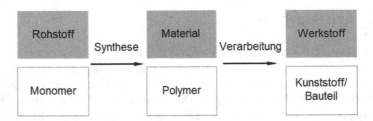

Abbildung 2.3 Prozessschritte vom Rohstoff bis zu dem Werkstoff (Kunststoff) in Anlehnung an [24][5]

---

[5] Reprinted by permission from Carl Hanser Verlag: Kunststofftechnik: Einführung und Grundlagen by C. Bonten; Carl Hanser Verlag (2016).

Seit im Jahr 1983 von Chuck Hill das Patent für die Stereolithografie ange-
meldet wurde, waren AM-Systeme oft im Prototypenbau wiederzufinden und
wurden unter dem sog. Rapid Prototyping-Ansatz (engl. „rapid" = schnell)
zusammengefasst [25]. In der Zwischenzeit hat sich dieser Ansatz zu einem
Rapid Manufacturing-Ansatz weiterentwickelt, somit werden die AM-Systeme
zur Fertigung von Endprodukten verwendet. Die beiden Anwendungsansätze sind
in jedem Fall ganzheitlich zu betrachten, da der individuelle Fertigungsprozess
mittels AM nicht zwangsläufig schneller ist als mit konventionellen Fertigungsverfahren [26]. In einer gesamtheitlichen Betrachtung kommt die Schnelligkeit
durch die Einsparung von ganzen Prozessschritten, wie einem Montageprozess
durch erfolgreiche Funktionsintegration. Nach der ASTM F2792-12a [27] sind
alle AM-Verfahren in sieben Hauptgruppen eingeteilt. Der Fokus liegt auf der
WE und kann nach DIN 52900 [20] als einstufiger Prozess definiert werden.
Hierbei entstehen die geometrische Grundgestalt und die elementaren Werkstoffeigenschaften gleichzeitig in einem Prozessschritt. Das Prozessprinzip der WE
ist Grundlage für die Prozesse Fused Deposition Modeling (FDM™), einer eingetragenen Markenbezeichnung von Stratasys [23], Fused Layer Manufacturing
(FLM) [26] oder Fused Filament Fabrication (FFF) [25].

Die Basis all dieser AM-Verfahren liegt im schichtbasierten Aufbau. Aus vielen 2D-Schichten innerhalb der xy-Ebene entsteht durch das Zusammenfügen
in z-Richtung ein 3D-Volumenkörper. Die Hauptbewegung des Fertigungsprozesses findet in einer 2D-Ebene statt. Da durch die bewegliche z-Richtung
allerdings 3D-Volumenbauteile entstehen wird auch von dem sog. 2½D-Prozess
gesprochen [23]. Die Verarbeitung mittels WE findet oft in einem 3-Achsen-
Bewegungsportal statt. Der Extrusionskopf, der schematisch in Abbildung 2.4a
dargestellt wird, ist beweglich zu der Bauplattform (xy-Ebene) angeordnet. Diese
Bauplattform ist wiederum in z-Richtung beweglich und maßgeblich für die
Generierung der 3D-Volumenkörper verantwortlich. Das Ausgangsmaterial wird
durch einen Extruder zu der beheizten Extrusionsdüse (Hot-End) gefördert.
Dort wird das Material in einen plastischen Zustand aufgeschmolzen und in
einen Extrusionsstrang (engl. „Bead") umgeformt [26]. Das umgeformte Extru-
sionsstrangvolumen (V_S) entspricht in anderer Gestalt nach der Extrusionsdüse
immer noch dem Filamentvolumen (V_F). Der Prozess benötigt eine geometrische Reststabilität des Polymers und lässt keine vollständige Schmelze des
Ausgangsmaterials zu. Daher bilden sich zwischen den Schichten Bindenähte und
die Neigung zur verstärkten Anisotropie sowie die Gefahr von Delaminationen
nimmt zu [23,26]. Dementsprechend wird das quasiisotrope Ausgangsmaterial,
durch die prozessbedingte Verarbeitung und die Prozessparameter des AM-
Systems, zu einem anisotropen Werkstoff verarbeitet [23]. Die resultierende

Werkstoffcharakteristik ist schematisch in Abbildung 2.4b visualisiert. Innerhalb der xy-Ebene der Bauplattform sind die einzelnen Extrusionsstränge sowie
die Grenzschichtverbindung zwischen den Extrusionssträngen (engl. „Interbead") charakteristisch. Die Gesamtheit innerhalb einer xy-Ebene schließt sich
in einer Schicht (engl. „Layer") zusammen. In Fertigungsrichtung z sind daher
die prozessinduzierten Grenzschichtverbindungen zwischen den Schichten (engl.
„Interlayer") bestimmend.

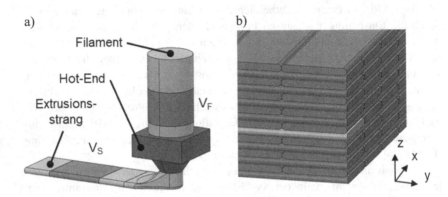

Abbildung 2.4 Prinzipskizze der Werkstoffextrusion. a) Extrusionsdüse mit Volumenkon-
stanz; b) Resultierende extrusionsbasierte Werkstoffcharakteristik mit Schichtaufbau

Damit ein additiver Fertigungsprozess erfolgreich ist, sind vor- und nachgela-
gerte Prozessschritte notwendig. Die Modellerstellung legt fest, welche Geometrie gefertigt wird. Die Modelle können beispielsweise durch die Verwendung von
Computer-Aided Design (CAD)-Software [26] oder durch Scanvorgänge wie die
Computertomografie (CT) oder Magnetresonanztomografie (MRT) [23] generiert
werden. Die Datenschnittstelle zu den Pre-Prozessen wird durch verschiedene
Datenformate realisiert. Ein verbreiteter Dateityp ist das Surface Tesselation
Language (STL) Format, das basierend auf Dreiecken lediglich die geometri-
sche Oberfläche repräsentiert [26]. Das Additive Manufacturing File (AMF)
Format kann neben der integralen Geometrie noch zusätzliche lokale Informa-
tionen wie Farbe, Material, Mikrostruktur etc. enthalten [23]. Auf Basis dieser
Datenschnittstelle kann innerhalb einer Software, der sog. Slicer-Software, der
Maschinencode erzeugt werden. Dieser Maschinencode enthält dann zusätzlich
zu den Geometrien auch alle weiteren Prozessparameter wie Temperaturen und

Geschwindigkeiten. Dementsprechend ist mit diesem Maschinencode der schicht-
weise Aufbau des 3D-Volumenbauteils möglich. Die Bauteilschnittstelle definiert
die Post-Prozesse, die eine Nachbearbeitung des Bauteils oder das Entfernen
von Stützen vorsehen. Ebenso kann in mehrstufigen Prozessen ein nachträglicher Betriebsablauf zur Festlegung des elementaren Eigenschaftsprofils oder zur
endgültigen Verfestigung notwendig sein.

2.3.2   Eigenschaften

Die nachfolgenden Ausführungen über das Eigenschaftsprofil additiv gefertigter unverstärkter und faserverstärkter Polymere beziehen sich ausschließlich auf
das Fertigungsverfahren der WE. Als Ausgangsmaterial, das als Filament oder
Granulat vorliegen kann, werden in der Regel quasiisotrope Ausgangsmaterialien verwendet. Die Eigenschaften des Ausgangsmaterials bestimmen dabei
nur in Teilen die resultierenden Eigenschaften des AM-Werkstoffs. In weiten
Teilen werden die Werkstoffeigenschaften durch den Verlauf des Fertigungsprozesses bestimmt. [23] Dementsprechend können AM-Werkstoffe mit sog.
Prozess-Struktur-Eigenschafts-Beziehungen beschrieben werden. Dabei haben
nicht nur aktiv gesteuerte Fertigungsparameter, sondern auch passiv veränderli-
che Prozessgrößen einen signifikanten Einfluss. So wurde schon der Einfluss der
Bauraumauslastung auf die mechanischen Eigenschaften dargelegt. Durch eine
unterschiedliche Anzahl an Proben im Bauraum kann bei identischen Prozessparametern die Zugfestigkeit erheblich beeinflusst werden [28]. Daher lassen sich
Ausgangsmaterial, Fertigungsprozess und Konstruktion nicht getrennt voneinander betrachten [23]. In dieser Arbeit steht die prozessinduzierte Werkstoffstruktur
im Fokus. Der Prozessparameter Schichthöhe wird wegen der besonderen Bedeutung hinsichtlich der prozessinduzierten Grenzschichtverbindung nachfolgend
gezielt vorgestellt. Im Gesamtkontext ist die Betrachtung der Schichthöhe nur
in Kombination mit dem Düsendurchmesser sinnvoll. Zusätzlich werden verschiedene Bindungsmechanismen der prozessinduzierten Grenzschicht diskutiert.
Dieses Kapitel legt den Schwerpunkt auf die prozessspezifischen Eigenheiten, in Abschnitt 2.4 werden zusätzlich die Einflüsse auf die resultierenden
Eigenschaftsprofile erläutert.

Düsendurchmesser und Schichthöhe
Das schichtaufbauende Grundprinzip der WE ergibt unterschiedliche Eigenschaftsprofile in den jeweiligen Querschnitten somit ist ein AM-Werkstoff mittels

WE anisotrop [23]. Die Einzelschichten ergeben in Abhängigkeit der Schichthöhe den sog. Treppenstufeneffekt [26]. Dieser geht auf die diskrete Schrittweite
in Fertigungsrichtung z zurück und kann lediglich reduziert, nicht aber vollständig eliminiert werden [29]. Zusätzlich führt diese prozessbedingte Eigenheit zu
schlechten Oberflächen und geometrischen Ungenauigkeiten, da unter Berücksichtigung der Oberflächenspannung keine scharfen Kanten generiert werden
können [26,30]. Nach Bedarf kann eine nachträgliche, mechanische oder chemische Oberflächenbehandlung sinnvoll sein, außerdem besteht die Möglichkeit
zu lokal adaptierten Schichthöhen und somit zu lokalen Oberflächenstrukturen
[31]. Hierbei gilt, je kleiner die Schichthöhe, desto größer wird die Fertigungszeit [26]. Das untere Limit der Schichthöhe ist in der Regel die Auflösungsgrenze
der mechanischen z-Achse, das obere Limit wird durch den Düsendurchmesser
festgelegt (ND/LH-Verhältnis = 1). Der Anwenderleitfaden der Slicer-Software
Simplify3D empfiehlt hingegen ein Verhältnis von mindestens 1,2, Gomez-Gras
et al. [32] dokumentierten ein Verhältnis von mindestens 1,5. Eine zuverlässige
Empfehlung für das ND/LH-Verhältnis existiert demnach noch nicht. Unabhängig von dem verwendeten ND/LH-Verhältnis werden durch die Schichthöhe zwei
konkurrierende Zielgrößen in Form von Fertigungszeit und Oberflächenqualität
beeinflusst. Inwieweit die Prozesseffizienz eines AM-Prozesses mittels WE durch
die Variation von der Schichthöhe und dem Düsendurchmesser beeinflusst werden
kann, ist in Abbildung 2.5 dargestellt.

Abbildung 2.5a zeigt die Fertigungszeit einer Probe in Abhängigkeit von
Schichthöhe und Düsendurchmesser. Die fertigungstechnischen Grenzen belegen
ein unterschiedliches Anwendungsspektrum für die verschiedenen Düsendurchmesser. Weiterhin lässt sich die signifikant steigende Fertigungszeit mit abnehmender Schichthöhe beobachten. Eine gute Auflösung in Fertigungsrichtung z
wird somit mit langen Fertigungszeiten ausgeglichen [33]. Abbildung 2.5b visualisiert dieselben Daten in Bezug auf das ND/LH-Verhältnis. Dabei wird mit den
Unterschieden in der Steigung der Einfluss auf die Fertigungszeit noch deutlicher
hervorgehoben. Eine weitere signifikante Stellgröße um die Fertigungszeit bzw.
das Auftragsvolumen pro Zeiteinheit zu optimieren, ergibt sich durch eine Änderung des Düsendurchmessers. Durch einen vergrößerten Düsendurchmesser ergibt
sich ein erhöhtes Auftragsvolumen und eine geringere Fertigungszeit. Demgegen-
über bestimmt der Düsendurchmesser in erheblichem Maße die Auflösung in der
xy-Ebene und die Oberflächenqualität [34]. Damit kann der Düsendurchmesser in
der xy-Ebene als Pendant zu der Schichthöhe in Fertigungsrichtung z betrachtet
werden. Aus dem Zusammenspiel von ND und LH ergeben sich somit enorme
Auswirkungen in Bezug auf die Bauteilqualität, Fertigungszeit und Kosten [35].

Abbildung 2.5
Fertigungszeit der
Werkstoffextrusion in
Abhängigkeit verschiedener
Düsendurchmesser (ND). a)
Fertigungszeit vs.
Schichthöhe (LH);
b) Fertigungszeit vs.
ND/LH-Verhältnis

a)
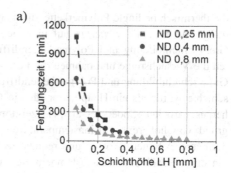

b)
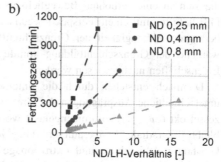

Prozessinduzierte Grenzschicht
Eine besondere Bedeutung innerhalb der WE kommt der prozessinduzierten Grenzschichtverbindung in Fertigungsrichtung z zu. Kuznetsov et al. [36] stellten die resultierende Steifigkeit und Festigkeit der prozessinduzierten Grenzschichtverbindung sogar als den wichtigsten Parameter heraus. Wie zuvor beschrieben, werden durch prozessinduzierte Fertigungseffekte unterschiedliche Eigenschaftsprofile hinterlegt. Daher unterscheidet sich die innere Struktur des AM-Werkstoffs nur unwesentlich von FVK [37]. Abbildung 2.5 hebt die Bedeutung des ND/LH-Verhältnisses in Bezug auf die Prozesseffizienz der WE hervor. Zusätzlich ist die verwendete Schichthöhe maßgeblich für die werkstoffmechanischen Eigenschaften in Fertigungsrichtung z verantwortlich. So zeigten Floor et al. [38] die höchste Festigkeit der prozessinduzierten Grenzschichtverbindung für kleine Schichthöhen, geringe Extrusionsgeschwindigkeiten und hohe Extrusionstemperaturen. Dieses Werkstoffverhalten lässt sich auf verschiedene Bindungsmechanismen zurückführen.

Bellehumeur et al. [39] untersuchten intensiv die Bildung der prozessinduzierten Grenzschichtverbindung. Im Fokus standen dabei Sinterexperimente für

die thermisch bedingte Polymerkettendiffusion innerhalb der Grenzschichtverbindung. Die Ergebnisse weisen auf eine deutliche thermische Abhängigkeit der
Grenzschichtbildung und Polymerkettendiffusion hin. Sun et al.
[40] erweiter-
ten die Versuchsreihe und nahmen die Fertigungsstrategie in die Betrachtung zur
Grenzschichtbildung und Polymerkettendiffusion mit auf. Die thermische Vorgeschichte wurde als ein Hauptfaktor für die Qualität der Grenzschichtverbindung
herausgearbeitet. Spoerk et al. [41] zeigten eine erhöhte Bauteilfestigkeit aufgrund von höhere Extrusionstemperaturen. Dies wurde zurückgeführt auf die
geringere Polymerviskosität und reduzierte Poren. Wu et al. [42] schlussfolgerten durch erhöhte Extrusionstemperaturen eine erhöhte Oberflächentemperatur,
die sich in einer erhöhten Beweglichkeit der Polymerketten äußert. Lee et al.
[43] lieferten mit einem Perspektivwechsel einen weiteren Beweis zur thermisch
bedingten Abhängigkeit der Grenzschichtbildung. Durch die gezielte Kühlung
während der Grenzschichtbildung konnte eine Reduzierung der mechanischen
Eigenschaften nachgewiesen werden.

Demnach entstehen durch die unterschiedlichen thermischen Verhältnisse
unterschiedliche Ausprägungen der Grenzschichtbildung, die in einem sog. Prozesseffekt ($c_{Prozess}$) zusammengefasst werden können [28]. Idealisiert betrachtet
bleibt die radiale Temperaturverteilung innerhalb eines Extrusionsstrangs bei
konstanter Schichthöhe und Extrusionsgeschwindigkeit unverändert. Durch die
Fertigung mit höheren Schichthöhen ändert sich bei konstanter Extrusionsgeschwindigkeit der Volumenstrom der WE. Bei konstanter Heizleistung kann daher
eine veränderte radiale Temperaturverteilung innerhalb des Extrusionsstrangs
angenommen werden. Eine Möglichkeit diese Temperaturunterschiede zu nivel-
lieren, ist die Anpassung der Extrusionsgeschwindigkeit hin zu einem konstanten
Volumenstrom. Dadurch ändert sich hingegen die geometriebedingte Fertigungsstrategie, da die Zeit zur Generierung einer Schicht variiert wird. Dementsprechend verändert sich die makroskopische, axiale Temperaturverteilung der
Grenzschichtverbindungen.

Zusätzlich zu der Polymerkettendiffusion fassten Watschke et al. [44] und
Freund et al. [45] als relevante Bindungsmechanismen die Polarität, die Adsorp-
tion und den mechanischen Formschluss zwischen den Grenzschichtverbindungen zusammen. Bei den Studien mit dem Schwerpunkt auf Multi-Material-
Verbindungen wurden als dominanter Bindungsmechanismus die Polarität und
der mechanische Formschluss herausgearbeitet. Coogan et al. [46] entdeckten im
Rahmen einer experimentellen Arbeit über die Grenzschichtbildung einen weiteren dominanten Bindungsmechanismus, der nicht auf die bisher vorgestellten
Bindungsmechanismen zurückgeführt werden konnte. Ein Erklärungsansatz für

die Festigkeitssteigerung bei kleinen Schichthöhen ist der Anstieg des Extrusionsdrucks innerhalb der Extrusionsdüse. Unter der Annahme eines idealisierten rechteckigen Querschnitts (Schichthöhe × Extrusionsbreite) wurde der Extrusionsdruck gemäß [47] berechnet. Dadurch ergibt sich nach Coogan der Verlauf des Extrusionsdrucks in Abhängigkeit der Schichthöhe aus Abbildung 2.6 [46]. Für kleinere Schichthöhen ergibt sich ein signifikant höherer Extrusionsdruck. Zusätzlich zu den verbesserten Diffusionsvorgängen, die als Sekundäreffekt durch den erhöhten Extrusionsdruck stattfinden, wirkt dieser sich festigkeitssteigernd auf die prozessinduzierte Grenzschicht aus.

Abbildung 2.6 Einfluss der Schichthöhe auf den Extrusionsdruck innerhalb eines Extrusionsstrangs von Acrylnitril-Butadien-Styrol-Copolymer nach [46][6]

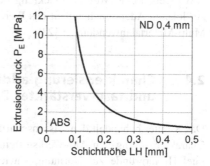

2.3.3 Einsatzgebiete

Die extrusionsbasierte AM kombiniert die Vorteile eines kostengünstigen, hochflexiblen und weitverbreiteten Fertigungsprozesses [48]. Die vollen Potenziale der AM werden ausgenutzt, sofern Funktionen integriert, Bauteile individualisiert oder hochgradig komplexe Strukturen gefertigt werden [26]. In Bezug auf die gesamtheitliche Betrachtung eines Produktentstehungsprozesses sind insbesondere der Rapid Prototyping- und Rapid Tooling-Ansatz zu beachten [23]. Damit kann eine signifikante Zeit- und Kostenersparnis durch eine frühzeitige Absicherung von Prototypen oder Werkzeugformen erzielt werden. Im Rahmen des Rapid Manufacturing-Ansatzes steht die Fertigung von funktionalen Serienanwendungen im Vordergrund. Je nach Einsatzgebiet können individualisierte Kleinserien mit Bezug auf die mechanischen Eigenschaften oder auf die

---

[6] Reprinted/adapted from Rapid Prototyping Journal, Vol. 23, Coogan, T.J.; Kazmer, D.O., Bond and part strength in fused deposition modeling; Page 420, Emerald (2017), with permission from Emerald.

Prozesseffizienz sinnvoll sein. Aktuell wird die Funktionalität und die Etablie-
rung als vollständige Fertigungstechnologie für Großproduktion noch von der
schlechten Oberflächenqualität und der Reproduzierbarkeit des Fertigungsprozesses begrenzt [49]. Die werkstoffmechanischen Eigenschaften befinden sich noch
nicht auf einem vergleichbaren Niveau zum Stand der Technik von konventionell
gefertigten Werkstoffen. Die hoch individualisierbaren Möglichkeiten geben aber
schon heute eine einzigartige Positionierung der Fertigungstechnologie. Zukünftig
werden weitere Potenziale der extrusionsbasierten AM hinsichtlich eigenschafts-
fokussierter Materialien beleuchtet. Die Möglichkeiten der extrusionsbasierten
AM ergeben eine Weiterentwicklung der integralen Werkstoffeigenschaften hin
zur lokalen Adaptionsfähigkeit des Werkstoffverhaltens. Hierzu zählen u. a. auch
Multi-Materialanwendungen [23].

2.4   Charakterisierung additiv gefertigter unverstärkter und faserverstärkter Polymere

Das Kapitel behandelt den wissenschaftlichen Hintergrund für die werkstoffliche
Charakterisierung von AM-Werkstoffen. Zuerst werden in einem Grundlagenkapitel Hintergründe zur Normung sowie dem bekannten Material- und Schädigungsverhalten gegeben. Die Qualitätsbeurteilung sowie die Eigenschaften unter
hohen Dehnraten und zyklischer Belastung werden jeweils in einem gesonderten
Unterkapitel beleuchtet und diskutiert.

2.4.1   Grundlagen

Das Grundlagenkapitel zur Charakterisierung von additiv gefertigten unverstärkten und faserverstärkten Polymeren fasst den aktuellen Stand der Normung
zusammen und erläutert ein weitverbreitetes Qualitätssicherungskonzept für
AM-Werkstoffe. Abschließend werden die material- und prozessspezifischen
Schädigungsmechanismen vorgestellt.

Überblick Normung
Durch die Zusammenarbeit von internationalen Experten wie dem Deutschen
Institut für Normung (DIN) oder der amerikanischen Standardisierungsorgani-
sation (ASTM, engl. „American Society for Testing and Materials") ist die ISO
52900 [20] entstanden. Diese Norm definiert Grundlagen, Begrifflichkeiten und

Prozesskategorien. Darauf aufbauend folgten weitere individualisierte Standardisierungen bezüglich der Prozesskategorien. Für die WE wurden im Laufe des Jahres 2021 die ISO 52903-1 [50] für das Ausgangsmaterial und die ISO 52903-2 [51] für das Prozesszubehör veröffentlicht. Die ISO 52903-2 definiert zusätzlich die Vorgehensweise für die Ermittlung der Zugfestigkeit für AM-Werkstoffe mittels WE. Die Empfehlungen basieren auf den gebräuchlichen Normen ISO 527-1 [52] und ASTM D638 [53] zur Ermittlung der Zugeigenschaften von Polymeren mit Erweiterungen der prozessbedingten Eigenheiten der AM. Hinsichtlich der Oberflächenqualität der Probekörper ist ausgenommen von der Entfernung der Stützstruktur keine weitere Nachbearbeitung vorgesehen. Der Grund hierfür ist die signifikante Beeinflussung der mechanischen Eigenschaften. Nach Bedarf kann jedoch eine Nachbearbeitung vorgenommen werden, die eine vergleichbare Oberflächenstruktur erwarten lassen wie das finale Bauteil. In der ISO 52903-2 werden drei Qualitätsklassen mit Unterschieden in der Nachverfolgbarkeit definiert. Des Weiteren werden verschiedene Prüfumfänge hinsichtlich der Bauraumorientierung gefordert. Für die höchste Qualitätsklasse ist dabei die Prüfung von zwei verschiedenen Bauraumorientierungen vorgesehen.

Die prozessbedingten Eigenheiten der AM, wie z. B. die Bauraumorientierung, werden in der Norm gesondert berücksichtigt. In Abhängigkeit der Qualitätsklassen werden diese bei der Zugprüfung unterschiedlich berücksichtigt. Diese Erweiterungen der Standardisierungen waren zwingend notwendig, da die gebräuchlichen Normen auf andere Fertigungsverfahren, wie beispielsweise dem Spritzgießen, ausgelegt wurden. Die fertigungsbedingten Effekte der AM erforderten eine Erweiterung der bisherigen Charakterisierungsmethoden. Die gebräuchlichen Normen zur Ermittlung der mechanischen Zugeigenschaften wurden um prozessbedingte Oberflächen, Richtungsabhängigkeiten und Qualitätsklassen erweitert. In Bezug auf zuverlässige Bauteile ist eine Betrachtung weiterer mechanischer Kennwerte, wie beispielsweise der Ermüdungsprüfung, erforderlich [54]. Die vergleichbare Charakteristik von AM-Werkstoffen und FVK bedingt eine Berücksichtigung der Schubeigenschaften von der prozessinduzierten Grenzschichtverbindung. Bis die spezifischen Merkmale der AM-Technologien in die entsprechenden Prüfnormen integriert werden, definiert die ISO 17296-3 [55] Grundanforderungen für die Prüfung. Darin enthalten sind u. a. die Empfehlung für Schwing- (ISO 13003, ISO 15850), Kriech- (ISO 899) und Schubbelastung (ISO 14129). Losgelöst von den Prüfnormen sind allgemeine Leitsätze für die Prüfkörperherstellung mit AM-Technologien in der ISO 52902 [56] definiert.

Norm- und Bauteilprüfung

Die mechanische Auslegung von technischen Konstruktionen erfolgt mit werkstoffspezifischen Kennwerten. Diese werden unter Angabe der verwendeten Prüfbedingungen in Datenblättern bereitgestellt. Handelt es sich um Materialien und Fertigungssysteme, die dem aktuellen Stand der Technik entsprechen, sind die Prüfbedingungen in standardisierten Prüfnormen definiert. Aufgrund der standardisierten Prüfbedingungen sind viele materialspezifische Kennwerte vergleichbar. Wie dem vorherigen Kapitel zu entnehmen, befinden sich die AM-Technologien derzeit in einem technologischen Übergangsbereich mit Erneuerungen, Anpassungen und Erweiterungen bestehender Prüf- und Standardisierungsnormen. Daher sind die materialspezifischen Kennwerte zur Auslegung derzeit oft nicht vergleichbar.

Ein aktuell mögliches Qualitätssicherungskonzept, das die Lücke der standardisierten Werkstoffkennwerte schließt, ist das sog. Begleitprobenkonzept [57,58]. Dabei werden die aus dem Prozess resultierenden Werkstoffeigenschaften analysiert, indem zusätzlich zu dem Bauteil parallel Begleitproben generiert werden. Durch die werkstoffliche Charakterisierung der Begleitproben wird mit Hilfe von Normprüfungen die Gesamtheit aus Ausgangsmaterial und Prozessparameter in Prozess-Struktur-Eigenschafts-Beziehungen zusammengefasst. Die Gleichsetzung der Eigenschaftsprofile von Begleitproben und Bauteil lässt die mechanische Absicherung des Bauteils zu, ebenso wie eine qualitative Bewertung des Fertigungsprozesses. Zusätzlich ergibt sich durch dieses Qualitätssicherungskonzept die Möglichkeit zur nachträglichen Nachweisführung durch die Fertigung mehrerer Begleitproben [58].

Ein wesentlicher Bestandteil der AM ist die Möglichkeit zur Beeinflussung lokaler Funktionalitäten durch den Fertigungsprozess. So ist es keine Seltenheit, dass sich mit den Prozessparametern Porosität, Dichte und die mechanischen Eigenschaften beeinflussen lassen. Die Charakterisierung von AM-Werkstoffen wird in Prozess-Struktur-Eigenschafts-Beziehungen festgehalten. [59,60] Bei der Gleichsetzung der Eigenschaftsprofile von Begleitproben und Bauteil erfolgt keine separate Zuordnung. In der Schlussfolgerung muss daher für ein zuverlässiges Qualitätssicherungskonzept jede Änderung innerhalb der Fertigung mit neuen Begleitproben abgesichert werden. Obwohl die Begleitproben nach Normprüfungen charakterisiert werden, hat das Begleitprobenkonzept die Nachteile der Bauteilprüfung. Die fehlende Zuordnung der prozess- und geometriebedingten Prozess-Struktur-Eigenschafts-Beziehungen lässt keine separate Betrachtung von lokalen Werkstoffeigenschaften zu.

Schädigungs- und Verformungsverhalten
Das Kapitel wird die für diese Arbeit relevanten Schädigungs- und Verformungsvorgänge erläutern. Dabei wird eine Unterscheidung zwischen material- und prozessspezifischen Schädigungsmechanismen getroffen. Die materialspezifischen Schädigungsmechanismen betrachten die mikrostrukturellen Effekte, die sich im Polymer, der Verstärkungsfaser und dem entsprechenden Verbund zeigen. Die prozessspezifischen Schädigungsmechanismen gehen auf die fertigungsinduzierte, makroskopische Werkstoffcharakteristik ein.

Das materialspezifische Schädigungs- und Verformungsverhalten von kurzfaserverstärkten FVK wird hauptsächlich dominiert von dem Matrixwerkstoff, der Verstärkungsfaser und der Faser/Matrix-Grenzschicht [19]. In Faserrichtung gibt es diese drei dominanten Versagensmechanismen: der kohäsive Matrixbruch, der kohäsive Faserbruch sowie die adhäsive Faserenthaftung entweder alleinstehend oder als Mischform. Quer zur Faserrichtung tritt in der Regel nur eine adhäsive Faserenthaftung oder ein kohäsiver Matrixbruch auf. Die verstärkende Wirkung der Fasern resultiert aus der Übertragung der eingeleiteten Kräfte von der Matrix in die Fasern durch Schubspannungen. [17] Die Faserenthaftung ist daher geprägt von lokaler, adhäsiver Grenzflächenablösung und -gleiten nach Rissinitiierung im Matrixwerkstoff. Wird bei Kurzfasern die kritische Faserlänge (Abschnitt 2.2.2) unterschritten, kann es direkt zum Pull-Out der Faser kommen. Bei längeren Fasern können sich während des Grenzflächengleitens Spannungen in den Verstärkungsfasern aufbauen. Übersteigen diese die Bruchspannung der Faser, kommt es zum Faserbruch mit anschließendem Pull-Out [19]. Bei kleinen Faserlängen dominiert der kohäsive Matrix- gegenüber dem Faserbruch [17].

Die prozessinduzierten Effekte resultieren in einer schichtbasierten Charakteristik von AM-Werkstoffen. In Abbildung 2.7 ist eine schematische Darstellung dieses Schichtaufbaus visualisiert. In diesem makroskopischen Zusammenhang ist die kleinste zu betrachtende Einheit ein Extrusionsstrang (engl. „Bead"), der durch die Extrusionsdüse aufgebracht wird. Innerhalb der Bauplattform (xy-Ebene) schließen sich mehrere Extrusionsstränge zu einer Schicht (engl. „Layer") (n) zusammen. Innerhalb einer Schicht (engl. „Intralayer") gibt es ein Versagen der Grenzschichtverbindung zwischen zwei Extrusionssträngen (engl. „Interbead") (1.) und ein Versagen innerhalb eines Extrusionsstrangs (engl. „Intrabead") (3.). Ein schichtdominiertes Intralayer-Versagen innerhalb einer Schicht setzt sich aus mehreren Intrabead-Versagen zusammen. Schließen sich mehrere Schichten in Fertigungsrichtung z zusammen, sind die Grenzschichtverbindung zwischen zwei Schichten (engl. „Interlayer") (2.) charakteristisch. Daher ist auch von einem grenzschichtdominierten Interlayer-Versagen zwischen zwei Schichten die Rede.

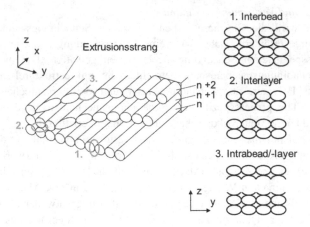

Abbildung 2.7 Schichtaufbau von AM-Werkstoff. 1.) Interbead; 2.) Interlayer; 3.) Intrabead/-layer

Wie in Abschnitt 2.3 beschrieben, wird durch die extrusionsbasierte Fertigung eine Vorzugsrichtung der Polymerketten, Faserverstärkung und Fehlstellen in Hauptfertigungsrichtung der Extrusionsdüse vorgegeben. Wie eine Orientierung der Fehlstellen zu einem anisotropen Werkstoffverhalten beitragen kann, wurde in Abschnitt 2.2.2 anhand der Kohlenstofffaser auf mikroskopischer Ebene beschrieben. Auf makroskopischer Ebene findet sich diese Charakteristik ebenfalls innerhalb eines Extrusionsstrangs wieder. Daher haben beide (Interbead (1.) und Interlayer (2.)) eine orthogonale Vorzugsrichtung der Polymerketten, Faserverstärkung und Fehlstellen. Dadurch ist das makroskopische, grenzschichtdominierte Werkstoffverhalten geprägt von kohäsivem Matrixbruch und adhäsiver Faser/Matrix-Enthaftung. Das schichtdominierte Verhalten (Intrabead/-layer) (3.) kann in Übereinstimmung von Belastungs- und Vorzugsrichtung zusätzlich in Faserbrüchen resultieren.

2.4.2 Qualitätsbeurteilung

Die qualitative Charakterisierung wird im Folgenden in die oberflächen- und die volumenbasierte Qualitätsbeurteilung unterteilt. Dabei liegt bei der oberflächenbasierten Qualitätsbeurteilung der Fokus auf der prozessbedingten Oberflächenstruktur, bei der volumenbasierten Qualitätsbeurteilung stehen insbesondere die fertigungsinduzierten Fehlstellen im Vordergrund.

Oberflächenbasierte Qualitätsbeurteilung
Die Beschaffenheit von Oberflächen kann mittels Kennwerten für das Rauheits-, Welligkeits- und Primärprofil beschrieben werden [61]. Nach DIN 4760 [62] unterscheiden sich die messtechnisch erfassten Oberflächen nach Gestaltabweichungen erster bis sechster Ordnung. Hierbei stehen für die makroskopische Qualitätsbeurteilung die Formabweichung (1. Ordnung), Welligkeit (2. Ordnung) und Rauheit (3. und 4. Ordnung) im Vordergrund, die mikroskopischen Gestaltabweichungen 5. und 6. Ordnung werden vernachlässigt. Die messtechnisch erfassten Primärprofile bestehen demnach aus überlagerten Gestaltabweichungen erster bis vierter Ordnung. Durch die Anwendung von λ_s- λ_c- oder λ_f-Filter lassen sich Formabweichung, Welligkeit und Rauheit von dem Primärprofil trennen. Diese Gestaltabweichungen lassen sich beispielsweise auf Grundlage von taktilen Messverfahren und der entsprechenden Norm ISO 4287 [61] ermitteln. Die 2D-Oberflächenprofile von taktilen Tastschnittverfahren können in den flächenbasierten Oberflächenkennwerte mit einer dritten Dimension erweitert werden. Die gesamtheitliche Betrachtung der Oberfläche resultiert in einer aussagekräftigeren Beschreibung des gewählten Ausschnitts [63]. Dabei sind die folgenden Oberflächenkenngrößen basierend auf taktilen Messverfahren nach ISO 4287 [61] wie folgt definiert:

- Das arithmetische Mittel der Profilordinate P_a, W_a, R_a mit z(x) als Höhenwert der Oberfläche an der Position x und der Einzelmessstrecke l_O nach Gleichung 2.2.
- Die größte Höhe des Profils P_z, W_z, R_z innerhalb der Einzelmessstrecke l_O bestehend aus der größten Profilspitze und des größten Profiltals.

$$P_a, W_a, R_a = \frac{1}{l_O} \int_0^{l_O} |z(x)| dx \qquad (2.2)$$

Die flächenbasierte Auswertung nach der ISO 25178-2 [64] von topografischen Oberflächen setzt eine dreidimensionale Höhenfunktion voraus. Diese kann durch Aneinanderreihung von klassischen 2D-Profilen oder durch erweiterte Messverfahren erzeugt werden. Ein erweitertes optisches Messsystem ist die konfokale Mikroskopie. Von der resultierenden Oberfläche können durch die Anwendung eines S-Filters kurzwellige Komponenten durch die eines L-Filters langwellige Komponenten entfernt werden, der F-Operator trennt hingegen die Formabweichung. Für die flächenbasierte Oberflächenbeschreibung stehen modifizierte Kennwerte zur Auswahl, die nach ISO 25178-2 [64] wie folgt definiert sind:

- Die mittlere arithmetische Höhe der skalenbegrenzten Oberfläche S_a mit z(x,y) als Höhenwert der Oberfläche an der Position x, y und der Fläche A als Definitionsbereich nach Gleichung 2.3.
- Die maximale Höhe der skalenbegrenzten Oberfläche S_z ist definiert als die Summe der Spitzenwerte von der größten Höhe und der größten Senke innerhalb des Definitionsbereichs.

$$S_a = \frac{1}{A} \iint_A |z(x, y)| dx dy \qquad (2.3)$$

In Abschnitt 2.3.2 wurde der Einfluss des Düsendurchmessers und der Schichthöhe auf die Prozesseffizienz betrachtet. Die diskrete Schrittweite in Fertigungsrichtung z, die durch die Schichthöhe vorgegeben wird, resultiert in dem sog. Treppenstufeneffekt und geometrischen Ungenauigkeiten. Dadurch stehen zwei konkurrierende Zielgrößen in Form von Fertigungszeit und Oberflächenqualität im Konflikt zueinander. [65] In der aktuellen Literatur wird die Oberflächenqualität extrusionsbasierter AM als eines der Kernprobleme der Fertigungstechnologie dargestellt [34,66]. Im Vergleich zu konventionellen Fertigungstechnologien resultiert die AM in rauen Oberflächenstrukturen [67]. Da die Oberflächenstruktur die Erscheinungsform und die Funktionalität der AM-Werkstoffe beeinflusst [33,68], gibt es Bedarf an Forschungsaktivitäten hinsichtlich prozessinduzierter Oberflächeneffekte [69]. Um den Einfluss der fertigungsbedingten Oberflächenstruktur zu verdeutlichen, ist in Abbildung 2.8 eine schematische Darstellung verschiedener Prozessparameter visualisiert. Die Bewegung des Extrusionskopfes innerhalb der Ebene der Bauplattform (xy-Ebene) ist mit Hilfe der Pfeile gezeigt. Wie in der Detailansicht (1.) dargestellt, kann ein Pfeil in erster Näherung als ein Extrusionsstrang betrachtet werden. Dieser hat näherungsweise einen ellipsenförmigen Querschnitt. Die Dimensionen in z-Richtung entsprechen der

Schichthöhe und in y-Richtung von ca. 120 % des Düsendurchmessers. Die äußere Kontur der zu generierenden Querschnittsfläche wird mit einem äußeren Rand (engl. „Perimeter") gefertigt. Dieser Rand kann je nach Querschnittsfläche und Bauraumorientierung einen großen Einfluss auf die werkstoffmechanischen Eigenschaften haben [70]. Der Grund hierfür ist, dass die Orientierung des Randes unabhängig von der Orientierung der Füllstruktur gefertigt wird. Die Orientierung der Füllstruktur in der xy-Ebene der Bauplattform wird mit dem Profilwinkel (α_F) definiert. Die Generierung des 3D-Volumenkörpers erfolgt durch einen Versatz in Fertigungsrichtung z und die Wiederholung der Schichtgenerierung in der xy-Ebene. Sind die beiden zu generierenden Querschnitte versetzt, bildet sich der Oberflächenwinkel (θ_O), liegen die Querschnitte exakt übereinander gilt $\theta_O = 90°$. Die schematische Detailansicht (2.) verdeutlicht diesen Treppenstufeneffekt. In der Realität wirkt sich dieser jedoch nicht in Form von scharfkantigen Stufen aus, sondern als makroskopische Welligkeit.

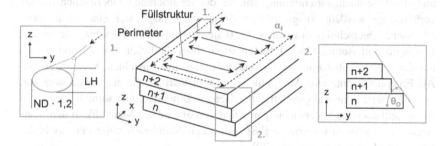

Abbildung 2.8 Definition der prozessinduzierten Oberflächenstrukturen von AM-Werkstoffen mit einer Schicht (n), der Schichthöhe (LH), dem Düsendurchmesser (ND), dem Profilwinkel (α_F) und dem Oberflächenwinkel (θ_O)

Wie in Abbildung 2.8 zu sehen, haben sowohl die Schichthöhe als auch die Orientierung der Füllstruktur einen Einfluss auf die Oberflächenqualität. So wird die Oberflächenqualität in xy-Ebene maßgeblich von der Genauigkeit und Kontinuität des Extrusionsstrangs [71] und in Fertigungsrichtung z von der Schichthöhe [67] beeinflusst. Da die Ausprägungen der Oberflächenstruktur von unterschiedlichen Prozessparametern verursacht werden, zeigt diese ebenfalls eine anisotrope Charakteristik [72]. Durch die lokale Anpassung der Prozessparameter, z. B. durch adaptiven Schichtaufbau mit variablen Schichthöhen, lassen sich demnach lokale Eigenschaftsprofile und Funktionalitäten hinterlegen [31,34]. Zusammenfassend kann der Schichthöhe und dem Düsendurchmesser ein signifikanter

Einfluss für die Qualität zugeordnet werden [35]. Der unbehandelte Zustand der Oberfläche nach der Fertigung wird als wie gebaut (engl. „as built") deklariert. Dementsprechend enthält dieser Oberflächenzustand eine prozessinduzierte Charakteristik. In der Literatur ist daher auch des Öfteren ein systematischer Oberflächenfehler dokumentiert [73], ebenso wie einige Modellierungsansätze zur Beschreibung der „as built" Oberfläche.

Di Angelo et al. [74] zeigten, dass die arithmetischen Rauheitswerte für die Charakterisierung von einer extrusionsbasierten AM-Oberflächenstruktur nicht geeignet sind. Durch normgerechte Anwendung der λ_s- λ_c- oder λ_f-Filter werden große Teile des langwelligen Treppenstufeneffekts von dem Oberflächenprofil separiert und nicht mehr betrachtet. Daher folgte die Schlussfolgerung, dass eine AM-Oberflächenstruktur mit einem primären Oberflächenprofil effektiver beschrieben werden kann. Ahn et al. [75] entwickelten ein Modell zur Beschreibung der Oberflächenstruktur von extrusionsbasierten AM-Werkstoffen. Auf Basis von Prozessparametern wie der Schichthöhe, der Extrusionsbreite und der Oberflächenorientierung konnte die resultierende Oberflächenstruktur vorhergesagt werden. Ausgangsbasis dieser Vorhersage war eine idealisierte, elliptische Querschnittsform eines Extrusionsstrangs. Ein Forschungsteam um Boschetto und Bottini [76,77] verfeinerten einen ähnlichen Ansatz und näherten die Querschnittsform des Extrusionsstrangs mit einzelnen Kreisbögen an. Als Ergebnis konnte eine Methodik vorgestellt werden, die zur Vorhersage von Oberflächenstruktur und geometrischer Genauigkeit verwendet werden konnte. In darauf aufbauenden Untersuchungen wurde versucht diese Methodik in den Konstruktionsprozess zu integrieren [78] und durch Nachbearbeitung der „as built" Oberfläche Einfluss zu nehmen [79].

Da eine nachträgliche Oberflächenbehandlung sowohl aus ästhetischen als auch aus funktionalen Gründen notwendig sein kann, finden sich hierfür in der Literatur verschiedene Möglichkeiten. Boschetto und Bottini [76] untersuchten einen Ansatz durch mechanischen Abtrag, Fischer und Schöppner [69] sowie Chohan et al. [4] jeweils eine Methode zum Glätten durch chemische Nachbehandlung. Der Einfluss von nachbehandelten Oberflächenstrukturen auf die mechanischen Kennwerte ist weitläufig dokumentiert [29]. In der Regel ergeben sich bei der Nutzung der AM komplexe Geometrien und Hinterschnitte, die nicht zwangsläufig eine Nachbearbeitung zulassen. So kann kostenoder geometriebedingt eine Oberflächenbehandlung nicht für jede technische Oberfläche gewährleistet werden [80]. Eine detaillierte Charakterisierung von AM-Werkstoffen muss daher die oberflächenbasierte Qualität sowie die resultierende Rückwirkung auf die mechanischen Eigenschaften beinhalten. In Bezug auf eine anwendungsorientierte Charakterisierung bedeutet dies, dass die prozess-induzierte Oberflächenstruktur nur reduziert, nicht eliminiert werden kann. Im Rahmen einer Prozess-Struktur-Eigenschafts-Beziehung, die im vorherigen Kapitel erläutert wurde, wird die Änderung der Oberflächencharakteristik primär dem strukturellen Eigenschaftsprofil zugeordnet.

Volumenbasierte Qualitätsbeurteilung
Der volumenbasierten Qualitätsbeurteilung kommt besonderer Bedeutung zu, da die internen Qualitätsmerkmale nach der Fertigung nur mit hohem Aufwand sichtbar gemacht werden können. Ein wesentlicher Qualitätsindikator für einen 3D-Volumenkörper ist der Porengehalt. Im Bereich der FVK wird üblicherweise der Porenvolumengehalt, ein prozentualer Wert bezogen auf das gesamte Prüf-volumen, angegeben. In der Literatur sind verschiedene Charakterisierungs- und Bewertungsmöglichkeiten dokumentiert, wie der Porengehalt bestimmt werden kann. Dabei kommen sowohl zerstörende als auch zerstörungsfreie Prüfmethoden zum Einsatz.

Floor et al. [38] schätzten in einer umfangreichen experimentellen Studie den Porengehalt der AM-Proben durch Wiegen ab. Aus den Ergebnissen der Testserie, die aus 780 Proben besteht, konnte ein nichtlinearer Zusammenhang mittels Masse und Zugfestigkeit abgeleitet werden. In dieser Messmethode ist der Porengehalt nur eine indirekte Messgröße mit einer integralen Aussagekraft für die gesamte Probe. Diese Betrachtungsweise lässt daher keine lokal aufge-lösten Eigenschaften zu, kann allerdings für eine Vielzahl an Proben angewendet werden. Verbeeten et al. [81] nahmen in die Betrachtung von der Probenmasse (m_{Pro}) noch das nominelle Probenvolumen (V_{Pro}) mit auf. Die daraus resultie-rende Probendichte (ρ_{Pro}) kann mittels der Dichte des Filaments (ρ_{Fil}) zu einem Porenvolumengehalt ($\varphi_{P,V}$) nach Gleichung 2.4 verrechnet werden. Der Poren-volumengehalt wird durch diese Methodik wiederum nur integral angenähert, verbunden mit den schon beschriebenen Nachteilen bezüglich der lokalen Auflö-sung. Als Bewertungsmöglichkeit für eine volumenbasierte Qualitätsbeurteilung bleibt demnach nur der absolute Porenvolumengehalt nach Gleichung 2.4.

$$\varphi_{P,V} = \frac{\rho_{Fil} - \rho_{Pro}}{\rho_{Fil}} \, mit \, \rho_{Pro} = \frac{m_{Pro}}{V_{Pro}} \qquad (2.4)$$

König et al. [82] ermittelten in einer experimentellen Arbeit den Porenge-halt von AM-FVK durch die Anfertigung von materialografischen Schliffen. Durch eine nachträgliche digitale Bildverarbeitung konnten die Flächenanteile der Querschnittsflächen dem AM-FVK oder den Poren zugeordnet werden. Der entsprechende Porengehalt ergab sich aus dem prozentualen Verhältnis der beiden Flächenanteile. Diese Charakterisierungsmöglichkeit kann den zerstörenden Verfahren zugeordnet werden. Eine nachträgliche mechanische Prüfung der qualitativ untersuchten Proben kann daher nicht stattfinden. Der zu untersuchende Querschnitt lässt jedoch, im Vergleich zu den schon vorgestellten Methoden, eine erste lokale Zuordnung zu. Des Weiteren besteht die Möglichkeit von mehreren Messbereichen, um eine erste Annäherung einer Verteilung zu erhalten. Die Auflösung einer derartigen lokalen Verteilung würde im Bereich mehrerer Millimeter liegen.

Eine weitere zerstörungsfreie Prüfmethode für die volumenbasierte Qualitätsbeurteilung, die oft in der Literatur dokumentiert wird, ist die Mikro-Computertomografie (μCT) [83,84]. Die zeitintensiven 3D-Aufnahmen können die innere Struktur darstellen. Durch nachträgliche Datenauswertung kann für das untersuchte Prüfvolumen ein absoluter Porenvolumengehalt berechnet werden. Darüber hinaus kann die integrale Messgröße lokal aufgelöst betrachtet werden. Die Auflösungsgrenze des Scans liegt in der Regel im Bereich mehrerer Mikrometer. Ein weiterer Vorteil der μCT besteht darin, die qualitativ bewerteten Proben im Anschluss mechanisch zu charakterisieren. Die Wirkzusammenhänge lassen sich daher noch detaillierter untersuchen im Vergleich zu den schon vorgestellten Möglichkeiten. Die hohe Auslösung ist allerdings zeitintensiv.

Die Betrachtung und Bewertung des Porengehalts haben eine enorme Bedeutung für AM-Werkstoffe. Viele Untersuchungen belegen, dass die mechanischen Eigenschaften von Polymeren und FVK durch den Porengehalt beeinflusst werden. Hernández et al. [83] charakterisierten in einer Studie die interlaminare Scherfestigkeit eines FVKs in Hinblick auf die Porenverteilung. Dabei zeigten sich abnehmende mechanische Kennwerte mit zunehmendem Porengehalt, welcher auf mikroskopischer materieller Ebene beschrieben wird. Costa et al. [85] untersuchten epoxidbasierte FVK und konnten feststellen, dass die Rissinitiierung und der Versagensursprung der Proben von den Poren ausgehen. Ahmed und Susmel [86] zeigten, dass die statische Festigkeit mit zunehmendem Porengehalt reduziert wird. Dieser Porengehalt beschreibt allerdings fertigungs- bzw. konstruktionsbedingte makroskopische Poren auf struktureller Ebene. Für AM-Werkstoffe sind dementsprechend sowohl die Poren auf mikroskopischer materieller als auch auf makroskopischer struktureller Ebene von Bedeutung. Der Grund dafür ist die resultierende Querschnittsfläche, die Steifigkeit und Festigkeit mitbeeinflussen [87].

Die Anpassungsfähigkeit der Eigenschaftsprofile von extrusionsbasierten AM-Werkstoffen beinhaltet u. a. die Porosität, Dichte und mechanischen Eigenschaften [59]. Hart et al. [88] schlussfolgerten die geringere Steifigkeit und Festigkeit von AM-Werkstoff im Vergleich zu Schüttgutmaterial aufgrund der Grenzschichten, die aus dem schichtbasierten Aufbau resultieren sowie der Porosität. Eiliat und Urbanic [5] versuchten in einer Parameterstudie den Porengehalt zu reduzieren. Hierbei wurde die Extrusionsbreite und die Orientierung der Füllstruktur variiert. Ebenso wie bei Frascio et al. [89] wurde allerdings nur die Reduzierung der Poren festgestellt, nicht aber die vollständige Eliminierung.

Guessasma et al. [90] zeigten in einer qualitativen Studie makroskopische strukturelle Poren trotz 100 % interner Füllstruktur. Ursache hierfür waren Prozessparameter, die in strukturellen Poren zwischen zwei Extrusionssträngen (Interbead) resultierten. Innerhalb des AM-Werkstoffs lagen die Poren daher orientiert in Hauptbewegungsrichtung des Extrusionskopfes vor. Hofstätter et al. [91] berichteten ebenfalls von charakteristisch ausgeprägten Poren mit einer Vorzugsrichtung in Extrusionsrichtung. Ziemian et al. [92] beschrieben typische dreieckige Ausprägungen der Poren, die durch die Reduzierung der effektiven Querschnittsfläche sowohl Steifigkeit als auch Festigkeit beeinflussen. Tronvoll et al. [93] lassen dem reduzierten Querschnitt sogar einen dominanten Effekt zukommen, verglichen zu sekundären Einflüssen wie der Polymerkettendiffusion.

Die volumenbasierte Qualitätsbeurteilung beweist den signifikanten Einfluss der Prozessparameter sowohl auf die strukturellen als auch auf die mechanischen Eigenschaften. Im Rahmen einer Prozess-Struktur-Eigenschafts-Beziehung werden daher alle 3-Säulen entscheidend beeinflusst. Nach Nouri et al. [94] ist für kommerzielle System der extrusionsbasierten AM ein Porengehalt von unter 6,0 % realistisch. Dies belegt, dass für eine vollständige Charakterisierung Prüfmethoden und Bewertungsmöglichkeiten für die volumenbasierte Qualitätsbeurteilung von AM-Werkstoffen benötigt werden.

2.4.3   Hochdynamische Eigenschaften

Polymere und FVK insbesondere mit thermoplastischem Matrixwerkstoff sind für impact- und crashbelastete Komponenten von Leichtbaustrukturen geeignet [95], die insbesondere in der Automobil- oder Luftfahrtindustrie eingesetzt werden. Derartige Strukturen unterliegen Belastungen mit hohem Energiegehalt und hohen Geschwindigkeiten, sodass ein gutes Energieabsorptionsvermögen notwendig ist [96,97]. Für die Auslegung und Dimensionierung von technischen Bauteilen ist es notwendig, das Werkstoffverhalten unter den verschiedenen Belastungs- und Umgebungszuständen zu kennen [89]. In Bezug auf das Werkstoffverhalten unter hohen Dehnraten bedeutet dies, dass dehnratenabhängige Verformungsverhalten zu untersuchen [98,99].

Der dynamische Dehnratenbereich beginnt bei Dehnraten von ca. 1 s^{-1} [100]. Zur experimentellen Betrachtung des dynamischen Dehnratenregimes werden Hochgeschwindigkeitsprüfsysteme benötigt. Xiao et al. [101] dokumentierten einen Dehnratenbereich zwischen 0,01 und 500 s^{-1}, Schoßig et al. [102] halten eine Dehnrate für Automobil- und Luftfahrtanwendungen von bis zu 300 s^{-1} für realistisch. Daher wird für eine anwendungsorientierte Betrachtung in dieser Testserie der dynamische Dehnratenbereich mit einem servohydraulischen Hochgeschwindigkeitsprüfsystem untersucht. Die nachfolgende Literatur fokussiert sich dementsprechend auf die Prüfung im dynamischen Dehnratenregime mit Hochgeschwindigkeitsprüfsystemen.

Der Lastrahmen einer servohydraulischen Hochgeschwindigkeitsprüfmaschine ist in Abbildung 2.9a schematisch dargestellt. Am unteren Teil der Maschine befindet sich die nicht beschleunigte Seite des Prüfsystems mit der Kraftmessdose im Maschinenbett. Die obere Befestigung der Probe wird während des Versuchs durch einen Kolben beschleunigt. Zur Erreichung hinreichend hoher Prüfgeschwindigkeiten direkt zu Versuchsbeginn benötigt der Kolben eine Beschleunigungsstrecke. Diese Möglichkeit wird im prüfbereiten Zustand mit eingebauter Probe durch eine Leerlauf-Einheit bereitgestellt. Dabei kann sich der zu beschleunigende Kolben entgegen der Versuchsrichtung bewegen, um vor Belastungsbeginn der Probe auf die entsprechende Kolbengeschwindigkeit zu beschleunigen. Abbildung 2.9b zeigt eine beispielhafte Messdatenaufzeichnung des Kolbenwegs, der Kolbengeschwindigkeit und der Versuchskraft eines Hochgeschwindigkeitszugversuchs. Vor dem eigentlichen Versuchsbeginn lässt sich eine nahezu konstante Kolbengeschwindigkeit ermitteln. Zum Zeitpunkt t_0 (Versuchsbeginn) ergibt sich eine schlagartige Belastung in der Leerlauf-Einheit durch den Formschluss des Prüfsystems. Der Formschluss der Leerlauf-Einheit vollendet den Kraftfluss innerhalb des Prüfsystems und die Probe wird mit vorhandener Prüfgeschwindigkeit belastet. Wie in der Messdatenaufzeichnung zu sehen ist, wird der Kolben beim schlagartigen Formschluss (t_0) durch die Probensteifigkeit und -festigkeit abgebremst [103]. Weiterhin wird die resultierende Spannungswelle, die sich ausgehend von der Leerlauf-Einheit durch den Prüfaufbau ausbreitet, visualisiert. Demnach wird sowohl die Probe als auch die Kraftmessdose von der Spannungswelle in gleichem Maße beeinflusst. Die Geschwindigkeit der Spannungswelle (c) kann mit Hilfe der Steifigkeit (E) und der Dichte (ρ) nach Gleichung 2.5 berechnet werden [101].

$$c = \sqrt{\frac{E}{\rho}} \qquad\qquad (2.5)$$

Bei der Berechnung ist auf die verschiedenen Werkstoffe innerhalb des Prüfaufbaus zu achten. Je nach Versuchszeit kann die Spannungswelle auch mehrfach das Gesamtsystem durchlaufen und beeinflussen. Dieser Effekt, der im Englischen als „System-Ringing-Effect" bekannt ist, ist bei der Bestimmung der werkstoffmechanischen Eigenschaften bei hohen Dehnraten in der Literatur ausreichend beschrieben. So ist die Berücksichtigung der Spannungswelle für eine homogene Verformung und konstante Dehnraten erforderlich [101].

Abbildung 2.9
Hochgeschwindigkeitszugversuch.
a) Schematisches
Funktionsprinzip einer
servohydraulischen
Hochgeschwindigkeitsprüf-
maschine; b)
Messdatenaufzeichnung bei
der nominellen Dehnrate 25
s^{-1} am Beispiel von
kohlenstoff-
kurzfaserverstärktem
Polyamid

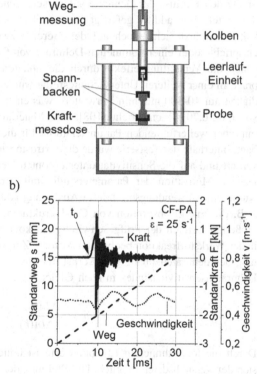

Um den „System-Ringing-Effect" zu kompensieren, sind verschiedene Möglichkeiten in der Literatur dokumentiert. So können bis zu einer Dehnrate von 200 s^{-1} Kraftmessungen mit reduzierten Schwingungen durchgeführt werden, sofern die Kraft direkt auf der Probe am unteren, nicht beschleunigten Bereich erfasst wird [104]. Hierzu können Dehnungsmessstreifen verwendet

werden, die allerdings die Prüfungen zeit- und kostenintensiv machen. Eine weitere Alternative ist die berührungslose Dehnungsmessung innerhalb des nicht
beschleunigten Schulterbereichs [105]. Für höhere Dehnraten sind starke Schwan-
kungen des Kraftsignals unvermeidlich [101,106]. Eine weitere Möglichkeit
überlagerte Spannungswellen zu kompensieren, ist die Anwendung von digitalen
Filtermethoden [103].

Mit den vorgestellten Prüfmethoden lassen sich unverstärkte und faserverstärkte Polymere hinsichtlich der Dehnratenabhängigkeit im hohen Dehnratenbereich untersuchen. Vidakis et al. [107] untersuchten in einer experimentellen
Studie den Einfluss der Dehnrate auf verschiedene thermoplastische Werkstoffe,
die mittels WE additiv gefertigt wurden. Die Änderung der Prüfgeschwindigkeit beschränkt sich jedoch auf den Bereich zwischen 10-100 mm·min^{-1} und
entspricht somit einer nominellen Dehnrate von 0,02-0,20 s^{-1}. Dementsprechend
waren die Versteifungseffekte durch die höheren Dehnraten nur gering ausgeprägt. In einer weiteren Untersuchungsreihe wurde der Bereich der Prüfgeschwindigkeit auf 10-300 mm·min^{-1} erweitert, was einem nominellen Dehnratenbereich
von 0,02-0,70 s^{-1} entspricht [108]. Die Materialvielfalt wurde verkleinert und
mit einer weiterführenden Parameterstudie für die extrusionsbasierte AM ausge-
baut. Innerhalb der Testserie wurde die Extrusionstemperatur und die Schichthöhe
variiert und auf die Sensitivität unter erhöhten Dehnraten untersucht. Als grundlegende Motivation der Parameterstudie mit dem Fokus auf der Schichthöhe
wurde eine anwendungsorientierte Auslegung additiv gefertigter Strukturen, wie
z. B. die Energieabsorption von Crashstrukturen, dokumentiert. Durch den vergrößerten Bereich der Prüfgeschwindigkeit konnte ein signifikanter Unterschied
in der Werkstoffreaktion beobachtet werden. Zur Veranschaulichung und Auswertung des dehnratenabhängigen Werkstoffverhaltens wurde in beiden Studien der
Dehnratensensitivitätsindex m nach Gleichung 2.6 berechnet.

$$m = \frac{\Delta ln(\sigma_m)}{\Delta ln(\dot{\varepsilon})} \qquad (2.6)$$

Durch die logarithmierten Ergebniswerte ist üblicherweise eine lineare Regression der Versuchsdaten möglich. Die Steigung der linearen Ausgleichsgerade gibt
demnach die Dehnratensensitivität an und dient als Vergleichsgröße zwischen den
untersuchten Proben. Sinnvoll ist dieser Indikator des Dehnrateneffekts jedoch
nur, sofern der Determinationskoeffizient (R^2), der als statistische Kennzahl für
die Anpassungsgüte einer Regression gilt, in akzeptabler Größenordnung vorliegt.
Verbeeten et al. [81] untersuchten das dehnratenabhängige Werkstoffverhalten
von additiv gefertigtem Acrylnitril-Butadien-Styrol-Copolymer (ABS) sowohl im

unverstärkten als auch faserverstärkten Zustand. Die Zugversuche wurden bei konstanten Dehnraten zwischen 10^{-5} und 10^{-1} s^{-1} durchgeführt. Zum Einsatz kamen schichtdominierte Proben mit der Hauptfertigungsrichtung in Kraftrichtung ($\alpha_F = 0°$) und orthogonal dazu ($\alpha_F = 90°$). Die Ergebnisse zeigten hinsichtlich der Zugfestigkeit eine positive Dehnratenabhängigkeit und eine stärker ausgeprägte Anisotropie des faserverstärkten Polymers. In einer weiteren Arbeit betrachteten Verbeeten et al. [109] den Einfluss der Extrusionsgeschwindigkeit von AM-ABS auf die Polymerkettenausrichtung und die Dehnratenabhängigkeit. Der untersuchte Bereich der Dehnraten erstreckte sich von 10^{-5} bis $9 \cdot 10^{-2}$ s^{-1}. Als Ergebnis lässt sich eine erhöhte Vorzugsrichtung der Polymerketten in Extrusionsrichtung sowie erhöhte Festigkeitswerte über den genannten Dehnratenbereich festhalten.

Das dehnratenabhängige Werkstoffverhalten von Polymeren und FVK ist keine Eigenheit von additiv gefertigten Werkstoffen. Die Steifigkeits- und Festigkeitssteigerung der Polymere infolge erhöhter Dehnraten geht in der Regel mit einer Abnahme der Bruchdehnung einher [110]. Goble und Wolff [111] führen dieses Werkstoffverhalten auf die Beweglichkeit der Polymerketten zurück. Bei geringen Dehnraten können sich die Polymerketten innerhalb der zur Verfügung stehenden Zeit neu ausrichten und entschlaufen. Durch die Erhöhung der Dehnrate ist diese Neuausrichtung nicht mehr möglich, wodurch die Bruchdehnung sinkt und Versteifungs- sowie Verfestigungseffekte eintreten. Zusätzlich resultieren höhere Dehnraten in einer Änderung der thermodynamischen Versuchsverhältnisse. Die schnelle Umwandlung von Verformungsarbeit in Wärme kann bei niedrigen Dehnraten an die Umgebung abgegeben werden, entspricht demnach einem isothermen Zustand. Bei zunehmender Dehnrate ist diese Wärmeabfuhr nicht mehr möglich und es entsteht ein adiabater Versuchszustand [98,112]. Pouriayevali et al. [113] konnten daher in ihrer Studie über die Dehnratenabhängigkeit von teilkristallinem PA eine Erhöhung der Probentemperatur dokumentieren, die wiederum die mechanischen Eigenschaften beeinflussen.

Die Möglichkeiten einer dehnratenabhängigen Werkstoffcharakterisierung sind ebenso wie die Feinheiten zur vergleichbaren Auswertung in der Literatur hinreichend bekannt. Die werkstoffbedingte Dehnratensensitivität von Thermoplasten wurde ebenfalls schon mehrfach dokumentiert. Im Rahmen der Charakterisierung einer additiv gefertigten Prozess-Struktur-Eigenschafts-Beziehung steht der Einfluss der prozessinduzierten Defekte unter hohen Dehnraten im Vordergrund.

2.4.4 Ermüdungseigenschaften im LCF- und HCF-Bereich

Polymere und FVK, die mittels AM gefertigt wurden, werden oft mit statischen und quasistatischen Experimenten charakterisiert. Die zyklischen Belastungen der Werkstoffe standen bisher noch nicht im Fokus [114]. Dies kann beispielsweise an dem bisherigen Entwicklungsstand der Standardisierungen liegen, da noch keine prozessspezifischen Anpassungen zur Ermittlung der Ermüdungseigenschaften vorhanden sind. Die komplexen Zusammenhänge der Prozess-Struktur-Eigenschafts-Beziehungen, die in vollem Umfang auch noch nicht im quasistatischen Bereich charakterisiert werden können, tragen einen Teil dazu bei. Nichtsdestotrotz sind die Betriebsbedingungen von Polymer- und FVK-Strukturen oft geprägt von zyklischen Belastungen mit überlagerten Kriechbelastungen. Daher ist für einen zuverlässigen und langlebigen Betrieb eine Betrachtung unter Kriech- und Ermüdungsbelastung unabdingbar. [54,115]

Charakterisierung der Ermüdungseigenschaften
Die Grundlage für die Charakterisierung der Ermüdungseigenschaften von Werkstoffen ist der Schwingfestigkeitsversuch nach DIN 50100 [116]. Der nach August Wöhler benannte Versuch dient zur Ermittlung von Kennwerten, die das Werkstoffverhalten bei zyklischer Belastung mit konstanter Spannungsamplitude (σ_A) beschreiben.

In Abbildung 2.10a ist ein schematischer Einstufenversuch mit einem Spannungsverhältnis (R) von 0,1 im Zug-Schwellbereich dargestellt. Das Spannungsverhältnis gibt den Quotienten der Spitzenwerte aus Unterspannung (σ_U) und Oberspannung (σ_O) an. Die Mittelspannung (σ_M) wirkt als statische Kenngröße und repräsentiert die Kriechbeanspruchung während des Versuchs. Innerhalb eines Schwingspiels resultiert die Mittelspannung mit der Spannungsamplitude zu den Spitzenwerten. Teilweise kann die Nutzung von relativen Oberspannungen ($\sigma_{O,r}$) sinnvoll sein, um die Vergleichbarkeit von signifikant unterschiedlichen Werkstoffen zu gewährleisten. Dabei dient der Quotient aus Oberspannung und Zugfestigkeit (σ_m) als Grundlage des Vergleichs. Die sinusförmigen Schwingspiele erfolgen bis zum Versagen der Probe oder unter Kennzeichnung eines Durchläufers bis zur Erreichung der Grenzlastspielzahl (N_G). Das Ergebnis des Schwingfestigkeitsversuchs ist neben der aufgezeichneten Werkstoffreaktion die Bruchlastspielzahl (N_B). Die Bruchlastspielzahlen mehrerer Schwingfestigkeitsversuche können in Abhängigkeit der Belastung in einem Wöhler-Diagramm zusammengefasst werden. Ein schematisches Wöhler-Diagramm ist in Abbildung 2.10b im doppellogarithmischen Diagramm dargestellt. Auf der Abszisse ist die Bruchlastspielzahl, auf der Ordinate die Belastung in Form der Oberspannung abgebildet. Je Schwingfestigkeitsversuch kann ein Wertepaar (N_B | σ_O) in das Wöhler-Diagramm eingetragen werden. Das Wöhler-Diagramm ist nach DIN 50100 in die drei Bereiche eingeteilt:

- Kurzzeitfestigkeit (LCF, engl. „Low Cycle Fatigue") bis ca. 10^4 Lastspiele.
- Zeitfestigkeit (HCF, engl. „High Cycle Fatigue") bis ca. 10^7 Lastspiele.
- Langzeitfestigkeit (VHCF, engl. „Very High Cycle Fatigue") ab ca. 10^7 Lastspiele.

Die Übergangsbereiche bei ca. 10^4 und 10^7 Schwingspielen sind im Rahmen dieser Ausarbeitung als Richtgrößen zu verstehen, da der Ursprung der Norm auf metallische Werkstoffe zurückgeht. Die Charakterisierung der Ermüdungseigenschaften von polymerbasierten Materialien mit Hilfe der Wöhler-Kurve erfolgt üblicherweise bis 10^7 Schwingspiele und dient in erster Linie zur Bestimmung der Zeitschwingfestigkeit [17,117].

Abbildung 2.10
Charakterisierung der
Ermüdungseigenschaften.
a) Schematischer
Einstufenversuch für das
Spannungsverhältnis R =
0,1 (Zug-Schwellbereich);
b) Schematisches
Wöhler-Diagramm mit
Darstellung der
Oberspannung als Funktion
der Bruchlastspielzahl

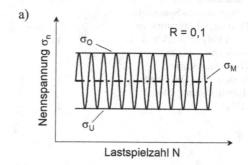

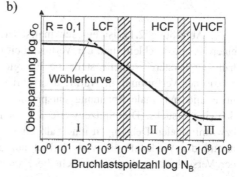

Um die Ergebnisse der Ermüdungseigenschaften als Vergleichsgrundlage zu verwenden, werden Wöhler-Kurven mittels quantitativer Beschreibung mathematisch beschrieben. Ein weitverbreiteter Ansatz nach Basquin, der auch in der DIN 50100 dokumentiert ist, beschreibt die Wöhler-Kurve im doppellogarithmischen Wöhler-Diagramm im HCF-Bereich als Gerade. Auf Basis einer Potenzfunktion kann in Anlehnung an Basquin mit dem Ermüdungsfestigkeitskoeffizient (a) und dem Ermüdungsfestigkeitsexponent (n) die Wöhler-Kurve nach Gleichung 2.7 angenähert werden.

$$\sigma_O = a \cdot N_B{}^n \tag{2.7}$$

Bei periodisch wechselnder Belastung von polymerbasierten Werkstoffen ergibt sich eine Phasenverschiebung zwischen Zwangserregung und Verformung. Der zeitliche Versatz von einwirkenden Kräften und erzwungenen Verformungen resultiert in einer Hystereseschleife.

Abbildung 2.11
Schematisches Spannungs-Dehnungs-Diagramm für einen Polymerwerkstoff eines Lastspiels mit Hystereseschleife, Verlustarbeit (W_V) und dynamischem E-Modul (E_{dyn})

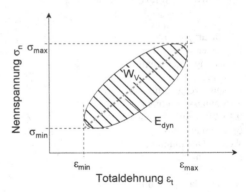

In Abbildung 2.11 ist ein schematischer Spannungs-Dehnungs-Verlauf mit einer Hystereseschleife und der Verlustarbeit (W_V) dargestellt. Die Fläche innerhalb der Hystereseschleife stellt die Energie eines Lastspiels dar, die im Falle plastischer Verformung in Wärme überführt wird und dissipiert [118]. Die minimale und maximale Spannung entspricht der Ober- bzw. Unterspannung des Schwingversuchs. Die Spitzenwerte der Dehnung entsprechen den maximalen bzw. minimalen Dehnungen innerhalb eines Lastspiels. Im Laufe der Belastung nimmt der Werkstoff die Verlustarbeit auf und erwärmt sich. Mit zunehmender Versuchsdauer vergrößert sich die Hysteresefläche infolge innerer Reibung

und Schädigungsentwicklung [119]. In Kombination mit der niedrigen Wärmeleitfähigkeit von Polymeren erwärmt sich der Werkstoff. Durch Erhöhung der
Prüffrequenz wird der Energieeintrag pro Zeiteinheit in die Probe durch die
Verlustarbeit vergrößert. Dementsprechend ist dieses Erwärmungsphänomen fre-
quenzabhängig und kann zu thermischem Versagen führen. [117] Zusätzlich ist in
Abbildung 2.11 der dynamische E-Modul (E_{dyn}) dargestellt, welcher nach Gleichung 2.8 berechnet werden kann. Per Definition gibt der dynamische E-Modul
die Neigung der Hysterese an und kann zeitaufgelöst über die gesamte Versuchsdauer des Schwingversuchs bestimmt werden. Der zeitaufgelöste Verlauf kann
als Bewertungskriterium des Ermüdungsverhaltens herangezogen werden, z. B.
in Bezug auf die Steifigkeitsreduktion [120]. Bei experimentellen Versuchen, bei
denen die Erfassung von Spannung und Dehnung nicht möglich ist, kann als Pendant die dynamische Steifigkeit (C_{dyn}) nach Gleichung 2.9 verwendet werden.
Hierfür können die Spitzenwerte für Kraft und Weg des jeweiligen Prüfsystems
benutzt werden.

$$E_{dyn} = \frac{(\sigma_{max} - \sigma_{min})}{(\varepsilon_{max} - \varepsilon_{min})} \tag{2.8}$$

$$C_{dyn} = \frac{(F_{max} - F_{min})}{(s_{max} - s_{min})} \tag{2.9}$$

Einflussfaktoren
Bei Ermüdungsversuchen mit Spannungsverhältnissen ungleich 0 (R $\neq$ 0) wirkt
eine konstante Mittelspannung auf die Probe. Diese statische Last wirkt bei visko-
elastischen Polymeren über die Versuchsdauer als Kriechbelastung und kann die
Verformungen erhöhen [13,17]. In Abhängigkeit der gesamten Versuchszeit enthält die integrale Werkstoffreaktion demnach Verformungsanteile aufgrund der
Ermüdungs- und Kriechbelastung [2]. In erster Näherung kann sich durch die
Variation von Zeit und Verformung die durchschnittliche Dehnrate unterscheiden.
Wie in Abschnitt 2.4.2 diskutiert, besitzen Polymere eine ausgeprägte Dehnratenabhängigkeit hinsichtlich Steifigkeit, Festigkeit und Bruchdehnung. Daher
kann sich die Abhängigkeit von Zeit und Verformung auf die werkstoffmechanischen Eigenschaften auswirken. Wie in Abschnitt 2.4.1 erläutert, ist derzeit
für die Ermittlung der Ermüdungseigenschaften noch kein prozessspezifischer
Standard verfügbar. Daher wird sich bei der Bestimmung der Ermüdungseigenschaften an der ISO 13003 [121] orientiert. Die darin enthaltene Empfehlung
für die Prüffrequenz liegt zwischen 1 und 25 Hz. Bei der Auswahl ist auf eine

maximal zulässige Temperaturerhöhung durch Eigenerwärmung zu achten [122].
Die ausgewählte Prüffrequenz sollte daher zu einer maximalen Erhöhung der
Oberflächentemperatur von 10 K führen, um temperaturbedingte Einflüsse der
Prüfung zu reduzieren. Aus diesem Grund empfehlen Lorsch et al. [123] eine
geringe Prüffrequenz unter 5 Hz, um die Eigenerwärmung und den Einfluss
auf die mechanischen Eigenschaften zu reduzieren. Hülsbusch [119] entwickelte
einen frequenzbasierten Prüfansatz, um den Einfluss der Eigenerwärmung und
des zyklischen Kriechens zu reduzieren. Wie bereits erläutert, müssen innerhalb
der Ermüdungsversuche die Einflussgrößen von Zeit, Frequenz und Temperatur
zusammenhängend betrachtet werden. Für einen sinnvollen Vergleich der Ermüdungseigenschaften werden daher die verschiedenen Einflüsse berücksichtigt und
in die Ergebnisdiskussion integriert.

Neben den Faktoren der experimentellen Versuchsgrößen können auch
werkstoff- bzw. probenspezifische Ausprägungen die Ermüdungseigenschaften
beeinflussen. So kommt im Rahmen der Ermüdungsversuche der Probenoberfläche eine besondere Bedeutung zu. Gomez-Gras et al. [32] zeigten, dass die
Schädigung im LCF-/HCF-Bereich an geometrischen Spannungsspitzen ausgehend von der Oberfläche initiiert wurde. Frascio et al. [89] charakterisierten die
prozessinduzierte Anisotropie in einem Biegeversuch mit unterschiedlichen Ausrichtungen von Fertigung und Belastung im LCF-/HCF-Bereich. Es wurde die
prüftechnische Herausforderung bezüglich der fertigungsbedingten Oberflächen
herausgestellt, ebenso wie von Fischer und Schöppner [69]. Mortazavian und
Fatemi [124] untersuchten das Ermüdungsverhalten von un- und faserverstärktem
Polymer. Dabei wurden in beiden Fällen gekerbte und ungekerbt Flachproben
geprüft. Die Ergebnisse belegen einen erhöhten Kerbeffekt im HCF-Bereich im
Vergleich zum LCF-Bereich. Für einen sinnvollen Vergleich von Ermüdungser-
gebnissen werden daher die Oberflächenzustände der Proben in die Betrachtung
und Diskussion aufgenommen.

Wie in den Abschnitten 2.3.2 und 2.4.2 dargestellt, kann sich durch die
Prozessparameter der WE die Oberflächencharakteristik signifikant verändern.
Ein Ansatz, den Oberflächeneffekt zu reduzieren, ist die Nachbearbeitung der
Oberflächenstruktur. Die Charakterisierung in idealisierten Zuständen mit vergleichbaren Oberflächenstrukturen scheint für die Ermüdungsbelastung sinnvoll
zu sein. In Bezug auf eine anwendungsorientierte Betrachtung stellt sich hingegen die Frage zur Übertragbarkeit auf realitätsnahe Umgebungsbedingungen.
Die AM wird oft eingesetzt, um komplexe, individualisierte Strukturen zu ferti-
gen. Eine funktionelle Nachbearbeitung aller technischen Oberflächen kann aus
geometrischer, aber auch wirtschaftlicher Sicht, nicht garantiert werden. Daher

muss für eine anwendungsnahe Absicherung der mechanischen Eigenschaften der Oberflächeneffekt berücksichtigt werden. [80]

Die vorgestellten experimentellen und materialspezifischen Einflussgrößen werden für die Erhöhung des Verständnisses von Prozess und AM-Werkstoff analysiert. Nachfolgend werden aktuelle Forschungsansätze für die Charakterisierung der Ermüdungseigenschaften erläutert und diskutiert. Eine Vielzahl von Untersuchungen beschäftigen sich mit den prozessinduzierten Effekten. Miller et al. [84] betrachteten in einer vergleichenden Studie die prozessinduzierten Effekte eines thermoplastischen Polycarbonaturethans. Im Fokus stand der Vergleich der Fertigungstechnologien zwischen Spritzguss und extrusionsbasierter AM. Es zeigte sich bei einer schichtdominierten Probe keine signifikante Änderung der mechanischen Eigenschaften durch prozessinduzierte Effekte. Ein Erklärungsansatz ist der geringe Fehlstellengehalt von unter 1,0 % bei den AM-Proben. Padzi et al. [125] untersuchten die prozessinduzierten Effekte von AM-Werkstoffen im Vergleich zu Proben aus standardisierten Halbzeugen. Dafür wurden axiale Zugprüfungen sowohl unter quasistatischer als auch unter Ermüdungsbelastung im LCF-Bereich durchgeführt. Die Ergebnisse belegen eine signifikante Reduzierung der mechanischen Leistungsfähigkeit durch die prozessinduzierten Effekte. Eine exakte Zuordnung der relevanten Effekte ist anhand der Versuche allerdings nicht möglich, da keine Angaben über die Oberflächenzustände dokumentiert wurden. Allerdings kamen Shanmugam et al. [126] in einem Übersichtsbeitrag zu der Schlussfolgerung eines signifikanten Einflusses der prozessbedingten Poren auch auf die Ermüdungseigenschaften.

In der Regel steht die schichtdominierte Anisotropie durch unterschiedliche Ausrichtungen der Hauptfertigungsrichtung im Vordergrund. Hassanifard und Hasehemi [127] untersuchten die prozessinduzierte Anisotropie der AM in Bezug auf die Ermüdungseigenschaften im LCF-/HCF-Bereich. Dabei zeigten Sie u. a. die signifikante Bedeutung der Fülldichte auf die mechanischen Eigenschaften sowie das anisotrope Werkstoffverhalten. Ziemian et al. [128] analysierten die Ermüdungseigenschaften von schichtdominierten Proben mit vollständiger Füllstruktur. Die Proben hatten eine unterschiedliche Orientierung der Füllstruktur und wurden bis zu einer maximalen Lastspielzahl von 17.500 im Zugschwellbereich geprüft. Die niedrige Prüffrequenz von 0,25 Hz beugt der Eigenerwärmung der Proben vor, resultiert aber in langen Prüfzeiten. Die verschiedenen Orientierungen der Füllstruktur resultierten in unterschiedlichen Schädigungsmechanismen. Aufgrund der gewählten schichtdominierten Proben beschränken sich diese aber auf ein Interbead- und Intrabead-Versagen. Bei übereinstimmender Fertigungs- und Versuchsrichtung ($\alpha_F = 0°$) wurden die besten, bei orthogonaler Ausrichtung ($\alpha_F = 90°$) die schlechtesten Ermüdungseigenschaften festgestellt.

Letcher und Wayteshek [129] betrachteten die schichtdominierten Probenvariationen im LCF-/HCF-Bereich bei einem Spannungsverhältnis von R = -1 in einem Frequenzsteigerungsversuch (5-20 Hz). Dabei wurde die gleiche Tendenz der mechanischen Leistungsfähigkeit unter Ermüdungsbelastung offengelegt. Es wurde zwar der Zeiteinfluss durch die Verwendung unterschiedlicher Prüffrequenzen diskutiert, jedoch erfolgte keine Bewertung der thermischen Zustände bei Verwendung der verschiedenen Frequenzen. Vanaei et al. [130] stellten bei höheren Prüffrequenzen zusätzlich zum werkstoffmechanischen Versagen noch thermisch induzierte Mechanismen fest.

Zusätzlich zu der schichtdominierten Anisotropie wurde in den vorherigen Kapiteln die Relevanz der prozessinduzierten Grenzschicht erläutert. Die Charakterisierung der mechanischen Leistungsfähigkeit erfolgte vermehrt im quasistatischen Bereich. Die zyklischen Belastungen und Ermüdungseigenschaften standen bisher noch nicht im Fokus. Jerez-Mesa et al. [131] konnten in einer Studie über das Ermüdungsverhalten von AM-Werkstoffen im LCF-Bereich einen signifikanten Einfluss der Schichthöhe feststellen. Das Ermüdungsverhalten wurde in einem Cantilever-Versuchsaufbau mit kombinierter Biege- und Torsionsspannung bis zu einer maximalen Lastspielzahl von 10^4 ermittelt.

Die Charakterisierung der Ermüdungseigenschaften von extrusionsbasierten AM-Werkstoffen ist zwar nicht standarisiert, jedoch in der Literatur dokumentiert. Deutliche Lücken wurden in der Literatur bei der Charakterisierung der prozessinduzierten Grenzschichtverbindung sowie in dem Bereich hoher Lastspielzahlen herausgestellt. Es zeigt sich bei der Ermüdungsprüfung die fehlende Berücksichtigung der fertigungsbedingten Eigenheiten. Die vorherigen Kapitel, insbesondere zur qualitativen Beurteilung, belegen den Einfluss von Prozessparametern auf die strukturellen Änderungen der AM-Werkstoffe. Da sich in Bezug auf die Prozess-Struktur-Eigenschafts-Beziehung alle 3-Säulen ändern, können Variationen am Prozessparameter nur bedingt mit den Ermüdungseigenschaften in Verbindung gebracht werden. Für detailliertere Ergebnisse, die beispielsweise eine Separierung von Einflussgrößen und Schädigungsmechanismen zulassen, sind daher Anpassungen der Versuchsstrategien notwendig.

2.4.5   Ermüdungseigenschaften im VHCF-Bereich

Die Ermüdungseigenschaften von polymerbasierten Werkstoffen im Bereich sehr hoher Lastspielzahlen (VHCF, engl. „Very High Cycle Fatigue"), decken den sog.

Langzeitfestigkeitsbereich ab. Wie im vorherigen Kapitel erläutert, werden polymerbasierte Werkstoffe sowohl unverstärkt als auch diskontinuierlich faserverstärkt üblicherweise bis zu 10^7 Lastwechsel im Zeitfestigkeitsbereich ausgelegt [17,117]. Ein Grund hierfür wird oft mit den fehlenden Anwendungsgebieten angegeben. Nichtsdestotrotz geht heutzutage der Trend in Richtung nachhaltiger und langlebiger Produkte. Für eine maximale Zuverlässigkeit und Sicherheit müssen daher verschiedene Belastungsniveaus innerhalb der Ermüdungsversuche betrachtet werden. Das reicht von kurzen, intensiven Betriebsbedingungen hin zu langlebigen Betriebsfestigkeiten und niedrigen Belastungsniveaus [123]. Nimmt man die Betriebsbedingungen aus der Luftfahrt, so zeigt sich eine hauptsächliche Ermüdungsbelastung aufgrund von erzwungenen, asynchronen Vibrationen. Die Belastungsniveaus sind relativ gering, jedoch bei hohen Frequenzen, wodurch in kurzer Zeit sehr hohe Lastzielzahlen entstehen können [132]. Ein weiteres Beispiel aus dem Bereich automobiler Anwendungen verdeutlicht ebenfalls die Relevanz sehr hoher Lastspielzahlen für polymerbasierte Thermoplaste. Jia und Kagan [133] zeigten, dass der Ermüdungsbereich von polymerbasierten Thermoplasten auch oberhalb der Lastspielzahl 10^7 liegen kann. Motornahe Bauteile in automobilen Anwendungen werden durchschnittlich in einem Frequenzbereich zwischen ca. 0,01-10 Hz angeregt. Kombiniert man diesen Frequenzbereich mit der durchschnittlichen Lebensdauer von 5.000 Betriebsstunden, wird auch der Bereich oberhalb einer Lastspielzahl von 10^7 interessant. Insbesondere da für andere automobile Anwendungen wie im Bereich der Nutzfahrzeuge durchaus höhere Lebensdauern gefordert werden.

Trotz der dokumentierten Relevanz ist die Datenlage im Bereich sehr hoher Lastspielzahlen nur gering. Dies ist allerdings kein Alleinstellungsmerkmal der unverstärkten und diskontinuierlich faserverstärkten Polymere, sondern ist auch bei kontinuierlich faserverstärkten Kunststoffen der Fall, obwohl für diese Werkstoffe Anwendungsbereiche mit höheren Lastspielzahlen teilweise bis 10^{10} dokumentiert sind [122,134]. Ein Grund hierfür ist die zeitintensive Prüfung bis in den Bereich sehr hoher Lastspielzahlen [135]. So benötigt ein Versuch mit einer konservativen Prüffrequenz von 5 Hz mehrere Wochen Versuchszeit, um den Bereich oberhalb der Lastspielzahl 10^7 zu untersuchen. Um diesbezüglich wirtschaftliche und technische Lösungsansätze zu finden, kann zur Reduzierung der Versuchszeit die Prüffrequenz erhöht werden. Hierbei werden in der Regel höhere Prüffrequenzen verwendet als nach ISO 13003 [121] empfohlen werden. Da die höheren Prüffrequenzen zu erhöhten Probentemperaturen führen, welche wiederum das Ermüdungsverhalten beeinflussen, ist die Abstimmung von Prüffrequenz und Probentemperatur notwendig [118]. Zur sinnvollen Durchführung von Ermüdungsversuchen im VHCF-Bereich, auch in Hinblick auf die Vergleichbarkeit zum LCF-/HCF-Bereich, muss daher der Einfluss der Frequenzerhöhung berücksichtigt werden. Nachfolgend werden aktuelle Untersuchungsmöglichkeiten aus der Literatur vorgestellt und diskutiert, die den VHCF-Bereich polymerbasierter Werkstoffe untersuchen. Aufgrund des geringen Umfangs der vorhandenen Literatur im kurzfaserverstärkten Polymerbereich werden auch Prüfungsmöglichkeiten kontinuierlich faserverstärkter Kunststoffe berücksichtigt. In Hinblick auf eine anwendungsorientierte Ermüdungsprüfung von unverstärkten und diskontinuierlich faserverstärkten Polymeren wird der VHCF-Bereich in dieser Arbeit ab der Lastspielzahl 10^7 definiert.

Experimentelle Verfahren zur Prüfung im VHCF-Bereich
Ein Forschungsteam um Adam und Horst [122,136] entwickelte ein elektrodynamisches Prüfsystem für Untersuchungen von kontinuierlich faserverstärktem Polymer im VHCF-Bereich bis zur Lastspielzahl 10^8. Der adaptierte 4-Punkt-Biegeversuch kann mit flachen Biegeproben und variablen Prüffrequenzen zwischen 20 und 90 Hz bis in den VHCF-Bereich betrieben werden. Als Auslegungskriterium des Prüfstands wurden u. a. eine Versuchszeit von ca. 14 Tagen bis zu einer Lastspielzahl 10^8 und geringe Temperaturerhöhungen nach langen Zykleninterwallen genannt. Die niedrigeren Frequenzen des Prüfsystems entsprechen noch der ISO 13003 [121], die die Prüffrequenz zwischen 1 und 25 Hz definiert.

Die Forschungskollegen Balle und Backe [137,138] entwickelten ebenfalls ein neues Prüfsystem, das zur Untersuchung des VHCF-Bereichs von kontinuierlich faserverstärkten Polymeren verwendet werden kann. Der 3-Punkt-Biegeversuch wurde bei einer Prüffrequenz von 20 kHz betrieben, um Untersuchungen im Bereich von 10^6 bis 10^9 Lastspielen zu ermöglichen. Aufgrund der hohen Prüffrequenz wurde zusätzlich zur dauerhaften externen Luftkühlung ein sog. Puls-Pause-Betrieb angewendet, um die Probenerwärmung unter 20 K zu halten. Die angeregten Puls-Phasen wechseln sich mit den nicht angeregten Pause-Phasen ab, weshalb sich die effektive Prüffrequenz auf ca. 965 Hz reduziert. Cui et al. [132] nutzten ebenfalls ein Ultraschallprüfsystem für einen 3-Punkt-Biegeversuch mit einer Anregungsfrequenz von ca. 20 kHz. Durch die Nutzung eines zusätzlichen Kühlsystems mit flüssigem Stickstoff konnte die Prüffrequenz mit ca. 20 kHz über einen längeren Zeitraum konstant aufrechterhalten werden. Die Änderung der Probentemperatur konnte dabei unterhalb von 40 K gehalten werden.

Hülsbusch et al. [119] untersuchten den VHCF-Bereich von kontinuierlich faserverstärkten Polymeren mittels Normproben unter axialer Zugbelastung. Zum Einsatz kamen sowohl ein Resonanzprüfsystem mit einer Prüffrequenz von ca.

1 kHz als auch ein Ultraschallprüfsystem mit ca. 20 kHz. Das Ultraschallprüfsystem wurde auch im Puls-Pause-Betrieb genutzt, um der Erhöhung der
Probentemperatur entgegenzuwirken. Mit einer effektiven Pulsdauer von ca.
100 ms wurde eine effektive Prüffrequenz des Ultraschallprüfsystems von ca.
950 Hz erzielt.

Abbildung 2.12 vergleicht den Einfluss der Prüffrequenz auf die Versuchszeit und die Lastspielzahl. Als niedrige Grenzfrequenz für den Vergleich wurde
die noch normkonforme Empfehlung nach ISO 13003, die mit dem Prüfsystem
von Adam und Horst möglich sind, verwendet. Als obere Grenzfrequenz wurde
1.000 Hz verwendet, die stellvertretend für das Resonanzprüfsystem und das
Ultraschallprüfsystem mit Puls-Pause-Betrieb stehen. Im doppellogarithmischen
Diagramm ist der VHCF-Bereich ab der Lastspielzahl 10^7 dargestellt. Weiterhin
sind die Zeitpunkte erkennbar, die den Anfang des VHCF-Bereichs für die zuge-
hörige Prüffrequenz markieren. Dabei zeigt sich der enorme Unterschied von über
100 h für einen Versuch. In Hinblick auf polymerbasierte Materialien mit einem
zeitabhängigen, viskoelastischen Materialverhalten kann die Versuchsdauer einen
großen Einfluss z. B. in Form von Kriechbelastung haben. Im Konflikt mit kurzen
Versuchszeiten stehen eine potenziell kritische Erhöhung der Probentemperatur.

Abbildung 2.12
Lastspielzahl vs.
Versuchszeit für die
Prüffrequenzen 25 Hz und
1.000 Hz im Bereich sehr
hoher Lastspielzahlen

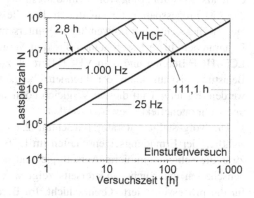

Die vorgestellten Prüfverfahren zur experimentellen Untersuchung des VHCF-
Bereichs ergeben individuelle Herausforderungen. Die signifikanten Unterschiede
der Versuchszeiten zeigen auch für das zyklische Kriechen und die Leistungsdichte der Ermüdungsversuche teils erhebliche Unterschiede, die wiederum für
die Temperaturentwicklung der Proben entscheidend ist. Die Werkstoffreaktion
lässt sich auf das viskoelastische Materialverhalten von Polymeren zurückführen.
Die hohe Dämpfung der Polymere resultiert bei einer Erhöhung der Prüffrequenz

durch Hystereseverluste in einer erhöhten Eigenerwärmung [122,135]. Die thermischen Eigenschaften des Polymers reichen in der Regel nicht aus, um die generierte Eigenerwärmung an die Umgebung abzugeben. Daher wird oft eine zusätzliche Kühlung der Probe vorgesehen. Eine weitere Möglichkeit, die Eigenerwärmung auf einem geringen Niveau zu halten, ist die Verwendung von dünnen Proben. Durch ein verbessertes Oberflächen/Volumen-Verhältnis wird die Wärmeabfuhr aus dem Probenvolumen optimiert [122]. Die signifikanten Unterschiede der Versuchszeiten können ebenfalls die Kriechbelastung beeinflussen. Wie in Abschnitt 2.4.4 beschrieben, entsteht bei Spannungsverhältnis ungleich 0 (R $\neq$ 0) eine statische Kriechbelastung in Höhe der Mittellast. Die Ergebnisse der Ermüdungsversuche haben daher einen Ermüdungs- und einen Kriechanteil [2,17]. Der Kriechanteil nimmt bei höheren Versuchszeiten zu.

Wie bei der Charakterisierung im LCF-/HCF-Bereich beschrieben, gibt es nicht nur Einflussfaktoren der experimentellen Versuchsaufbauten, sondern ebenso werkstoff- und probenspezifische Gegebenheiten, die es zu berücksichtigen gilt. So gelten für den VHCF-Bereich ähnliche Faktoren zur Vergleichbarkeit der Ergebnisse wie im LCF-/HCF-Bereich. Den Oberflächenstrukturen kommt wiederum eine zentrale Bedeutung zu, da Spannungsspitzen an den Oberflächen als Rissinitiierung von Ermüdungsbrüchen wirken können. Der Einfluss der AM-Prozessparameter auf die strukturelle Oberflächenbeschaffenheit macht eine Berücksichtigung notwendig. Die unterschiedlichen Kriech-, Frequenz- und Dehnrateneinflüsse lassen keinen direkten Vergleich zwischen den Testserien im LCF-/HCF-Bereich und dem VHCF-Bereich zu. Bei einer Prüfung der gleichen Belastungsniveaus kann der Frequenzübergangsbereich detailliert beschrieben werden. Basierend auf diesem Vergleich können die einzelnen Kriech-, Frequenz- und Dehnrateneffekte bewertet werden.

Die vorgestellte Literatur (Abschnitt 2.4.4) verdeutlicht schon Lücken hinsichtlich der Ermüdungseigenschaften im LCF-/HCF-Bereich. Einerseits wurden zwar die schichtdominierte Anisotropie und der Einfluss auf die Ermüdungseigenschaften untersucht, andererseits zeigt sich ein deutlicher Forschungsbedarf für die prozessinduzierte Grenzschicht. Im Bereich noch höhere Lastspielzahlen liegen einzelne Ergebnisse für kurz- und kontinuierlich faserverstärkte Polymere vor. Die prozessinduzierten Defekte der extrusionsbasierten AM und der Einfluss auf das Ermüdungsverhalten bei hohen und sehr hohen Lastspielzahlen wurden bisher allerdings noch nicht behandelt.

2.5 Schlussfolgerung und Handlungsbedarf

Die bisherigen Kapitel haben einen Überblick über die verwendete Werkstoff-
klasse der kurzfaserverstärkten Thermoplaste sowie das grundlegende Werkstoffverhalten gegeben. Die Vorstellung der extrusionsbasierten AM zeigte
prozessinduzierte Defekte, daher lag der Fokus auf der Darstellung und Charakterisierung dieser Defekte. Hierbei wurde offengelegt, dass die Datengrundlage hinsichtlich der prozessinduzierten Defekte unzureichend ist. Ein Grund
hierfür ist die ungenügende Berücksichtigung der prozessspezifischen Eigenheiten, wie die komplexen Wechselwirkungen innerhalb der Prozess-Struktur-
Eigenschafts-Beziehungen, in einem Großteil der Standardisierungsschriften
[139]. Eine beispielhafte Prozess-Struktur-Eigenschafts-Beziehung mit charakteristischen Zusammenhängen ist in Abbildung 2.13 dargestellt.

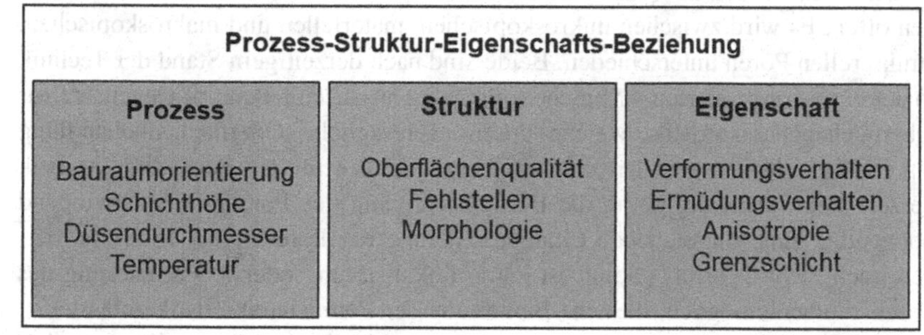

Prozess-Struktur-Eigenschafts-Beziehung		
Prozess	**Struktur**	**Eigenschaft**
Bauraumorientierung Schichthöhe Düsendurchmesser Temperatur	Oberflächenqualität Fehlstellen Morphologie	Verformungsverhalten Ermüdungsverhalten Anisotropie Grenzschicht

Abbildung 2.13 Charakteristische Zusammenhänge einer Prozess-Struktur-Eigenschafts-
Beziehung von extrusionsbasierten AM-Werkstoffen

Die Charakterisierung dieser Wirkzusammenhänge ist für die zuverlässige
Absicherung von werkstofflichen Kennwerten zwingend notwendig. Durch überlagerte Fertigungseffekte können die werkstofflichen Kennwerte verfälscht werden. Da die prozessinduzierten Eigenheiten in den standardisierten Prüfstrategien
zur zerstörungsfreien und mechanischen Prüfung in der Regel nicht berücksichtigt werden, können die Wirkzusammenhänge nicht ausreichend beschrieben
werden. Daher eignet sich diese Fertigungstechnologie für den Einsatz als
reproduzierbarer Serienprozess derzeit nur bedingt. Als weitere Gründe können die limitierten mechanischen Leistungsfähigkeiten [2,3] oder die fehlenden
Erfahrungswerte hinsichtlich der Zuverlässigkeit und Lebensdauer [140] genannt
werden. Daher erfolgt die Qualitätssicherung und Nachweisführung oft mit
einem Begleitprobenkonzept. Dabei wird jedoch nur eine Kombination aus

Prozess-Struktur-Eigenschafts-Beziehung betrachtet. Zusammenhänge und Wechselwirkungen können nicht getrennt dargestellt werden. Für eine detaillierte Charakterisierung von Prozess-Struktur-Eigenschafts-Beziehungen konnten somit die nachfolgenden Herausforderungen identifiziert werden.

Die oberflächenbasierte Qualitätsbeurteilung bestätigte, dass die Änderung der Fertigungsparameter in strukturellen Änderungen resultieren. Darauf aufbauende Untersuchungen belegen, dass die Unterschiede nicht nur struktureller Art sind, sondern auch das Eigenschaftsprofil ändern. Durch die Ausnutzung der Potenziale kann eine vollständige Nachbearbeitung aller technischen Oberflächen nicht gewährleistet werden. Daher stellt sich die Frage, wie die Oberflächenstruktur bei der mechanischen Charakterisierung hinreichend berücksichtigt werden kann. Zusätzlich ist derzeit die Vergleichbarkeit der Ergebnisse für die mechanische Absicherung fraglich, da oft ungleiche strukturelle Ausprägungen für Vergleiche herangezogen werden.

Die volumenbasierte Qualitätsbeurteilung legte ebenfalls strukturelle Änderungen offen. Es wird zwischen mikroskopischen, materiellen und makroskopischen, strukturellen Poren unterschieden. Beide sind nach derzeitigem Stand der Technik in der extrusionsbasierten AM nicht vollständig auszuschließen. Im Gegensatz zur Oberflächencharakteristik, welche durch nachträgliche Oberflächenbehandlung zumindest teilweise geändert werden kann, gilt dies für die Porencharakteristik derzeit nicht. Demzufolge ist die Berücksichtigung des Poreneffektes zwingend notwendig. Eine hinreichende Charakterisierung der Porencharakteristik ist derzeit noch nicht erforscht. Somit ist keine Lokalisierung oder Klassifizierung des Porenvolumens möglich, die eine Bewertung der Porencharakteristik zulässt.

Die mechanische Charakterisierung des AM-Werkstoffs weist material- und prozessspezifische Schädigungsmechanismen auf. Durch prozessinduzierte Defekte wird ein quasiisotropes Ausgangsmaterial zu einem hochgradig anisotropen Werkstoff mit Änderungen der Struktur. Somit zeigt sich die Beeinflussung aller drei Säulen innerhalb der Prozess-Struktur-Eigenschafts-Beziehung. Insbesondere das Verformungs- und Schädigungsverhalten unter Ermüdungsbelastung wird durch strukturelle Änderungen beeinflusst. Für detailliertere Ergebnisse, die eine Separierung von Einflussgrößen oder Schädigungsmechanismen zu lassen, sind daher Anpassungen der Versuchsstrategien notwendig. Das gesamtheitliche grenzschichtdominierte Werkstoffverhalten unter quasistatischer sowie zyklischer Zug- und Schubbelastung ist trotz der dokumentierten Relevanz noch nahezu unerforscht. Ebenfalls gilt dies für das Verformungsverhalten bei hohen Dehnraten. Die Erklärungsansätze der Dehnratenabhängigkeit beruhen derzeit auf der Neuausrichtung der Polymerketten. Da die Bindungsmechanismen der prozessinduzierten Grenzschicht derzeit noch nicht vollständig beschrieben sind, die Polymerkettendiffusion allerdings eine vorläufige Theorie darstellt, ist das

Verhalten unter hohen Dehnraten von großer Bedeutung für das zukünftige Prozessverständnis.

Der Fortschritt im Prozessverständnis der extrusionsbasierten AM muss eine detaillierte Beschreibung der Prozess-Struktur-Eigenschafts-Beziehung ermöglichen. Dabei müssen die Wechselwirkungen und Zusammenhänge der 3-Säulen bekannt sein, um eine Auslegung mit fertigungsbedingten lokalen Eigenschaftsprofilen zu gewährleisten. Hierzu werden Strategien zur Werkstoffprüfung benötigt, die die Einflüsse und Wechselwirkungen von prozessinduzierten Defekten berücksichtigen. Um diese Empfehlungen und ein Leitfaden zur Charakterisierung von additiv gefertigten Thermoplast-Leichtbaustrukturen zur Verfügung zu stellen, ist das Ziel dieser Arbeit die Entwicklung und Validierung einer Prüfsystematik. In dieser sollen anwendungsorientierte Empfehlungen zur Berücksichtigung der prozessinduzierten Defekte bei der zerstörungsfreien und mechanischen Charakterisierung bereitgestellt werden.

Hierfür wird die nachfolgende Struktur in Abbildung 2.14 verwendet. In Kapitel 3 wird das Ausgangsmaterial charakterisiert sowie die Herstellungsbedingungen der verwendeten Probenvariationen definiert. Die Kombination aus Ausgangsmaterial und Herstellungsbedingungen resultiert in einem AM-Werkstoff. Die AM-Werkstoffcharakteristik wird hinsichtlich prozessinduzierter und morphologischer Unterschiede untersucht. Die Theorie der experimentellen Versuchsreihe wird in Kapitel 4 beschrieben. Hierbei stehen die Prüfstrategien und die verwendeten Versuchsaufbauten im Vordergrund. Zusätzlich werden die Messsysteme und Auswertemethoden vorgestellt.

In Kapitel 5 werden die Ergebnisse der experimentellen Versuche dargestellt und diskutiert. Die prozessinduzierte Anisotropie wurde als vergleichende Studie zum Spritzguss Referenzprozess ausgelegt. Die Ergebnisse zeigen eine übergeordnete Schwachstelle innerhalb der fertigungsbedingten Grenzschicht. Daher wurde diese detaillierter betrachtet und die Einflüsse eines relevanten Prozessparameters (Schichthöhe) auf die mechanischen Eigenschaften untersucht. Basierend auf diesen Ergebnissen folgt eine Bewertung zweier vielversprechender Prozessvariationen mit Fokus auf der Leistungsfähigkeit (AM-Z LH 0,2) und Prozesseffizienz (AM-Z LH 0,3). Die Prüfstrategien, die zur Charakterisierung der additiv gefertigten AM-Werkstoffe verwendet wurden, werden abschließend in einer Prüfsystematik zusammengefasst. Dabei werden Empfehlungen, wie die prozessinduzierten Eigenheiten zerstörungsfrei und mechanisch charakterisiert werden können, gegeben.

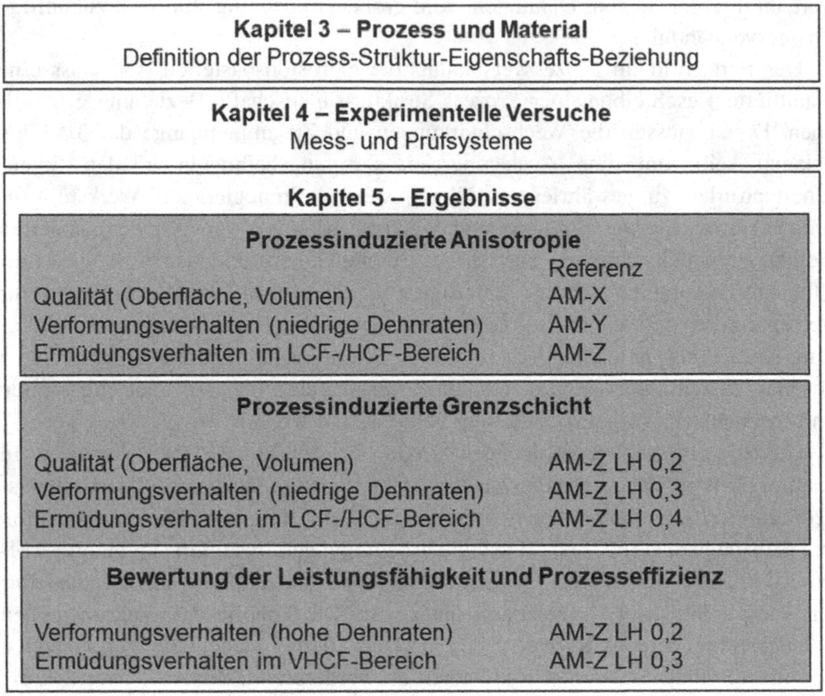

Kapitel 3 – Prozess und Material
Definition der Prozess-Struktur-Eigenschafts-Beziehung

Kapitel 4 – Experimentelle Versuche
Mess- und Prüfsysteme

Kapitel 5 – Ergebnisse

Prozessinduzierte Anisotropie

	Referenz
Qualität (Oberfläche, Volumen)	AM-X
Verformungsverhalten (niedrige Dehnraten)	AM-Y
Ermüdungsverhalten im LCF-/HCF-Bereich	AM-Z

Prozessinduzierte Grenzschicht

Qualität (Oberfläche, Volumen)	AM-Z LH 0,2
Verformungsverhalten (niedrige Dehnraten)	AM-Z LH 0,3
Ermüdungsverhalten im LCF-/HCF-Bereich	AM-Z LH 0,4

Bewertung der Leistungsfähigkeit und Prozesseffizienz

Verformungsverhalten (hohe Dehnraten)	AM-Z LH 0,2
Ermüdungsverhalten im VHCF-Bereich	AM-Z LH 0,3

Abbildung 2.14 Struktureller Aufbau der Arbeit

Prozess und Material

3

Dieses Kapitel beschreibt das zugrundeliegende Ausgangsmaterial und die Herstellungsmethoden. Der Werkstoff entsteht aus dem Ausgangsmaterial und der Herstellungsmethode. Die Prozessparameter haben einen wesentlichen Einfluss auf die Eigenschaften des Ausgangswerkstoffs und werden deshalb detailliert definiert. Abschließend werden die Ausgangswerkstoffe morphologisch und thermisch charakterisiert.

3.1 Ausgangsmaterial

In dieser Arbeit wird ein verstärktes Polyamid 6 (PA6) mit diskontinuierlichen Kohlenstofffasern (CF-PA, engl. „carbon fiber-reinforced polyamide") charakterisiert. Der Lieferzustand des Materials ist auf evakuierten Spulen in Form von Filament mit einem Durchmesser von $2{,}85 \pm 0{,}10$ mm. Laut Herstellerinformationen hat das CF-PA einen Faservolumengehalt von unter 20 % [141]. Durch die exakte Gewichtsangabe von 12,5 % lässt sich anhand der Dichte von PA6 und einer HT-Kohlenstofffaser ein Faservolumengehalt φ_F von 18,4 % errechnen. Dabei haben die Kohlenstofffasern einen Durchmesser von 7 µm und nach der Verarbeitung durch einen Doppelschneckenextruder eine Faserlängenverteilung von 150 bis 400 µm. Die mechanischen Kennwerte in Tabelle 3.1 basieren auf dem technischen Datenblatt des Herstellers [142]. Die Überprüfung der mechanischen Eigenschaften erfolgt im Kapitel 5 unter Berücksichtigung der prozessabhängigen Streuung.

P. Striemann, *Entwicklung und Validierung einer Prüfsystematik zur Charakterisierung von additiv gefertigten Thermoplast-Leichtbaustrukturen*, Werkstofftechnische Berichte | Reports of Materials Science and Engineering, https://doi.org/10.1007/978-3-658-40755-1_3

Tabelle 3.1 Eigenschaftenes Ausgangsmaterials auf Basis der Herstellerangaben [142]

Eigenschaft	Formelzeichen	Einheit	Wert
Elastizitätsmodul	E	MPa	3800
Zugfestigkeit	σ_m	MPa	63
Bruchdehnung	ε_b	%	3
Glasübergangstemperatur	T_g	°C	70

In Abbildung 3.1 sind mikroskopische Schliffbilder eines Quer- und Längs-
schliffs des Ausgangsmaterials dargestellt. Die Schliffpräparationen wurden mit
einem 3D-Laser-Scanning Mikroskop betrachtet und belegen eine hohe Faserorientierung in Extrusionsrichtung, bedingt durch hohe Scherraten während der
Filamentfertigung [143]. Zusätzlich werden im Inneren des Filaments Lufteinschlüsse, die ebenfalls eine Vorzugsrichtung in Extrusionsrichtung aufweisen,
offengelegt. Durch die Weiterverarbeitung des Ausgangsmaterials mittels WE
wird das Material erneut aufgeschmolzen und durch eine kleinere Extrusionsdüse extrudiert. Dadurch ergibt sich wiederum eine Vorzugsrichtung der
Fasern in Extrusionsrichtung. Diese ist in der WE gleichzusetzen mit der
Bewegungsrichtung des Extrusionskopfes. Die Auswirkungen von orientierten
Bindungsmechanismen und Fehlstellen wurde in Abschnitt 2.2.2 am Beispiel von
Kohlenstofffasern diskutiert. Auf makroskopischer Ebene zeigt der Extrusions-
strang ein vergleichbares Verhalten hinsichtlich der Lufteinflüsse.

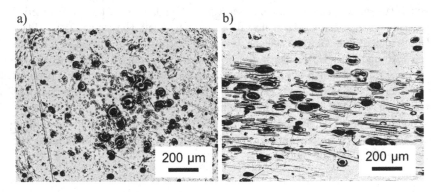

Abbildung 3.1 Schliffbildanalyse mittels 3D-Laser-Scanning Mikroskop von kohlenstoff-
kurzfaserverstärktem Polyamid Filament. a) Querschliff; b) Längsschliff

3.2 Herstellung

Die Herstellerangaben für die mechanischen Kennwerte aus Tabelle 3.1 basieren auf der Verarbeitung mittels extrusionsbasierter AM. Wie in Kapitel 2 hergeleitet wurde, haben die Prozessparameter einen Einfluss auf das Verformungs- und Schädigungsverhalten. Daher werden für die vergleichende Arbeit innerhalb dieser Ausarbeitung Referenzproben mittels Spritzguss hergestellt.

Für die Verarbeitung des CF-PAs auf einer Spritzgussmaschine 320 C (Arburg) waren Anpassungen an der Materialbereitstellung notwendig. Das Filament wurde für die Bearbeitung im Schneckenextruder zu ca. 4 mm Granulat zerkleinert. Durch die Förderung und zusätzliche Beheizung im Schneckenextruder wird das Material gleichmäßig aufgeschmolzen. Ist das gesamte Dosiervolumen innerhalb des Schneckenextruders aufgeschmolzen, wird mit hohem Druck die Kavität gefüllt. Die abschließende Kühlphase wird mit zusätzlichen Nachdruckparametern definiert. Ausgewählte Prozessparameter für die Herstellung der Werkstoffreferenz sind in Tabelle 3.2 zusammengefasst.

Abbildung 3.2
Werkzeugform zur Herstellung der Referenzproben mittels Spritzguss in einer Formflusssimulation [144][1]

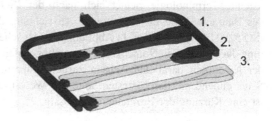

Tabelle 3.2 Ausgewählte Prozessparameter für die Herstellung der Referenzproben mittels Spritzguss

Parameter	Einheit	Wert
Dosiervolumen	cm^3	7
Schneckentemperatur	°C	270

(Fortsetzung)

---

[1] Reprinted/adapted from Key Engineering Materials, Vol. 809, Striemann, P.; Hülsbusch, D.; Niedermeier, M.; Walther, F., Quasi-static characterization of polyamide-based discontinuous CFRP manufactured by additive manufacturing and injection molding; Page 388, Trans Tech Publications (2019), with permission from Trans Tech Publications.

Tabelle 3.2 (Fortsetzung)

Parameter	Einheit	Wert
Einspritzstrom	$cm^3 \cdot s^{-1}$	35
Restkühlzeit	s	8
Nachdruck	MPa	25
Einspritzdruck	MPa	100

Die verwendete Kavität im Spritzgussprozess wurde für die Fertigung von drei Proben nach ISO 527-2 Typ 1BA pro Zyklus ausgelegt [145]. Ein Ausschnitt der Kavität aus einer Formflusssimulation ist in Abbildung 3.2 dargestellt. Die zwei Fließfronten von Kavität (1) und (2) resultieren in Sollbruchstellen in der Mitte des Prüfbereichs. Daher wurde für die Werkstoffreferenz ausschließlich Probe (3) verwendet, welche homogen durch einen Anguss gefüllt wurde. Verarbeitungsbedingt liegen in dieser einseitig gefüllten Kavität ca. 80 % der Kurzfaserverstärkung in Fließrichtung vor [17].

Die Herstellung der additiv gefertigten Proben erfolgt mittels WE. Die grundlegende Terminologie richtet sich nach der ISO 52900 [20], die Definition des Bauraums, wie die orthogonale Ausrichtung der Werkstücke, wurden nach ISO 52921 [21] festgelegt. In Abbildung 3.3 ist schematisch die Bauraumorientierung dargestellt. Die Nomenklatur der orthogonalen Ausrichtung ist auf die Länge der jeweiligen parallelen Achsen zurückzuführen, beginnend mit der längsten Seite, endend mit der kürzesten Seite des Werkstücks. In Folge von Symmetrien ist eine Kürzung der Bezeichnung zulässig.

Abbildung 3.3
Orientierung der AM-Proben innerhalb des Bauraums nach ISO 52921; XYZ (Hauptfertigungsrichtung X, AM-X); YXZ (Hauptfertigungsrichtung Y, AM-Y); ZXY (Hauptfertigungsrichtung Z, AM-Z)

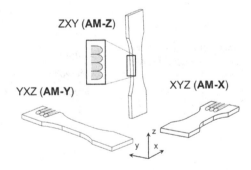

Ausgangsbasis zur Herstellung ist die geometrische Definition [45] des Bauteils in einem Volumenkörper. Zur Kommunikation der Volumenkörper-Daten wurde das Dateiformat STL verwendet. Das Oberflächenmodell des 3D-Volumenkörpers wurde in der Software Simplify3D 4.1 (Simplify3D) zu Maschinencode verarbeitet. In dem beschriebenen Pre-Prozess werden alle relevanten Prozessparameter definiert, eine Auswahl findet sich in Tabelle 3.3. Der Düsendurchmesser sowie die Extrusionsbreite wurden in allen Testserien konstant gehalten. Imeri et al. [70] dokumentierten den signifikanten Einfluss des äußeren Rands (Perimeter), daher wird dieser bei dem Minimum von 1 konstant über die gesamten Testserien gehalten. Trotz Erhöhung der Schichthöhe, die eine veränderte radiale Temperaturverteilung zur Folge hat, wurde eine konstante Extrusionsgeschwindigkeit zur Fertigung verwendet. Dadurch wurde die axiale Temperaturverteilung, die durch die Fertigungsstrategie festgelegt wird, konstant gehalten.

Für die additive Fertigung wurde ein Ultimaker 2 Extended+ (Ultimaker) verwendet. Die Bauplattform wurde mittels Aceton für den Fertigungsprozess vorbehandelt. Die Fertigungsprozesse wurden in Umgebungsbedingungen bei Raumtemperatur durchgeführt. Das Ausgangsmaterial wurde luftfeucht verarbeitet. Um fertigungstechnische Einflüsse zu reduzieren, wurde jede Probe einzeln im Bauraum gefertigt. Wie in Abschnitt 2.3 erläutert, führt die Erhöhung der Schichthöhe bei konstanter Extrusionsgeschwindigkeit zu einem größeren Volumenstrom. Damit die übergeordnete Fertigungsstrategie, die einen Einfluss auf die makroskopische axiale Temperaturverteilung der Grenzschichtverbindungen hat, nicht verändert wird, wurde die Extrusionsgeschwindigkeit konstant gehalten. Um die Unterschiede der radialen Temperaturverteilung bei erhöhtem Volumenstrom auszugleichen, wird eine geringe Extrusionsgeschwindigkeit verwendet.

Tabelle 3.3 Ausgewählte Prozessparameter für die additive Fertigung mittels Werkstoffextrusion aus Simplify3D

Parameter	Einheit	Wert
Düsendurchmesser	mm	0,4
Extrusionsbreite	mm	0,5
Schichthöhe	mm	0,2 – 0,4
Extrusionstemperatur	°C	260
Bauplattform Temperatur	°C	100
Extrusionsgeschwindigkeit	mm·s^{-1}	10

In Abschnitt 2.4.1 wurde die ISO 52903-2 erläutert, ebenso wie die darin beschriebenen Empfehlungen der Oberflächenqualität. Abgesehen von der Entfernung der Stützstruktur sind keine weiteren Nachbearbeitungsschritte vorgesehen. Die Proben wurden mit verschiedenen Post-Prozessen nachbehandelt. Dabei wird die unbehandelte Oberflächenstruktur als „as built" Oberfläche bezeichnet. Für ausgewählte Versuche wurden die Oberflächenstrukturen mit konventionellen Fertigungsverfahren bearbeitet. Hierzu zählt neben den subtraktiven Fertigungsverfahren auch die Bearbeitungsschritte Schleifen und Polieren. Bei diesen Versuchen dienen die AM-Proben als endkonturnahe Halbzeuge. Das gewünschte Eigenschaftsprofil wurde dabei auch durch die Nachbearbeitung erzielt.

3.3   Charakterisierung des Ausgangswerkstoffs

Zur strukturellen Charakterisierung des Ausgangswerkstoffs werden materialografische Untersuchungen verwendet sowie die dynamische Differenzkalorimetrie zur morphologischen Beschreibung. Hierbei werden sowohl AM-Proben als auch spritzgegossene Referenzproben untersucht.

Mikrostruktur
Für die Untersuchungen der Feinstruktur wurden Schliffe der Werkstoffproben angefertigt. Diese wurden durch subtraktive Verfahren aus dem jeweiligen Prüfbereich getrennt und mittels eines Epoxidharzes kalt eingebettet. Die anschließende materialografische Probenpräparation besteht aus Schleif- und Polierprozessen. Im Prozess wurde SiC-Schleifpapier von Korngröße 320 bis 1.000 verwendet. Der finale Abschluss durch Polieren wurde mittels Diamantsuspension mit Partikelgrößen von 3 μm erzielt. Da die eingebetteten Materialschliffe nicht elektrisch leitfähig sind, können diese nicht ohne weitere Vorbehandlung im Rasterelektronenmikroskop (REM) untersucht werden. Zur Erzeugung der elektrischen Leitfähigkeit kann eine Goldbeschichtung mittels Kathodenzerstäubung aufgebracht werden.

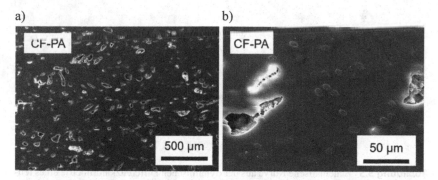

Abbildung 3.4 Rasterelektronenmikroskopische Schliffbilder von kohlenstoff-kurzfaserverstärktem Polyamid. a) Übersichtaufnahme; b) Detailansicht mit der Visualisierung von Poren, Fasern und Matrix

In Abbildung 3.4 sind die mikroskopischen Aufnahmen der materialografischen Schliffe in unterschiedlichen Vergrößerungen dargestellt. Durch die verschiedenen Vergrößerungen ist ein deutlicher Porengehalt der additiv gefertigten Proben zu sehen. Die spritzgegossenen Referenzproben zeigen hingegen keine Poren. Obwohl das sortenreine Ausgangsmaterial in einem gleichen, luftfeuchten Konditionierungszustand verarbeitet wurde, sind qualitativ deutliche Unterschiede im Porengehalt festzustellen. Im Gegensatz zum AM-Prozess resultiert der erhöhte Fertigungsdruck im Spritzgussprozess in porenfreien Proben. Durch materialspezifische und prozessbedingte Anpassungen kann der Porengehalt auch in der AM reduziert werden. Da die fertigungsinduzierten Poren in der extrusionsbasierten AM nahezu unvermeidlich sind [89], sollte auch innerhalb einer Prüfsystematik das Vorhandensein von Fehlstellen berücksichtigt werden. Die prozessseitige Optimierung hin zu porenfreien AM-Werkstoffen ist im Gesamtkonzept sicherlich zielführend, jedoch nicht Bestandteil der Arbeit.

Morphologie
Die Morphologie der beiden Ausgangswerkstoffe wurde mittels dynamischer Differenzkalorimetrie (DSC, engl. „Differential Scanning Calorimetry") untersucht. Die DSC misst den Wärmestrom in Abhängigkeit der Zeit und Temperatur. In Folge von physikalischen und chemischen Stoffumwandlungen in dem zu untersuchenden Werkstoff treten Änderungen der Wärmemenge im Vergleich zum leeren Referenztiegel auf. Diese können den verschiedenen Reaktions- und Umwandlungseffekten zugeordnet werden.

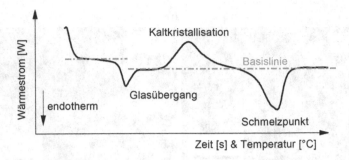

Abbildung 3.5 Schematische Kurve aus der dynamischen Differenzkalorimetrie eines teilkristallinen Thermoplasts

In Abbildung 3.5 ist ein typischer Kurvenverlauf eines teilkristallinen Thermoplasts abgebildet. Dabei kann die Mittenpunktstemperatur im Glasübergangsbereich T_{mg} durch den Versatz der Basislinie angegeben werden, der Schmelzpunkt T_m kann u. a. im endothermen Schmelzbereich durch das Maximum T_{pm} angegeben werden. Die Kaltkristallisationstemperatur T_{pc} kann ebenfalls durch das Maximum im exothermen Reaktionspeak definiert werden. Eine Kaltkristallisation kann bei Aufwärmphasen und Temperaturen oberhalb von der Glasübergangstemperatur auftreten, sofern im Abkühlvorgang die Kristallisation unvollständig war [146-148]. Die Kaltkristallisation ist demnach ein Indikator für die prozessbedingte thermische Vorgeschichte des Werkstoffs und den Grad der Kristallisation.

Die DSC-Messungen wurden mit dem Messmodul DSC 20 (Mettler Toledo) auf Basis eines dynamischen Wärmestroms durchgeführt. Angelehnt wurden die Versuche an die Norm ISO 11357 mit den Untergruppen für die Glasübergangstemperatur [146] und die Schmelz- und Kristallisationstemperaturen [147]. Da insbesondere die Änderung durch prozessbedingte Vorkonditionierung untersucht wurde, wird im Bereich der Kaltkristallisation die erste Aufheizphase als Datengrundlage verwendet. Dadurch werden neben materialspezifischen Eigenschaften auch Verarbeitungseinflüsse durch die thermische und mechanische Vorgeschichte sichtbar. Die Vorgehensweise zur Versuchsdurchführung wurde in Abhängigkeit des zu messenden Effekts angepasst. In Tabelle 3.4 sind die ausgewählten Messparameter zusammengefasst, welche in Anlehnung an Ehrenstein et al. [148] variiert wurden. Hervorzuheben ist in Bezug auf die Einwaagemenge die prozentuale Korrektur des Masseanteils der Verstärkungsfasern. Die Auswertung der Versuchsdaten erfolgte mit der Software STARe V16.20c (Mettler Toledo).

Tabelle 3.4 Ausgewählte Messparameter für die Untersuchungen der dynamischen Differenzkalorimetrie nach [148]	**Reaktions- oder Umwandlungseffekt**	**Einwaagemenge**	**Heizrate**
	Glasübergangsbereich	10 - 20 mg	10 K/min
	Schmelz- und Kristallisationsbereich	1 - 10 mg	20 K/min

Die DSC-Untersuchungen wurden durchgeführt, um fertigungsbedingte Unterschiede der Morphologie qualitativ darzustellen. Dafür wurde ein integraler Prüfansatz gewählt, der einen repräsentativen Bereich der jeweiligen Probe betrachtet. Lokale morphologische Unterschiede, wie sie auch schon auf Ebenen einzelner Extrusionsstränge durchgeführt wurden, werden durch diesen integralen Ansatz nicht erkannt [149].

In Abbildung 3.6 sind die Ergebnisse von den DSC-Untersuchungen einer additiv gefertigten Probe und einer spritzgegossenen Referenzprobe dargestellt. Die normierte Kurvendarstellung bereinigt den Einfluss der Einwaagemenge. Die Heizrate 20 K/min wurde verwendet, um insbesondere Schmelz- und Kristallisationsvorgänge zu betrachten. Die beiden Aufheizkurven der sortenreinen Proben unterscheiden sich lediglich durch den Fertigungsprozess. Demnach wird die erste Aufheizkurve im Rahmen der DSC-Untersuchungen visualisiert, um die thermische Vorgeschichte und Fertigungseinflüsse extrahieren zu können. Unabhängig von den fertigungsbedingten Einflüssen liegt die Peak-Schmelztemperatur bei 217 °C. In dem Temperaturbereich zwischen 50 und 100 °C zeigt die Spritzguss-Referenz im Gegensatz zu der AM-Probe einen Kaltkristallisationspeak. Dieser Kaltkristallisationspeak deutet auf unterschiedliche thermische Abkühlverhältnisse während der Fertigung hin. Üblicherweise bildet sich bei teilkristallinen Thermoplasten ein Kaltkristallisationspeak, sofern abrupte Abkühlbedingungen eine vollständige Kristallisation verhindern. Während der ersten Aufheizung der DSC-Untersuchungen findet eine Anpassung der Morphologie statt. Die AM-Proben haben daher einen höheren kristallinen Anteil ggü. den spritzgegossenen Referenzproben. Dies entspricht der aktuellen Literatur [150] und wirkt steifigkeits- und festigkeitssteigernd [48].

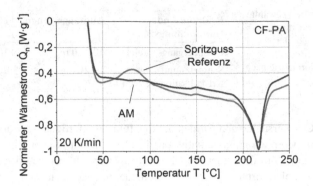

Abbildung 3.6 Kurven aus der dynamischen Differenzkalorimetrie einer AM-Probe und einer spritzgegossenen Referenzprobe

Experimentelle Verfahren 4

Im folgenden Kapitel werden die experimentellen Verfahren der Untersuchungs-reihe vorgestellt. Die zerstörungsfreien Prüfmethoden wurden für die Quali-tätsbeurteilung verwendet, die zerstörenden Verfahren zur Charakterisierung der werkstoffmechanischen Eigenschaften.

4.1 Qualitätsbeurteilung

Zur Qualitätsbeurteilung werden oberflächen- und volumenbasierte Merkmale messtechnisch erfasst. Hierbei werden insbesondere prozessinduzierte Einflüsse identifiziert und in Korrelation zu den werkstoffmechanischen Eigenschaften gesetzt.

4.1.1 Oberflächenbasierte Qualitätsbeurteilung

Die mikroskopischen Untersuchungen mittels 3D-Konfokalmikroskopie dienen der Analyse der Oberfläche. Bei der Konfokalmikroskopie wird die zu analysie-rende Oberfläche mittels punktförmigen Laserstrahl in der xy-Ebene abgetastet. Liegt die spezifische Höhenposition der Oberfläche im Fokus, führt dies zu einer erhöhten Belichtung des Detektors. Reflexionen von defokussierten Ebenen wer-den hingegen von einer vorgeschalteten Lochblende gefiltert. Die grundlegende Funktionsweise ist schematisch in Abbildung 4.1 nach [151] dargestellt.

© Der/die Autor(en), exklusiv lizenziert an Springer Fachmedien Wiesbaden 63
GmbH, ein Teil von Springer Nature 2023
P. Striemann, *Entwicklung und Validierung einer Prüfsystematik zur Charakterisierung von additiv gefertigten Thermoplast-Leichtbaustrukturen*, Werkstofftechnische Berichte | Reports of Materials Science and Engineering, https://doi.org/10.1007/978-3-658-40755-1_4

Für die Untersuchungen der oberflächenbasierten Qualitätsbeurteilung wurde das 3D-Laser-Scanning Mikroskop VK-X100 (Keyence) verwendet. Eine Auswahl relevanter Funktionsparameter ist in Tabelle 4.1 zusammengefasst. Die Oberflächenabtastung mittels fokussiertem Lichtpunkt findet auf einer Fläche von 2048×1536 Messpunkten statt. Die mikroskopischen Aufnahmen wurden mit einem $\times 20$ Objektiv gemacht, dies entspricht in der Standardkonfiguration des Messsystems einer 400-fachen Vergrößerung. Die Messdaten wurden mit der Software VK-Analysemodul (Keyence) ausgewertet. In der Auswertung erfolgte eine softwarebasierte Neigungskorrektur der Oberfläche, um übergeordnete Fehlstellungen auszugleichen. Zur Auswertung der Oberflächenkennwerte wurde das Primärprofil ohne die Verwendung von λ_s - λ_c - oder λ_f-Filter zur Trennung von Formabweichung, Welligkeit und Rauheit verwendet. Die profilbasierte Auswertung wurde in Anlehnung an ISO 4287 [61] durchgeführt. Die Oberflächenkennwerte wurden auf Basis einer gemittelten Profilkurve aus 100 Einzelprofilen bestimmt. Dementsprechend handelt es sich bei den profilbasierten Oberflächenkennwerten um gemittelte Werte, jedoch ohne die Angabe von einer Standardabweichung. Die flächenbasierte Auswertung der Oberflächendaten erfolgte in Anlehnung an ISO 25178-2 [64]. Dabei wird die primär erfasste Oberfläche ohne den Einsatz von S-, L- oder F-Filter verwendet.

Abbildung 4.1
Prinzipskizze der
3D-Konfokalmikroskopie
nach [151][1]

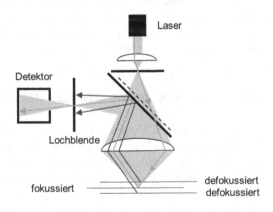

---

[1] Reprinted/adapted from Measurement Science and Technology, Vol. 9, Jordan, H. J.; Wegner, M.; Tiziani, H., Highly accurate non-contact chracterizaion of engineering surfaces using confocal microscopy; Page 1143, IOP (1998), with permission from IOP.

Tabelle 4.1
Funktionsparameter für die
mikroskopischen Analysen
am 3D-Konfokalmikroskop
VK-X100

Parameter	Einheit	Wert
Vergrößerungsobjektiv	–	20
Auflösung in Höhenrichtung	μm	0,75
Wellenlänge der Laserlichtquelle	nm	658

Die Auswertung der profilbasierten Oberflächenkennwerten resultiert in den Parametern P, W oder R je nach Grundlage des verwendeten Primär-, Welligkeit- oder Rauheitsprofils. Für diese Ausarbeitung sind die Kennwerte P_z und P_a von besonderer Bedeutung. Nach ISO 4287 sind P_z als gesamte Höhe innerhalb der Messstrecke und P_a als arithmetischer Mittelwert innerhalb der Messstrecke definiert. Die flächenbasierten Pendants nach ISO 25178-2 sind S_z die maximale Höhe der skalenbegrenzten Oberfläche und S_a als mittlere arithmetische Höhe der skalenbegrenzten Oberfläche. In Abbildung 4.2 ist eine beispielhafte 3D-Oberflächentextur zu sehen. Die überhöhte Ansicht der Oberfläche wird zur besseren Visualisierung farbliche hervorgehoben. Auf Basis dieser 3D-Oberflächentextur kann dann die Ausleitung der profil- und flächenbasierten Oberflächenkennwerte erfolgen.

Abbildung 4.2
Beispielhafte Darstellung
einer 3D-Oberfläche mittels
Konfokalmikroskopie an
kohlenstoff-
kurzfaserverstärktem
Polyamid

Die Untersuchungen zur Analyse der Bruchflächen fanden an einem Rasterelektronenmikroskop XL 20 (Philips) statt. Die elektrische Leitfähigkeit wurde mit einer Goldbeschichtung durch Kathodenzerstäubung sichergestellt. Weiterführende Proben- oder Schliffpräparationen der Bruchflächen fanden nicht statt.

4.1.2 Volumenbasierte Qualitätsbeurteilung

Die μCT-Untersuchungen zur volumenbasierten Qualitätsbeurteilung an CF-PA wurden mit dem CT-Prüfsystem XT H 160 CT (Nikon) durchgeführt. Die Röntgenröhre hat eine maximale Spannung von 160 kV bei einer maximalen Leistung von 60 W. Der verwendete Detektor besitzt eine Auflösung von 1008 × 1008 Pixel und kann eine minimale Voxelgröße von 3 μm auflösen. Die Rekonstruktion des Volumens erfolgte mit der Software CT Pro 3D (Nikon), die Analyse mit der Software VG Studio Max 2.2 (Volume Graphics).

Die μCT-Scans wurden bei einer Röhrenspannung von 100 kV und einem Röhrenstrom von 59 μA durchgeführt. Diese und eine Auswahl weiterer Prozessparameter zur Durchführung der μCT-Scans sind in Tabelle 4.2 zusammengefasst. Die Voxelgröße dient als Maß für die Auflösung der CT-Scans in μm. Hierbei können Dichteänderungen mit maximal einem Voxel aufgelöst werden. Daher nimmt bei zunehmender Voxelgröße die Detailtreue ab, wohingegen die Scanfläche größer wird. Die Voxelgröße ist daher immer ein Kompromiss aus Detailtreue und Scanfläche. Aufgrund der geringen Dichteunterschiede zwischen Kohlenstofffasern und polymerbasierter Matrix können Unterscheidungen mit diesem Versuchsaufbau nur begrenzt sichtbar gemacht werden. Daher wird auf eine Separierung von den Kohlenstofffasern mit 7 μm Durchmesser und Matrix verzichtet. Die Anzahl der Projektionen pro μCT-Scan gibt die Winkelauflösung bei einer Umdrehung um die eigene Achse an. Werden pro Winkelposition mehrfach Projektionen überlagert, steigt sowohl die Scanqualität als auch die Aufnahmedauer. Im Zusammenspiel mit der Belichtungszeit ergibt sich für die durchgeführten μCT-Scans eine gesamte Aufnahmedauer von ca. 2 h 25 min je Scan.

Tabelle 4.2
Funktionsparameter für die computertomografischen Analysen am μCT-Prüfsystem XT H 160 CT

Parameter	Einheit	Wert
Röhrenspannung	kV	100
Röhrenstrom	μA	59
Voxelgröße	μm	7 - 10
Projektionsanzahl	–	1583
Projektionsüberlagerung	–	8
Belichtungszeit	ms	500

Defektanalyse
Die μCT-Scans lassen aufgrund des Analyseverfahrens und der gewählten Parameter keine Aussagen über die Faserorientierung zu. Wie in Abschnitt 2.4.2 beschrieben, ist aus der Literatur der Zusammenhang zwischen der Ausrichtung der Faserverstärkung und der Hauptfertigungsrichtung des Extrusionskopfes bekannt.

Abbildung 4.3
Beispielhafte Darstellung
eines μCT-Scans mit
Defektanalyse an
kohlenstoff-
kurzfaserverstärktem
Polyamid

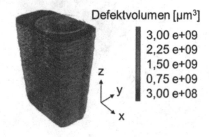

Defektvolumen [μm³]

3,00 e+09
2,25 e+09
1,50 e+09
0,75 e+09
3,00 e+08

Die volumenbasierte Qualitätsbeurteilung in den Testserien dieser Arbeit fokussiert sich auf das prozessinduzierte Porenvolumen. In Abbildung 4.3 ist eine charakteristische Defektanalyse einer AM-Probe dargestellt. Durch das halbtransparente Probenvolumen lassen sich die farbigen Poren erkennen, wobei der Einfärbung ein Porenvolumen anhand der Farblegende zugeordnet werden kann. Der zugrundeliegende Porenvolumengehalt der Probe lässt in der Kombination mit der farbigen Darstellung der Poren nur eine qualitative Bewertung der volumenbasierten Analyse zu. Für die detailliertere Betrachtung der Porencharakteristik werden die Rohdaten der Defektanalyse mittels erweiterter Auswertemethoden weiterverarbeitet.

Erweiterte Auswertemethoden

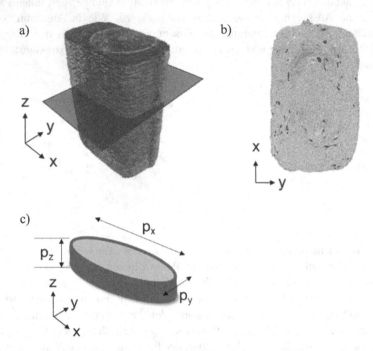

Abbildung 4.4 Visualisierung der nachträglichen Datenverarbeitung zur Porenanalyse an einem kohlenstoff-kurzfaserverstärkten Polyamid. a) 3D-Volumen mit Defektanalyse; b) Beispielhafter 2D-Querschnitt aus der xy-Ebene mit Porenverteilung; c) Idealisiertes Porenvolumen einer Pore aus der xy-Ebene

Das 3D-Volumen, das in Abbildung 4.4a dargestellt ist, wird zur detaillierteren Betrachtung der Porencharakteristik in 2D-Querschnittsflächen separiert. Die Höhe der 2D-Querschnittsflächen aus Abbildung 4.4b entspricht der Voxelgröße aus den Funktionsparametern der μCT-Analyse. In der jeweiligen 2D-Querschnittsfläche wird für jede Pore ein idealisiertes Porenvolumen in der entsprechenden Schicht berechnet. Diese Methodik ist in Abbildung 4.4c dargestellt, indem die Dimensionen der Poren aus der Defektanalyse (p_x, p_y) mit der Höhe der Schicht (p_z = Voxelgröße) zu einem Porenvolumen in der jeweiligen Schicht verrechnet wird. Mit diesem Verfahren wird das gesamte 3D-Volumen verarbeitet, um eine detaillierte lokale Porencharakteristik zu erhalten. Innerhalb der 2D-Querschnittsflächen kann das Porenvolumen akkumuliert und über der

Fertigungsrichtung z betrachtet werden. Dadurch lassen sich Parameter wie z. B.
die Querschnittsreduktion lokal der Fertigungsrichtung z zuordnen.

4.2 Quasistatische Versuche

Die Versuche unter quasistatischer Belastung wurden an einer Universalprüfma-
schine 1464 (ZwickRoell, F_{max} = 50 kN) durchgeführt. Alle Proben wurden vor
der Prüfung unter standardisierten Bedingungen nach ISO 527-1 [52] bei 23 °C
und 50 % relativer Luftfeuchtigkeit für mindestens 24 Stunden in einer Klima-
kammer KMF 240 (Binder) gelagert. Die Versuche wurden bei einem Kraftabfall
um 50 % bezogen auf die maximale Kraft beendet.

Versuchsaufbau
Für die Charakterisierung der prozessinduzierten Anisotropie im Vergleich zu
sortenreinen spritzgegossenen Referenzproben in Abschnitt 5.1 wurden Zugversuche verwendet. Diese Versuche wurden in Anlehnung an ISO 527-1 [52]
ausgeführt. Zur Ermittlung des E-Moduls im Bereich von 0,05 bis 0,25 %
Totaldehnung wurde eine Prüfgeschwindigkeit von 1 mm·min^{-1} verwendet, um
eine nominelle Dehnrate von ca. 0,01 min^{-1} zu erzielen. Aufgrund des großen
Dehnungsbereichs wurde zur Bestimmung der Zugfestigkeit eine Prüfgeschwindigkeit von 50 mm·min^{-1} verwendet. Dies resultiert in einer nominellen Dehnrate
von 0,0333 s^{-1}. Aus der ISO 527-2 [145] wurde die Probengeometrie von dem
Typ 1 BA mit einem Prüfbereich l_0 von 25 mm verwendet, die in Abbildung 4.5a
gezeigt ist.
   Für die Versuche zur Charakterisierung der prozessinduzierten Grenzschicht in
Abschnitt 5.2 wurde die Probengeometrie auf prozessbedingte Eigenheiten adaptiert. Die Testreihe stellte die AM-Z Proben mit orthogonaler Hauptfertigungs-
und Kraftrichtung in den Fokus. Daher wurde die Querschnittsfläche vergrößert,
um den Kraftbereich zu erhöhen. Durch die Fokussierung der Probenvariation
verringert sich ebenfalls der Dehnungsbereich der Testserie. Daher wurde die
Prüfgeschwindigkeit zur Ermittlung der Zugfestigkeit auf 5 mm·min^{-1} reduziert. Die angepasste Probengeometrie mit einem Prüfbereich l_0 von 20 mm
zur Charakterisierung der prozessinduzierten Grenzschicht ist in Abbildung 4.5b
visualisiert und resultiert in einer nominellen Dehnrate von 0,0042 s^{-1}.

Abbildung 4.5
Probengeometrie für die
Zugversuche bei niedrigen
Dehnraten mit Dimensionen
in mm. a) Prozessinduzierte
Anisotropie;
b) Prozessinduzierte
Grenzschicht

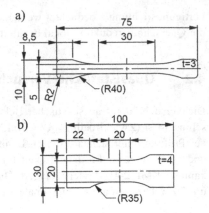

Zur Charakterisierung der Grenzschichtverbindung wurde aufbauend auf der DIN 65148 [152] die Schubfestigkeit in einem Zugscherversuch ermittelt. Für die Ermittlung des Schubmoduls wurde eine Prüfgeschwindigkeit von 1 mm·min^{-1} verwendet. Danach wurde die Prüfgeschwindigkeit zur Prüfung der Schubfestigkeit auf 5 mm·min^{-1} erhöht. Aufgrund der speziellen Probengeometrie im Zugscherversuch aus Abbildung 4.6 wurde die Längenänderung mit der Traversenposition gemessen. Die Ergebnisse, die auf Basis dieser Längenänderung ausgewertet wurden, haben tendenziell erhöhte Werte, da auch Längenänderungen im Messaufbau erfasst werden. Insbesondere die Steifigkeit und die Bruchdehnung sind daher nur qualitativ mit den weiteren Testreihen zu vergleichen.

Unter der Annahme einer gleichmäßigen Spannungsverteilung innerhalb der effektiven Querschnittsfläche wird die Schubspannung berechnet. Die gewählte doppelseitige Probengeometrie für den Zugscherversuch reduziert im Vergleich zu einseitigen (engl. „single-lap") Versuchen geometriebedingt das Biegemoment, das sich in Schälspannungen widerspiegelt [153]. Zur Verdeutlichung ist in Abbildung 4.7 das makroskopische Bruchverhalten einer Zugscherprobe dargestellt. Die Schälspannungen führen zu keiner sichtbaren plastischen Verformung im kritischen Bereich der Prüffläche.

Abbildung 4.6
Probengeometrie für die
Schubversuche basierend
auf der DIN 65148 mit der
Schichthöhe 0,2 mm bei
niedrigen Dehnraten und
Dimensionen in mm [154][2]

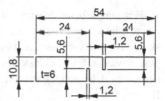

5 mm

Abbildung 4.7 Makroskopisches Bruchverhalten einer Zugscherprobe aus kohlenstoff-kurzfaserverstärktem Polyamid [154][3]

Messtechnik
Für die Dehnungsmessung der Zugversuche wurde ein taktiles Extensometer MultiXtens (ZwickRoell) mit variabler Ausgangsmesslänge l_0 ($l_{0,max} = 700$ mm) verwendet. Das System besitzt zwei unabhängige Messschlitten, die sich bei der Bewegungsgeschwindigkeit an der Probendehnung orientieren. Bei Dehnung der Probe ändert sich der Abstand der Messfühler. Durch die Mitnahmekraft der Messfühler von 0,02 N werden die unabhängigen Messschlitten bei Probendehnung angetrieben. Somit enthält die gemessene Längenänderung ausschließlich die Probendehnung ohne die Verschiebungen des Messaufbaus. Das verwendete Messinstrument entspricht damit der Genauigkeitsklasse 0,5 nach DIN 9513 [155]. Die gemessenen Dehnungen repräsentieren einen integralen Wert des Messbereichs ohne lokale Auflösung.

Erweiterte Auswertemethoden
Bei der Charakterisierung der Grenzschicht hat die Schichthöhe eine besondere Bedeutung. In Abbildung 4.8 wird ein Ausschnitt des Randbereichs aus der

---

[2] Reprinted/adapted from Macromolecular Symposia, Vol. 395, Striemann, P.; Bulach, S.; Hülsbusch, D.; Niedermeier, M.; Walther, F., Shear characterization of additively manufactured short carbon fiber-reinforced polymer; Page 2, Wiley (2021), with permission from Wiley.

[3] Reprinted/adapted from Macromolecular Symposia, Vol. 395, Striemann, P.; Bulach, S.; Hülsbusch, D.; Niedermeier, M.; Walther, F., Shear characterization of additively manufactured short carbon fiber-reinforced polymer; Page 4, Wiley (2021), with permission from Wiley.

xy-Fertigungsebene gezeigt. Der Bereich (1) verdeutlicht die prozessinduzierte Oberflächencharakteristik und die Außenkante des AM-Werkstoffs. Die mikroskopische Analyse einer „as built" Oberfläche kann diese Welligkeit erfassen. Ein geschlossener Formschluss des AM-Werkstoffs ergibt sich erst ab Bereich (2), der einen Übergang darstellt, hin zu vollständiger Grenzschichtanbindung in Bereich (3).

Abbildung 4.8
Rasterelektronenmikroskopische Aufnahme des prozessinduzierten Randbereichs in der Fertigungsebene xy von kohlenstoff-kurzfaserverstärktem Polyamid [154][4]

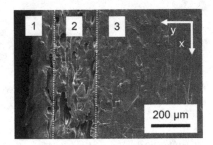

Wie in Kapitel 2 beschrieben, geht mit der Erhöhung der Schichthöhe eine vergrößerte prozessinduzierte Welligkeit (1) einher. Durch die makroskopische Querschnittsmessung wurden Proben mit großen primären Profilhöhen unterschätzt, da die effektive Grenzschichtanbindung reduziert wird. Für vergleichbare Spannungen innerhalb der Testserie wird daher der systematische Fehler mit den Ergebnissen der makroskopischen Querschnittsmessung verrechnet. Die schematische Schnittansicht einer Probe in Abbildung 4.9 verdeutlicht den überhöhten Einfluss der prozessinduzierten Welligkeit auf die effektive (w_{eff}) und makroskopisch gemessene Breite einer Probe. Die makroskopisch gemessene Probenbreite (w_{makro}) wird mit dem oberflächenbasierten Qualitätsmerkmal (P_z) korrigiert. In einer ersten Annäherung ergibt sich durch die Abmessungen der Probe die effektive Querschnittsfläche unter Zugbelastung ($A_{eff,Zug}$) nach Gleichung 4.1.

$$A_{eff,Zug} = (w_{makro}\text{-}(2 \cdot P_z)) \cdot (l_{makro}\text{-}(2 \cdot P_z)) \qquad (4.1)$$

Die Variation der Schichthöhe in Abschnitt 5.2 hat auch bei den Schubproben einen Einfluss auf die Querschnittsberechnung. Geometriebedingt kann im Vergleich zu den Zugproben nur eine Probenseite makroskopisch vermessen

---

[4] Reprinted/adapted from Macromolecular Symposia, Vol. 395, Striemann, P.; Bulach, S.; Hülsbusch, D.; Niedermeier, M.; Walther, F., Shear characterization of additively manufactured short carbon fiber-reinforced polymer; Page 4, Wiley (2021), with permission from Wiley.

und mit dem systematischen Oberflächeneffekt korrigiert werden. Die effektive Querschnittsfläche unter Schubbelastung ($A_{eff,Schub}$) berechnet sich nach Gleichung 4.2.

$$A_{eff,Schub} = (w_{makro}-(2 \cdot P_Z)) \cdot l \tag{4.2}$$

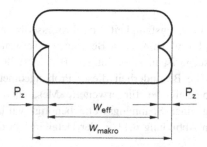

Abbildung 4.9 Schematische Darstellung einer Schnittansicht zur Verdeutlichung der Querschnittsberechnung von einer Probe mit orthogonaler Hauptfertigungs- und Kraftrichtung (AM-Z) mit dem primären Oberflächenprofil (P_Z), der makroskopisch gemessenen Probenbreite (w_{makro}) und der effektiven Probenbreite (w_{eff})

4.3 Hochdynamische Versuche

Die Versuchsreihen mit hohen Dehnraten wurde mit dem servohydraulischen Hochgeschwindigkeitsprüfsystem HTM 5020 (ZwickRoell, $F_{max} = 50$ kN) durchgeführt. Das Prüfsystem erreicht Kolbengeschwindigkeiten von 0,001 bis 20 m·s^{-1}. Wie in Abschnitt 2.4.2 erläutert, sind verschiedene Dehnratenbereiche für anwendungsnahe Prüfungen dokumentiert. Xiao et al. [101] definieren den Dehnratenbereich zwischen 0,01 und 500 s^{-1}, Schoßig et al. [102] bei maximal 300 s^{-1} für anwendungsorientierte Betrachtungen in automobilen und luftfahrttechnischen Anwendungen. Daher werden die Hochgeschwindigkeitszugversuche in dieser Testserie bei Raumtemperatur mit den drei Prüfgeschwindigkeiten 0,05, 0,5 und 5 m·s^{-1} unter luftfeuchten Bedingungen durchgeführt. In Kombination mit der verwendeten Prüfgeometrie aus Abbildung 4.10 entspricht das einer nominellen Dehnrate von 2,5, 25 und 250 s^{-1}.

Abbildung 4.10
Adaptierte Probengeometrie
für Hochgeschwindigkeits-
zugversuche mit
Dimensionen in mm

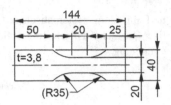

Versuchsaufbau

Zur Bewertung der Leistungsfähigkeit und Prozesseffizienz in Abschnitt 5.3
werden Versuche mit hochdynamischen Belastungen verwendet. Die Probengeometrie für diese Versuche ist in Abbildung 4.10 dargestellt und basiert auf der
ISO 26203-2 [156]. Die Besonderheit dieser Probengeometrie ist der einseitig
verlängerte Schulterbereich, der für erweiterte Mess- und Auswertemethoden
zur Berücksichtigung einer Spannungswelle benötigt wird. Dieser wird auch
im Versuchsaufbau in Abbildung 4.11 in der Detailansicht der Probengeometrie
deutlich.

Die angepasste Probengeometrie ermöglicht eine Dehnungsmessung in zwei
getrennten Bereichen, dem Prüfbereich (1) zur Aufnahme der Werkstoffreaktion und dem nicht beschleunigten Dynamometerbereich (2) zur nachträglichen
Datenaufbereitung. Die Messung der Dehnung erfolgte durch eine berührungslose Aufnahme mittels Hochgeschwindigkeitskamerasystem und anschließender
digitaler Bildkorrelation (DIC, engl. „Digital Image Correlation"). Aufgrund der
hohen Aufnahmerate und der damit verbundenen kurzen Belichtungszeiten wurde
der Versuchsaufbau mit zwei Lichtprojektoren erweitert.

Messtechnik

Die messtechnische Aufzeichnung der Kenngrößen im servohydraulischen Prüfsystem erfolgte mit einer Abtastrate von 640.000 Hz. Neben der Versuchszeit
werden Kolbenweg und -geschwindigkeit sowie die Versuchskraft aufgezeichnet. Die Messung der Dehnung innerhalb der Hochgeschwindigkeitszugversuche
erfolgte mittels Hochgeschwindigkeitskamerasystem Aramis 3D HHS (GOM).
Die Aufzeichnungsrate der beiden Kameras war mit 64.000 Bildern pro Sekunde
(fps, engl. „Frames per Second") auf die Abtastrate des Prüfsystems angepasst.
Die Bildauflösung bei dieser Aufzeichnungsrate war 256×256 Pixel bei einer
Belichtungszeit von 1/700.000 s. Eine nachträgliche Auswertung war mittels
DIC möglich. Um die nachträgliche DIC-Analyse sicherzustellen, wurde ein kon-
trastreiches Muster auf die Probenoberfläche appliziert. Hierzu wurde die Probe

Abbildung 4.11 Versuchsaufbau eines Hochgeschwindigkeitszugversuchs mit Detailansicht zur optischen Dehnungsmessung [105]

zunächst weiß grundiert und anschließend ein schwarzes Speckle-Muster aufgebracht. Die 3D-Kalibrierung des Hochgeschwindigkeitskamerasystems resultierte in einem Fehler von 0,023 Pixel, bei einem Kamerawinkel von 25,2°. Die Synchronisierung der Datenaufnahme erfolgte mittels digitalem Triggersignal (TTL-5 V).

Erweiterte Auswertemethoden
Bei der Auswertung der Hochgeschwindigkeitszugversuche werden Spannungs-Dehnungs-Kurven weiterverarbeitet. Die Kurven entstehen auf Grundlage von globalen Kraftrohdaten aufgenommen mit einer Kraftmessdose und lokalen Dehnungen erstellt mittels DIC. Bei hohen Dehnraten treten häufig Spannungswellen innerhalb des Lastpfades auf, die zu Rückkopplungen und damit zur Überlagerung von Kraftrohdaten führen können [104]. Daher werden die globalen Kraftrohdaten korrigiert, um vergleichbare Ergebnisse für unterschiedliche Dehnraten zu gewährleisten. Ohne Korrektur kommt es bei unterschiedlichen Versuchszeiten zu einer Änderung der Kraftrohdaten wegen der Spannungswelle (Geschwindigkeit, Amplitude etc.). Durch die beiden Bereiche der Dehnungsmessung (Abbildung 4.11, (1) und (2)), ist eine rückwirkende Neuberechnung des Kraftsignals möglich. Hierbei entspricht die Dehnung im Bereich (1) der Werkstoffreaktion im Prüfbereich, der verlängerte Schulterbereich (2) wird

nachfolgend als Dynamometerbereich bezeichnet. Dieser Messbereich ist geometriebedingt auf eine maximale Dehnung von ca. 0,25 % ausgelegt. Für die nachträgliche Datenanalyse und -auswertung werden folgende Annahmen getroffen:

- Zu Beginn der Prüfung wird ein System ohne Einwirkung der Spannungswelle angenommen.
- Identische Werkstoffreaktion im Prüfbereich (1) und im Dynamometerbereich (2).

Abbildung 4.12 verdeutlicht die nachträgliche Datenverarbeitung in schematischen Diagrammen. Zu Beginn des Versuchs wirken keine überlagerten Schwingungen auf das Prüfsystem und die Kraftrohdaten. Mit zunehmender Versuchszeit wird das Kraftrohsignal kontinuierlich durch Schwingungen überlagert. Daher wird die Berechnung des E-Moduls im Prüfbereich (1) innerhalb der Grenzen $\varepsilon_{Prüf} = 0,05$ und 0,25 % zu Beginn des Zugversuchs mit einem unveränderten Kraftsignal durchgeführt. Der in Abbildung 4.12b dargestellte E-Modul ($E_{Prüf}$) wird über das Hooke'sche Gesetz nach Gleichung 4.3 berechnet.

$$E_{Prüf}\left(\varepsilon_{Prüf}\right) = \frac{\sigma_{Prüf}}{\varepsilon_{Prüf}} \qquad (4.3)$$

Durch den angepassten Dynamometerbereich mit einer maximalen Dehnung von 0,25 % ist eine Neuberechnung der Kraftdaten möglich. Die Werkstoffreaktion im elastischen Bereich wird als identisch angenommen und daher mit Hilfe der Gleichung 4.4, des E-Moduls ($E_{Prüf}$) und der Dehnungen aus dem Dynamometerbereich (ε_{Dyn}) zu den korrigierten Kraftdaten verrechnet.

$$F_{S,k} = E_{Prüf}\left(\varepsilon_{Prüf}\right) \cdot \varepsilon_{Dyn} \cdot A_{Dyn} \qquad (4.4)$$

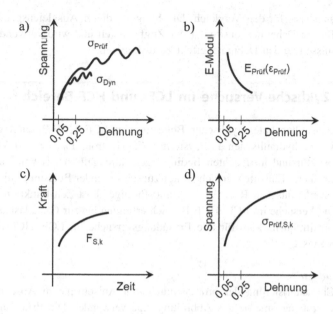

Abbildung 4.12 Schematische Darstellung der Datenverarbeitung für die Hochgeschwindigkeitsversuche. a) Spannungs-Dehnungs-Diagramm basierend auf den Kraftrohdaten im Prüf- und Dynamometerbereich; b) E-Modul-Dehnungs-Diagramm im Prüfbereich; c) Schwingungskompensiertes Kraft-Zeit-Diagramm; d) Schwingungskompensiertes Spannungs-Dehnungs-Diagramm im Prüfbereich. [105]

In erster Näherung ist der Einfluss der Probengeometrie vernachlässigbar. Die Versuchskräfte in Lastrichtung ändern sich nicht. Da dies sowohl in Prüf- und Dynamometerbereich als auch in Befestigungs- und Adapterteilen gilt, ist die rückwirkende Neuberechnung der wirkenden Spannungen auf Basis der schwingungskompensierten Kraft möglich. Mit dem Querschnitt aus dem Prüfbereich ($A_{Prüf}$) und der schwingungskompensierten Kraft lässt sich mit Gleichung 4.5 die korrigierte Spannung im Prüfbereich berechnen.

$$\sigma_{Prüf,S,k} = \frac{F_{S,k}}{A_{Prüf}} \tag{4.5}$$

Die Vergleichs- und Bewertungsgrundlage des dehnratenabhängigen Werkstoffverhaltens war, wie in Abschnitt 2.4.2 beschrieben, der Dehnratensensitivitätsindex m nach Gleichung 2.6. Eine lineare Regression der Versuchsergebnisse dient als Ausgangsbasis für den Vergleich. Die Steigung dieser Ausgleichsgerade gilt als Maß für die Dehnratensensitivität der Zugfestigkeit und wird verwendet, um die Ergebnisse und den Dehnrateneffekt zu diskutieren.

4.4   Zyklische Versuche im LCF- und HCF-Bereich

Die Versuchsreihen unter zyklischer Belastung im LCF-/HCF-Bereich wurden an einem servohydraulischen Prüfsystem 8872 (Instron, $F_{max} = 10$ kN) bei Raumtemperatur und luftfeuchten Bedingungen durchgeführt. Es wurden spannungskontrollierte Einstufenversuche unter zugschwellender Belastung mit einem Spannungsverhältnis von R = 0,1 und sinusförmiger Last-Zeit-Funktion durchgeführt. Die Versuche im LCF-/HCF-Bereich erfolgten bis zur Grenzlastspielzahl 10^6. Als Prüffrequenz kam für alle Ermüdungsversuche im LCF-/HCF-Bereich 5 Hz zum Einsatz.

Versuchsaufbau
Für die Charakterisierung der prozessinduzierten Anisotropie in Abschnitt 5.1 wurde die Probengeometrie aus Abbildung 4.5a verwendet. Die Ermüdungsversuche wurden in Anlehnung an DIN 50100 [116] und ISO 13003 [121] durchgeführt. Zur Charakterisierung der prozessinduzierten Grenzschicht in Abschnitt 5.2 wurde die adaptierte Probengeometrie der quasistatischen Versuche (Abbildung 4.6) verwendet. Das Ermüdungsverhalten wurde mittels instrumentalisierter Einstufenversuche bei unterschiedlichen Belastungsniveaus bewertet. Auf Basis der Versuche mit konstanter Oberspannung konnte eine lebensdauerorientierte Bewertung anhand der Bruchlastspielzahlen N_B und den resultierenden Wöhler-Kurven erfolgen. Dargestellt werden diese im halblogarithmischen Diagramm mit logarithmischer Skalierung der Bruchlastspielzahl auf der Abszisse und linearer Skalierung der Oberspannung auf der Ordinate. Zusätzlich zu den absoluten Belastungsniveaus werden die Ergebnisse auch in normierter relativer Darstellung betrachtet, um prozessinduzierte Charakteristiken beschreiben zu können. Die quantitative Beschreibung der Ermüdungseigenschaften im LCF-/HCF-Bereich, erfolgt gem. DIN 50100 [116] nach Basquin.

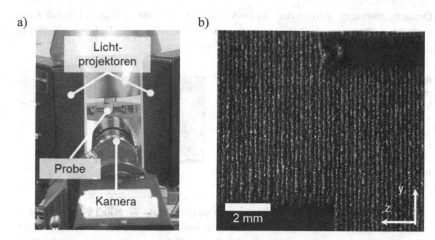

Abbildung 4.13 Exemplarischer Versuchsaufbau unter Schubbelastung mit optischer Dehnungsmessung. a) Übersichtsaufnahme Versuchsaufbau; b) Detailansicht des Zugscher-Prüfbereichs mit Speckle-Muster [154][5]

Messtechnik
Zur präzisen Erfassung der Werkstoffreaktion in Folge der zyklischen Belastung wurden die Versuche instrumentalisiert ausgeführt. Dabei wurde die optische Dehnungsmessung mit nachträglicher digitaler Bildkorrelation und mehrere Temperaturmessungen verwendet. Die optische Dehnungsmessung wurde eingesetzt, um flächige Dehnungsverteilungen und eine lokale Schädigungsentwicklung auf der Probenoberfläche darzustellen. Zur Aufzeichnung wurde das System Q-400 (Limess) verwendet und mit der herstellereigenen Software Istra4D (Limess) ausgewertet.

Der Messaufbau eines 1-Kamerasystems, das während der Schubversuche zum Einsatz kam, ist in Abbildung 4.13a visualisiert. Zur erfolgreichen Auswertung der Bildreihen wird ein feinstrukturiertes Muster auf der Probenoberfläche benötigt, um die relativen Änderungen quantitativ zu erfassen. Das sog. Speckle-Muster wurde im Vorfeld aufgebracht und ist detailliert in Abbildung 4.13b am Beispiel eines Schubversuchs dargestellt. Die Ergebnisse der optischen

---

[5] Reprinted/adapted from Macromolecular Symposia, Vol. 395, Striemann, P.; Bulach, S.; Hülsbusch, D.; Niedermeier, M.; Walther, F., Shear characterization of additively manufactured short carbon fiber-reinforced polymer; Page 4, Wiley (2021), with permission from Wiley.

Dehnungsmessung wurden mit der maximalen Totaldehnung ($\varepsilon_{max,t}$) in die Auswertung aufgenommen. Hierfür wurde jeweils der maximale Dehnungswert aus
dem zweidimensionalen Aufnahmebereich verwendet.

Abbildung 4.14 Optisch
ermitteltes
Verformungsverhalten der
Zugscherprobe unmittelbar
vor Bruch am Beispiel von
kohlenstoff-
kurzfaserverstärktem
Polyamid [154][6]

Die optische und mittels Bildkorrelation ausgewertete Verschiebungsverteilung
in Abbildung 4.14 zeigt den Probekörper unmittelbar vor Bruch. Auf Basis der
Punktverschiebungen kann somit die lokale Verschiebungsverteilung auf der Probenoberfläche ermittelt werden. Zusätzlich zur Werkstoffreaktion aufgrund der
einwirkenden Schubbelastung zeigt Abbildung 4.14 den geringen Einfluss der
Schälspannungen im Zugscherversuch. Wie schon in Abschnitt 4.2 dargestellt,
sind diese dank des symmetrischen Aufbaus nur gering ausgeprägt und in erster
Näherung vernachlässigbar.

Zur Zustandsüberwachung und zur Erfassung der Energieentwicklung innerhalb der Probe wurde die Temperatur während des Versuchs aufgezeichnet.
Hierzu wurden sowohl eine Thermokamera (TIM 160 oder 450, Micro-Epsilon)
als auch Thermoelemente von dem Typ K verwendet. Die Thermokamera
resultiert in einer Temperaturverteilung, mit der auch lokal unterschiedliche Temperaturanstiege sichtbar werden. Mit dem Thermoelement hingegen, das mit
einem Polyimid-Klebeband auf den Proben befestigt wurde, ist nur ein reprä-
sentativer Messpunkt im Prüfbereich auf der Probenoberfläche auflösbar. Beide
Temperaturmessungen werden in Bezug auf die Starttemperatur T_0 zu Versuchsbeginn als Temperaturänderung ΔT angegeben. Zum Zeitpunkt i ergibt sich
dadurch Gleichung 4.6.

$$\Delta T_i = T_i - T_0 \qquad (4.6)$$

---

[6] Reprinted/adapted from Macromolecular Symposia, Vol. 395, Striemann, P.; Bulach, S.;
Hülsbusch, D.; Niedermeier, M.; Walther, F., Shear characterization of additively manufac-
tured short carbon fiber-reinforced polymer; Page 4, Wiley (2021), with permission from
Wiley.

Abbildung 4.15
Temperaturentwicklung der Probenoberfläche von kohlenstoffkurzfaserverstärktem Polyamid im LCF-Bereich bei der Prüffrequenz 5 Hz

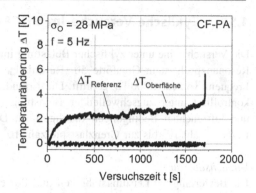

Eine charakteristische Temperaturentwicklung einer Probe bei der Prüffrequenz 5 Hz ist in Abbildung 4.15 visualisiert. Dabei ist ein Versuch im LCF-Bereich abgebildet mit der Temperaturänderung an der Probenoberfläche und einer unbelasteten Referenzfläche. Trotz des hohen Belastungsniveaus im LCF-Bereich ist die Eigenerwärmung der Probenoberfläche bei 5 Hz Prüffrequenz unterhalb der empfohlenen Temperaturänderung von 10 K nach ISO 13003. Die frequenzinduzierte Eigenerwärmung des CF-PAs kann somit im LCF-/HCF-Bereich als zulässig eingestuft werden.

Erweiterte Auswertemethoden
Zur Darstellung des Steifigkeitsverlaufs in Abhängigkeit der Lastspielzahl wurde der dynamische E-Modul dargestellt. Dieser wird nach Gleichung 4.7 in einer rückwirkenden Datenverarbeitung bestimmt. Dies dient als qualitativer Steifigkeitsverlauf, da die Berechnung auf der Wegmessung mittels Traversenposition basiert. Der integrale Messwert beinhaltet neben der Probendehnung zusätzlich die Längenänderungen im Messaufbau. Die Wegänderung wurde mit der Ausgangsmesslänge zu Dehnungswerten verrechnet.

$$E_{dyn} = \frac{(\sigma_O - \sigma_U)}{(\varepsilon_{max} - \varepsilon_{min})} \tag{4.7}$$

4.5   Zyklische Versuche im VHCF-Bereich

Die Versuchsreihe unter zyklischer Belastung im VHCF-Bereich wurde an einem Resonanzprüfsystem Gigaforte 50 (Rumul, $F_{max} = 50$ kN, ± 25 kN) bei einer Frequenz von ca. 1.000 Hz geprüft. Die Ermüdungsversuche wurden spannungskontrolliert unter zugschwellender Belastung (R = 0,1) bei Raumtemperatur und luftfeuchten Bedingungen durchgeführt. Die Versuchsreihe wurde ab der Lastspielzahl 10^6 bis zur Grenzlastspielzahl 10^8 betrachtet.

Versuchsaufbau
Die Bewertung der Leistungsfähigkeit und Prozesseffizienz der fertigungsbedingten Grenzschichtverbindung in Abschnitt 5.3 erfolgt auch im Bereich sehr hoher Lastspielzahlen. Die verwendete Probengeometrie für die Ermüdungsbelastung ist in Abbildung 4.17 dargestellt. Diese ist nahezu identisch zur Prüfgeometrie aus Abschnitt 4.4 bis auf eine geringfügige Anpassung der Probendicke. Dahin gehend wird der Einfluss auf die Ermüdungseigenschaften durch die Probengeometrie vernachlässigt.

Der Versuchsaufbau des instrumentalisierten Resonanzprüfsystems ist in Abbildung 4.16a dargestellt. Abbildung 4.16b zeigt in der Detailansicht das aktive Kühlsystem, das verwendet werden muss, um aufgrund der hohen Prüffrequenz einen deutlichen Temperaturanstieg der Probe durch Eigenerwärmungseffekte zu minimieren [118]. Zur erweiterten Erfassung der Werkstoffreaktion im Zuge der hohen Prüffrequenz wurden die Proben während des Versuchs mit verschiedenen Temperaturmesssystemen überwacht. Eine Detailansicht des Probekörpers zeigt Abbildung 4.19. Analog zum LCF-/HCF-Bereich wurde das Ermüdungsverhalten im VHCF-Bereich mit Einstufenversuchen bei konstanter Oberspannung charakterisiert. Die Ergebnisse können zur Erweiterung der Wöhler-Kurven verwendet werden. Deshalb erfolgt die Darstellung in gleicher Weise im halblogarithmischen Diagramm und die quantitative Beschreibung der Ermüdungseigenschaften nach Basquin. Zur Ermittlung der Temperaturentwicklung und -verteilung wurden zeiteffiziente Mehrstufenversuche in Anlehnung an [157] durchgeführt. Durch die Kurzzeitsystematik mit ansteigender Oberspannung konnte die Probentemperatur in Abhängigkeit der Leistungsdichte betrachtet werden.

a) b)

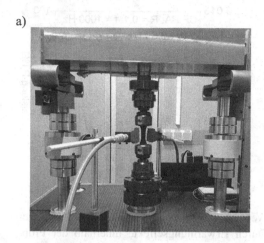 

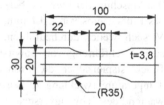

Abbildung 4.16 Versuchsaufbau der Ermüdungsversuche im Bereich sehr hoher Lastspielzahlen. a) Resonanzprüfsystem; b) Detailansicht der aktiven Kühlung

Abbildung 4.17
Probengeometrie der
Ermüdungsversuche im
Bereich sehr hoher
Lastspielzahlen mit
Dimensionen in mm

Messtechnik
Zu Beginn der Ermüdungsversuche benötigt das Resonanzprüfsystem eine Einschwingphase. Diese Zeitspanne wird benötigt, um die Prüffrequenz aufzubringen und einen stabilen Betriebspunkt des Resonanzsystems zu erreichen. Erst im Anschluss an die Einschwingphase beginnt die Aufzeichnung der relevanten Messergebnisse bei der Lastspielzahl 10^4. Die Aufzeichnungsrate der Ergebnisse liegt bei 1 Hz, dementsprechend werden ca. alle 1.000 Lastspiele die Messdaten erfasst. Die Probe ist Teil des Prüfsystems und somit ein Einflussfaktor für die Resonanzfrequenz. Die Probensteifigkeit hat gemäß Herstellerangaben im Bereich von ± 3 % einen geringen Einfluss auf die Prüffrequenz [158]. Daher kann davon ausgegangen werden, dass die frequenzinduzierte Eigenerwärmung trotz einer Änderung der Frequenz nahezu konstant ist.

Abbildung 4.18
Detaillierte Darstellung von
Weg und Leistung bei der
Ermüdungsprüfung mit
einem Resonanzprüfsystem
von kohlenstoff-
kurzfaserverstärktem
Polyamid bei der
Oberspannung 13,4 MPa

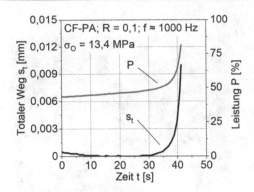

Abbildung 4.18 zeigt einen Versuch bei einer für diesen Werkstoff hohen Oberspannung von 13,4 MPa. Durch Erwärmungseffekte innerhalb der Probe nimmt die Duktilität zu, gleichzeitig nimmt die Steifigkeit ab. In Folge davon wird zwangsläufig ein größerer Weg benötigt, um die gleichen Kräfte und Spannungen innerhalb der Probe aufrechtzuerhalten. Dies geht einher mit einer zunehmenden Maschinenleistung P. Überschreitet der Gesamtweg die absoluten Grenzwerte des Prüfsystems von $\pm 0{,}1$ mm, reicht die Maschinenleistung nicht aus, um den Versuch weiter durchzuführen. Dementsprechend sind zur erfolgreichen Versuchsdurchführung von polymerbasierten Werkstoffen im Bereich sehr hoher Bruchlastspielzahlen die Probensteifigkeit, das Verformungsverhalten und die Temperaturentwicklung zu beachten. Für eine detaillierte Zustandsüberwachung während des Schwingversuchs wurden oberflächenbasierte Temperaturmessungen mittels Thermokamera (TIM 160 oder 450, Micro-Epsilon) und Thermoelementen von dem Typ K analog zum LCF-/HCF-Bereich durchgeführt.

Erweiterte Auswertemethoden
Zur Ermittlung des Dehnrateneffekts zwischen den Testserien wird auf Basis der Ermüdungsversuche eine durchschnittliche Dehnrate berechnet. Innerhalb der VHCF-Testreihe diente die Wegmessung des Prüfsystems als Basis für die Aufzeichnung des Verformungsverhaltens. Die Änderung des Wegs über der Versuchsdauer wird mittels der Anfangsmesslänge l_0 von 20 mm zur Dehnung umgerechnet. Die Wegmessung des Prüfsystems enthält nicht nur die Werkstoffantwort als Reaktion auf die zyklische Belastung, sondern auch zusätzliche Verformungen aus dem Prüfsystem. Daher wird tendenziell die Werkstoffreaktion und die berechnete durchschnittliche Dehnrate $\dot{\varepsilon}_d$ überschätzt. Nach einer

Einschwing- und Stabilisierungsphase beginnt die Datenaufzeichnung, so dass die Bewertung des Verformungsverhaltens auch für die Versuche im LCF-/HCF-Bereich erst ab der Lastspielzahl von 10^4 dargestellt ist. Zusammen mit der Versuchszeit lässt sich die durchschnittliche Dehnrate mit Gleichung 4.8 ermitteln.

$$\dot{\varepsilon}_d = \frac{\varepsilon_t}{t_g} \; mit \; \varepsilon_t = \frac{s_{max} - s_{min}}{l_0} \cdot 100 \qquad (4.8)$$

Die Temperaturentwicklung der Proben wurde nicht nur auf der Probenoberfläche mittels Thermoelementen oder Thermokameras überwacht. Ausgewählte Versuche wurden mit innenliegenden Thermoelementen ausgeführt, die während des Fertigungsprozesses in der Mitte des Prüfbereichs integriert wurden.

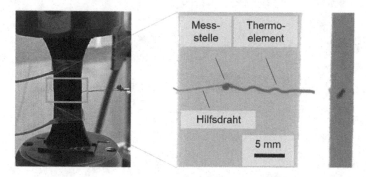

Abbildung 4.19 Computertomografische Aufnahme des Prüfbereichs zur volumenbasierten Temperaturmessung innerhalb des Probenvolumens

In Abbildung 4.19 sind zwei Schnittansichten der computertomografischen Untersuchungen aus dem Prüfbereich dargestellt. Dabei ist die symmetrische Positionierung des Messbereichs im Probenvolumen ebenso wie ein Hilfsdraht zu erkennen. Durch dieses Vorgehen konnte die Temperaturverteilung im Probenkern aufgezeichnet werden, ohne zusätzliche spanende Nachbearbeitung. Die Querschnittsberechnung wurde ohne Berücksichtigung des Thermoelements durchgeführt. Durch das Thermoelement verkleinert sich die lokale Querschnittsfläche und es entsteht eine Sollbruchstelle. Die wirkenden Spannungen in diesem Querschnitt sind demnach höher. Daher wird durch dieses Vorgehen eine konservative Abschätzung der Temperaturverteilung realisiert, da die Spannungen in den Ermüdungsversuchen aufgrund des größeren Querschnitts geringer sind. Die verwendeten Proben mit der Möglichkeit zur volumenbasierten Temperaturüberwachung innerhalb des Probenvolumens wurden ebenso für die Versuche im LCF-/HCF-Bereich bei 5 Hz durchgeführt.

Ergebnisse 5

In Abschnitt 5.1 wird die prozessinduzierte Anisotropie betrachtet, Abschnitt 5.2 vertieft die fertigungsbedingte Grenzschichtverbindung. Aus diesen Ergebnissen lassen sich zwei Prozessvariationen mit dem Fokus auf der Leistungsfähigkeit und der Prozesseffizienz ableiten. Diese beiden Variationen werden in Abschnitt 5.3 unter hohen Dehnraten und sehr hohen Lastspielzahlen anwendungsnah bewertet. Der Begriff Leistungsfähigkeit wird in dieser Studie verwendet, um die Ergebnisse der mechanischen Versuche zu beschreiben. Demnach steht die Leistungsfähigkeit in Bezug auf die Versuche mit niedrigen und hohen Dehnraten für die Steifigkeit und Festigkeit, im Kontext der Ermüdungsversuche für die Bruchlastspielzahl. In Abschnitt 5.4 werden die relevanten Prüfstrategien zu einer Prüfsystematik zusammengefasst.

5.1 Charakterisierung der prozessinduzierten Anisotropie[1]

Das prozessinduzierte Verformungsverhalten in Abhängigkeit der Bauraumorientierung wird in Bezug zu spritzgegossenen Referenzproben betrachtet. Für

---

[1] Inhalte dieses Kapitels basieren in Teilen auf Vorveröffentlichungen [144,159,160] und studentischen Arbeiten [161,162].

Ergänzende Information Die elektronische Version dieses Kapitels enthält Zusatzmaterial, auf das über folgenden Link zugegriffen werden kann https://doi.org/10.1007/978-3-658-40755-1_5.

P. Striemann, *Entwicklung und Validierung einer Prüfsystematik zur Charakterisierung von additiv gefertigten Thermoplast-Leichtbaustrukturen*, Werkstofftechnische Berichte | Reports of Materials Science and Engineering, https://doi.org/10.1007/978-3-658-40755-1_5

eine präzise Charakterisierung des Verformungsverhaltens in Abhängigkeit der Bauraumausrichtung wird jede Hauptfertigungsrichtung untersucht. Zur Übersichtlichkeit werden im Folgenden die nach ISO 52921 benannten Proben mit XYZ, YXZ und ZYX nur nach der Hauptfertigungsrichtung X, Y und Z benannt. Die Vergleichbarkeit zwischen den additiv gefertigten und den spritzgegossenen Referenzproben wird durch die Verwendung von sortenreinem Material gewährleistet. Es werden sowohl die Qualität als auch die werkstoffmechanischen Eigenschaften unter niedrigen Dehnraten und zyklischer Belastung im LCF-/HCF-Bereich verglichen. Im Anschluss an die Ergebnisbeschreibung folgt die übergreifende Diskussion der Qualitätsmerkmale und der mechanischen Leistungsfähigkeit.

5.1.1 Qualitätsbeurteilung

Die Qualitätsbeurteilung berücksichtigt oberflächen- sowie volumenbasierte Qualitätsmerkmale. Die oberflächenbasierte Charakterisierung erfolgt mit der 3D-Laser-Scanning Mikroskopie und die volumenbasierte Defektbeschreibung mit der µCT. Die Untersuchungen der Oberflächen finden direkt auf der Probe innerhalb des Prüfbereichs im „as built" Zustand statt. Für die Qualitätsbeurteilung des Probenvolumens wurde der gesamte Querschnitt mit der Grundfläche von 5×3 mm untersucht.

Oberflächenbasierte Qualitätsbeurteilung
Die Ergebnisse der oberflächenbasierten Qualitätsbeurteilung sind qualitativ in Abbildung 5.1 zu sehen. Dabei dient das farbliche Höhenprofil als qualitativer Eindruck der unbehandelten fertigungsbedingten Oberflächen, die quantitativen Ergebnisse der Oberflächenkennwerte sind in Tabelle 5.1 zusammengefasst. Die xy-Ebene in Abbildung 5.1 dient ausschließlich zur Beschreibung der Bildinhalte und der entsprechenden Oberflächenkennwerte. Demnach entsprechen die Koordinaten nicht den Hauptfertigungsrichtungen des AM-Prozesses. Die Messstellen der Oberflächenausschnitte wurden mittig innerhalb des Prüfbereichs definiert, die x-Richtung entspricht der Hauptrichtung des Kraftflusses während der zerstörenden Prüfungen.

Tabelle 5.1 Profil- und flächenbasierte Oberflächenkennwerte von kohlenstoffkurzfaserverstärktem Polyamid in Abhängigkeit der Bauraumausrichtung. Spritzguss-Referenz, Hauptfertigungsrichtung X (AM-X), Hauptfertigungsrichtung Y (AM-Y), Hauptfertigungsrichtung Z (AM-Z)

	Kennwert	Spritzguss-Referenz	AM-X	AM-Y	AM-Z
Profilbasiert in x-Richtung	P_a [μm]	1	4	12	20
	P_z [μm]	8	19	81	110
Profilbasiert in y-Richtung	P_a [μm]	1	15	6	8
	P_z [μm]	7	80	32	35
Flächenbasiert	S_a [μm]	2	16	15	22
	S_z [μm]	84	128	195	198

Die Oberfläche der Spritzguss-Referenz ist ein Abbild der verwendeten Werkzeugform und hat in diesem Maßstab vergleichbare isotrope Oberflächenkennwerte. Die Oberflächen der AM-Proben weisen im „as built" Zustand eine übergeordnete Vorzugsrichtung auf. Die Oberflächen aus Abbildung 5.1b und Abbildung 5.1c zeigen eine vergleichbare Charakteristik mit orthogonalem Zusammenhang. Der Grund hierfür liegt in der schichtdominierten Bauraumorientierung und der Hauptfertigungsrichtung, die durch den Profilwinkel (α_F) definiert wird. Die AM-Z Oberfläche verdeutlicht die makroskopische prozessinduzierte Welligkeit in Fertigungsrichtung z. Dabei hat der schichtdominierte Profilwinkel eine untergeordnete Relevanz, im Vergleich zum grenzschichtdominierten Oberflächenwinkel (θ_O).

Die Ergebnisse in Tabelle 5.1 zeigen deutlich erhöhte Oberflächenkennwerte und eine anisotrope Charakteristik der AM-Testserie im Vergleich zu der spritzgegossenen Referenz. Wie in Abbildung 4.9 dargestellt, hat insbesondere die größte Höhe des Primärprofils P_z einen signifikanten Einfluss auf die Querschnittsberechnung innerhalb der Versuchsdurchführung. Daher wird, wie in Gleichung 4.1 definiert, die prozessinduzierte Welligkeit berücksichtigt. Dieser Ansatz integriert die prozessinduzierten Oberflächenstrukturen in die mechanische Charakterisierung von extrusionsbasierten AM-Werkstoffen. Dadurch wird die prozessinduzierten Oberflächenstrukturen erstmals in den mechanischen Werkstoffkennwerten berücksichtigt und kompensiert [28]. Die anisotrope Oberflächencharakteristik der AM-Proben wird durch die Prozessparameter maßgeblich beeinflusst. Boschetto et al. [79] untersuchten den Einfluss der Bauraumorientierung auf den

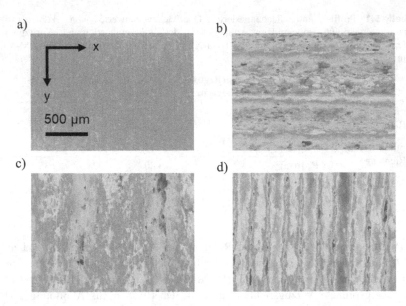

Abbildung 5.1 Qualitative Visualisierung der prozessinduzierten Oberflächenstruktur von kohlenstoff-kurzfaserverstärktem Polyamid in Abhängigkeit der Bauraumausrichtung. a) Spritzguss-Referenz; b) Hauptfertigungsrichtung X (AM-X mit Profilwinkel $\alpha_F = 0°$); c) Hauptfertigungsrichtung Y (AM-Y mit Profilwinkel $\alpha_F = 90°$); d) Hauptfertigungsrichtung Z (AM-Z mit Oberflächenwinkel $\theta_O = 90°$)

resultierenden Oberflächenwinkel in Fertigungsrichtung z. Die grenzschichtdominierte Charakterisierung ergab eine anisotrope Oberflächenmorphologie. Durch die Variation der Bauraumorientierung kann der Oberflächenwinkel entscheidend beeinflusst werden. Turner et al. [163,164] fügten einer grenzschichtdominierten Betrachtung in Fertigungsrichtung z noch zusätzliche Prozessparameter wie Schichthöhe und Materialfluss hinzu. Ahn et al. [67] beschrieben ein Minimum der grenzschichtdominierten Oberflächenmorphologie bei einem Oberflächenwinkel von 90°. Alle grenzschichtdominierten AM-Proben in dieser Testreihe haben einen Oberflächenwinkel von 90°, allerdings wird diese Oberflächencharakteristik nur bei der Messstelle der AM-Z Probe erfasst. Wie in Tabelle 5.1 dargestellt, zeigt das lokale Minimum der grenzschichtdominierten Oberflächenkennwerte bei 90° immer noch die größten Oberflächenkennwerte in dieser Testreihe. Die Messstellen der schichtdominierten Varianten AM-X und AM-Y betrachten die Änderung in der Fertigungsebene xy und sind somit schichtdominiert. Dementsprechend ist in den profilbasierten Auswertungen ein orthogonaler Zusammenhang ersichtlich.

Garg et al. [72] entdeckten in einer Studie über eine nachträgliche Oberflächenbehandlung neben der anisotropen Oberflächencharakteristik auch ein anisotropes Werkstoffverhalten. Die Schlussfolgerung, dass die Funktionalität durch die Oberflächenqualität beeinflusst werden können, wird mehrfach in der Literatur bestätigt [29,165]. Einerseits ändert sich durch die Variation der Prozessparameter die Mikrostruktur, andererseits auch das Verformungs- und Schädigungsverhalten [48]. Dementsprechend gibt es oberflächeninduzierte Randeffekte und geometrische Spannungsspitzen, die sich negativ auf die Leistungsfähigkeit auswirken können [32,123]. An dieser Stelle wird nochmals auf Abschnitt 2.2.2 verwiesen, in dem die Fehlstellenorientierung und der Einfluss auf das mechanische Verhalten beschrieben wurde.

Die Forschungsarbeit von Di Angelo et al. [74] bezüglich der Oberflächenqualität belegt einen systematischen Fehler mit einer vorhersagbaren Form. Die Prognose der Oberflächenqualität auf Grundlage vollständiger Prozessparameter ermöglicht eine funktionsabhängige Auslegung hin zur lokalen Adaptionsfähigkeit der Oberflächenqualität und Funktionalität. Daher muss die Oberflächencharakteristik in eine Prüfsystematik integriert werden. Insbesondere gilt dies für die Berücksichtigung der prozessinduzierten Oberflächenstruktur bei der Querschnittsberechnung.

Zusammenfassende Ergebnisse zu der oberflächenbasierten Qualitätsbeurteilung der prozessinduzierten Anisotropie

- Die Fertigungseffekte der AM resultieren in prozessinduzierten Oberflächendefekten.
- Die AM-Testserie weist eine prozessinduzierte Anisotropie der Oberflächencharakteristik im Vergleich zu den spritzgegossenen Referenzproben auf.
- Die profilbasierte Qualitätsbeurteilung der schichtdominierten Proben AM-X ($\alpha_F = 0°$) und AM-Y ($\alpha_F = 90°$) sind orthotrop.
- Die grenzschichtdominierte Probe AM-Z zeigt die größte makroskopische Welligkeit für einen Oberflächenwinkel $\theta_O = 90°$ innerhalb der Testserie.
- Die unterschiedlichen Oberflächenqualitäten können sich aufgrund von oberflächeninduzierten Randeffekte und geometrischen Spannungsspitzen auf die mechanischen Eigenschaften auswirken. Dies konnte erstmalig in oberflächenkompensierten Werkstoffkennwerten berücksichtigt werden.

Volumenbasierte Qualitätsbeurteilung

Die qualitative Visualisierung der volumenbasierten Qualitätsbeurteilung ist in Abbildung 5.2 dargestellt, die quantitativen Ergebnisse sind in Tabelle 5.2 zusammengefasst. Die spritzgegossene Referenz weist kein Porenvolumen auf, welches mit der minimalen Voxelgröße von 10 μm aufgelöst werden kann. Das sortenreine Material der AM-Proben hat durch prozessinduzierte Effekte ein erhöhtes Porenvolumen von 4,7 bis 6,5 %.

Tabelle 5.2 Integraler Porenvolumengehalt von kohlenstoff-kurzfaserverstärktem Polyamid auf Basis von μCT-Scans in Abhängigkeit der Bauraumausrichtung. Spritzguss-Referenz, Hauptfertigungsrichtung X (AM-X), Hauptfertigungsrichtung Y (AM-Y), Hauptfertigungsrichtung Z (AM-Z)

	Spritzguss-Referenz	AM-X	AM-Y	AM-Z
Porenvolumen $\varphi_{P,V}$ [%]	0	6,5	4,8	4,7

Die exemplarische Visualisierung der μCT-Scans aus Abbildung 5.2 zeigt trotz vergleichbarer absoluter Porenvolumina eine unterschiedliche Porencharakteristik. Die schichtdominierten Varianten AM-X und AM-Y haben gleichmäßig verteilte und fein strukturierte Poren. Weiterhin ist eine deutliche Vorzugsrichtung der Poren in die Hauptfertigungsrichtung des Extrusionskopfes erkennbar. In der grenzschichtdominierten Probe AM-Z deuten sich große Porenansammlungen innerhalb des Probevolumens an. Eine Einteilung der Porencharakteristik erfolgte in Abschnitt 2.4.2 auf mikroskopischer materieller und makroskopischer struktureller Ebene. Die definierte Prozess-Struktur-Eigenschafts-Beziehung der Proben in Kapitel 3 sieht bei allen Proben Vollmaterial mit einer Fülldichte von 100 % vor. Die Poren sind daher fertigungsbedingt auf mikroskopischer materieller Ebene, jedoch nicht geometriebedingt. Wie auch die oberflächenbasierte Qualitätsbeurteilung zeigt die volumenbasierte eine anisotrope Charakteristik der Kennwerte.

Die bisherige qualitative Beurteilung beruht auf einem integralen Messwert für die gesamte Probenvariation. Wie Abbildung 5.2 zu entnehmen, weist die integrale Auswertung trotz vergleichbarer Bewertungskriterien Unterschiede in Charakteristik und Ausprägung auf. Insbesondere die AM-Z Probe verdeutlicht die Herausforderungen der integralen Auswertung, da im Probenvolumen eine große zusammenhängende Pore dargestellt ist. Die Zuordnung des Porenvolumens mittels der Legende ist an diesem Beispiel nur bedingt geeignet für eine

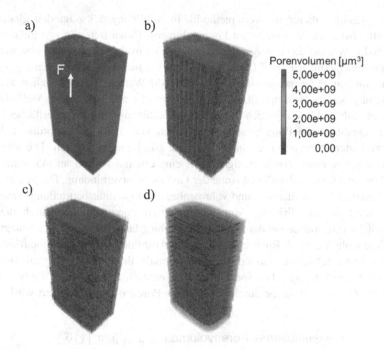

Abbildung 5.2 Qualitative Visualisierung der Porenverteilung von kohlenstoff-kurzfaserverstärktem Polyamid auf Basis von μCT-Scans in Abhängigkeit der Bauraumausrichtung. a) Spritzguss-Referenz; b) Hauptfertigungsrichtung X (AM-X mit Profilwinkel $\alpha_F = 0°$); c) Hauptfertigungsrichtung Y (AM-Y mit Profilwinkel $\alpha_F = 90°$); d) Hauptfertigungsrichtung Z (AM-Z mit Oberflächenwinkel $\theta_O = 90°$). [144][2]

Aussage bezüglich der Porenverteilung. Daher werden die integralen Daten weiterverarbeitet, um eine lokale Beschreibung der Porenverteilung zu erreichen. Auch in Hinblick auf die prozessinduzierte Grenzschicht, die in Kapitel 2 als übergeordnete Schwachstelle der AM identifiziert wurde, erscheint die Anpassung der qualitativen Beurteilung sinnvoll. Hierzu wird nach der Methodik aus Abschnitt 4.1.2 das dreidimensionale μCT-Volumen in einer zweidimensionalen, schichtbasierten Betrachtung dargestellt. Dadurch kann die integrale Bewertung auf Basis des absoluten Porenvolumens konkretisiert und lokal aufgelöst werden.

---

[2] Reprinted/adapted from Key Engineering Materials, Vol. 809, Striemann, P.; Hülsbusch, D.; Niedermeier, M.; Walther, F., Quasi-static characterization of polyamide-based discontinuous CFRP manufactured by additive manufacturing and injection molding; Page 390, Trans Tech Publications (2019), with permission from Trans Tech Publications.

Das Resultat dieser Auswertemethodik in Abbildung 5.3 zeigt den gleiten-
den Mittelwert des akkumulierten Porenvolumens. Dabei treten in regelmäßigen
Abständen von ca. 200 μm Ansammlung von Porenvolumen auf. Die erweiterte
Auswertemethodik der μCT-Daten ermöglicht erstmals die Klassifizierung von
akkumulierten Porenvolumen innerhalb von AM-Werkstoffen. Zusätzlich zeigt
Abbildung 5.3 das Höhenprofil, welches die typische makroskopische Welligkeit
von „as built" AM-Werkstoffen darstellt. In Kombination mit der oberflächenbasierten Qualitätsbeurteilung ist somit zum ersten Mal eine lokale Zuordnung des
akkumulierten Porenvolumens in der Fertigungsrichtung z möglich. Die lokale
Auflösung der Porenverteilung signalisiert eine erhöhte Anzahl an akkumulier-
tem Porenvolumen in der Kontaktzone der Grenzschichtverbindung. Die neuartige
Kombination der oberflächen- und volumenbasierten Qualitätsbeurteilung ermöglicht somit die Lokalisierung von akkumulierten Porenvolumen. Durch diese
zusätzliche Information bei der Qualitätsbeurteilung lassen sich ggü. dem integralen Porenvolumengehalt Rückschlüsse auf die Ausbildung der prozessinduzierten
Grenzschicht schließen. Zusätzlich wird erstmals durch die lokal aufgelöste
Porenverteilung gezeigt, dass speziell in der Grenzschicht der AM-Z Proben die
effektive Querschnittsfläche durch ein erhöhtes Porenvolumen reduziert wird.

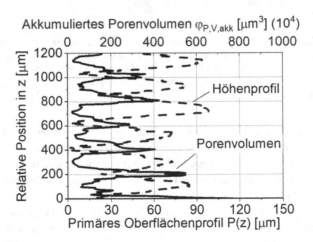

Abbildung 5.3 Kombinierte Darstellung der oberflächen- und volumenbasierten Qualitätsbeurteilung von kohlenstoff-kurzfaserverstärktem Polyamid (AM-Z Probe) [28]

Die Querschnittsfläche spielt für die Berechnung von Festigkeit und Steifigkeit eine entscheidende Rolle [87]. Dementsprechend ist der Porenvolumengehalt für die Betrachtung der mechanischen Eigenschaften von zentraler Bedeutung. Einerseits wird durch die Poren die effektive Querschnittsfläche im Prüfbereich beeinflusst [92,159], andererseits wirken die Poren als Spannungsspitzen im Probenvolumen und können somit als Ausgangspunkt für die finale Schädigung wirken [85]. Dabei wurde in Abschnitt 2.2.2 schon detailliert auf die unterschiedlichen Ausprägungen der Fehlstellenorientierung hingewiesen. Tronvoll et al. [93] zeigten für schichtdominierte Proben, die innerhalb der Fertigungsebene xy gefertigt wurden, ein anisotropes Werkstoffverhalten. Dieses wurde auf eine reduzierte Querschnittsfläche, unterschiedliche Schädigungsmechanismen und grenzschichtübergreifende Diffusionsvorgänge von Polymerketten zurückgeführt. Innerhalb der schichtdominierten Varianten wird der reduzierten Querschnittsfläche ein hoher Stellwert zugeordnet.

Die geringere Steifigkeit und Festigkeit von extrusionsbasierten AM-Werkstoffen ggü. sortenreinem Ausgangsmaterial wird oft mit der Porosität begründet [88]. Sowohl unter Zug- [86] als auch Druckbelastung [166] wurde eine Verringerung der Leistungsfähigkeit mit steigendem Porenvolumengehalt beobachtet. Dies ist kein Alleinstellungsmerkmal der additiven Fertigung. Auch bei konventionellen FVK auf Epoxidbasis geht eine Erhöhung des Porenvolumens mit einer Verringerung der interlaminaren Scherfestigkeit (ILSS) einher [83]. Ergänzende Untersuchungen bezüglich der Porenverteilung in Fertigungsrichtung z sind in Anhang A im elektronischen Zusatzmaterial dargestellt. Hierbei wurde mittels einer neuartigen Prozessoptimierung (kurz: IPS, engl. „Infrared Preheating System") die Oberflächentemperatur der Grenzschichtverbindung während der Fertigung erhöht. Die gezielte Wärmebehandlung der obersten Schicht durch langwellige Infrarotstrahlung gleicht die thermischen Gradienten während der Fertigung aus. Dadurch konnte eine Homogenisierung der Porenverteilung in Fertigungsrichtung z erzielt werden. Die kombinierte oberflächen- und volumenbasierte Qualitätsbeurteilung konnte erstmals für Rückschlüsse auf die Fertigungsumgebung verwendet werden. Die neuentwickelten und kombinierten Prüfstrategien zur Qualitätsbeurteilung von AM-Werkstoffen ermöglichen eine gezielte Beurteilung der Porenverteilung speziell in Fertigungsrichtung z. Die neuartige Klassifizierung des akkumulierten Porenvolumens kann somit für die Beurteilung und Optimierung der Fertigungsbedingungen verwendet werden. Erste werkstoffmechanische Versuche deuten eine Tendenz zu signifikant verbesserter Leistungsfähigkeit sowohl unter niedrigen Dehnraten als auch unter

zyklischer Belastung im LCF-/HCF-Bereich an. Die gleichmäßigere Porenverteilung zeigt bei niedrigen Dehnraten eine geringfügige Verbesserung der Festigkeit
um ca. 15 %. Die Bruchlastspielzahlen erhöhen sich hingegen um mehr als
eine Dekade. Die Homogenisierung der Porenverteilung durch eine optimierte
Temperaturverteilung der Grenzschicht lässt sich durch mehrere Effekte erklären. Die geringere Polymerviskosität führt zu besseren Fließeigenschaften in
der Grenzschichtverbindung und damit zu einem reduzierten Porenvolumengehalt. Zusätzlich sorgt die größere thermische Energie in der Grenzschicht zur
höheren Beweglichkeit der Polymerketten bei und zu besseren Polymerketten-
diffusionsvorgängen. [40] Durch eine optimierte Temperaturverteilung während
der Grenzschichtbildung verbessern sich damit die mechanischen Eigenschaften der prozessinduzierten Grenzschicht. Diese Beobachtung korreliert mit einem
geringeren lokalen Porenvolumengehalt innerhalb der Grenzschicht.

Die extrusionsbasierte AM bietet Möglichkeiten den Porenvolumengehalt zu
beeinflussen. So lässt sich durch einen reduzierten Volumenstrom eine fertigungsbedingte Porosität mit Orientierung in Hauptfertigungsrichtung erzeugen
[90]. In den schichtdominierten Proben aus Abbildung 5.2 ist diese Vorzugsrichtung der Poren in Hauptfertigungsrichtung ebenfalls erkennbar. Durch den
AM-Prozess ist das Vorhandensein von prozessinduzierten Defekten nahezu
unvermeidlich [89]. Nouri et al. [94] interpretierten auf Basis der Versuchsergebnisse für die extrusionsbasierte AM einen realistischen Porenvolumengehalt
von unter 6 %. Daher muss eine anwendungsorientierte Prüfsystematik die volumenbasierte Qualität berücksichtigen. Das integrale Porenvolumen eignet sich
für eine Bewertung der volumenbasierten Qualität. Mittels erweiterter Auswertemethoden, die in einem akkumulierten Porenvolumen resultieren, sollten lokale
Porenansammlungen ausgeschlossen werden.

*Zusammenfassende Ergebnisse zu der volumenbasierten Qualitätsbeurteilung der
prozessinduzierten Anisotropie*

- Die Fertigungseffekte der AM resultieren in prozessinduzierten unvermeidlichen Poren mit anisotroper Charakteristik. Zukünftig muss die effektive
  Querschnittsfläche verwendet werden, um die Festigkeit eines AM-Werkstoffs
  zu bestimmen.
- Eine integrale volumenbasierte Betrachtung der Qualitätsbeurteilung ergibt
  vergleichbare Porenvolumina mit grenz-/schichtdominierter Ausprägung.

- Die lokale Auflösung der Porenverteilung zeigt ein erhöhtes Porenvolumen in den Grenzschichten der AM-Z Proben, welche die effektive Querschnittsfläche reduziert.
- Für die volumenbasierte Qualitätsbeurteilung kann das integrale Porenvolumen herangezogen werden. Zusätzlich sollten Porenansammlungen mit dem lokal aufgelösten akkumulierten Porenvolumen ausgeschlossen werden.

5.1.2 Verformungsverhalten bei niedrigen Dehnraten

Die Charakterisierung des Verformungsverhaltens bei niedrigen Dehnraten wurden als vergleichende Untersuchung zu spritzgegossenen Referenzproben gestaltet. Die Probengeometrie wurde an die ISO 527-2 [145] angelehnt, eine Norm, die auf den Referenzprozess Spritzguss angepasst ist. Die Probengeometrie aus Abbildung 4.5a wurde sowohl für die Versuche bei niedrigen Dehnraten in Abschnitt 5.1.2 als auch für die Ermüdungsversuche in Abschnitt 5.1.3 verwendet.

In Abbildung 5.4 sind die Ergebnisse und ausgewählte Spannungs-Dehnungs-Verläufe der Versuche bei niedrigen Dehnraten dargestellt. Die spritzgegossenen Referenzproben zeigen die höchste Steifigkeit und Festigkeit im Vergleich zu den AM-Proben. Diese weisen signifikante Reduzierungen des E-Moduls und der Zugfestigkeit auf. Die AM-X Proben sind aufgrund ihrer Bauraumorientierung schichtdominiert und haben die Hauptfertigungsrichtung der unidirektionalen Füllstruktur ($\alpha_F = 0°$) entlang der Kraftrichtung des Zugversuchs. Mit einer Reduktion der Festigkeit um ca. 26 % erreicht die AM-X Probe die beste Leistungsfähigkeit in der AM-Testreihe.

Abbildung 5.4
Verformungsverhalten von
kohlenstoff-
kurzfaserverstärktem
Polyamid bei niedrigen
Dehnraten in Abhängigkeit
der Bauraumorientierung
unter Zugbelastung.
a) Spannungs-Dehnungs-
Diagramm; b) Vergleich
von Zugfestigkeit und
E-Modul. [144][3]

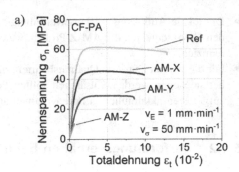

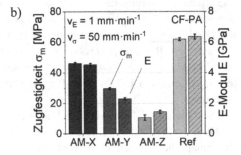

Die ebenfalls schichtdominierten AM-Y Proben haben die unidirektionale Füllstruktur orthogonal zur Kraftrichtung ($\alpha_F = 90°$) im Zugversuch. Dadurch reduziert sich die Festigkeit um ca. 48 % ggü. der spritzgegossenen Referenz. Trotz Steifigkeits- und Festigkeitsverlust ändert sich das grundlegende Verformungsverhalten der AM-X und AM-Y Proben im Vergleich zu den spritzgegossenen Referenzproben nicht. Der linear-elastische Bereich geht einher mit den prozessinduzierten Steifigkeitsverlusten, das duktile Verformungsverhalten mit ausgeprägter plastischer Verformung vermindert sich in gleichem Maße wie die Bruchdehnung. Die AM-Z Proben sind durch die Bauraumorientierung grenzschichtdominiert mit dominantem Oberflächenwinkel ($\theta_O = 90°$). Dabei entspricht die Fertigungsrichtung z der Belastungsrichtung im Zugversuch. Die Festigkeit reduziert sich bei den AM-Z Proben um ca. 80 % im Vergleich

---

[3] Reprinted/adapted from Key Engineering Materials, Vol. 809, Striemann, P.; Hülsbusch, D.; Niedermeier, M.; Walther, F., Quasi-static characterization of polyamide-based discontinuous CFRP manufactured by additive manufacturing and injection molding; Page 389, Trans Tech Publications (2019), with permission from Trans Tech Publications.

zu der spritzgegossenen Referenz mit deutlich verändertem Verformungsverhalten. Durch eine prozessinduzierte Werkstoffversprödung versagen die Proben im linear-elastischen Bereich bei einer Bruchdehnung von < 1,5 %. Der ausgeprägte Bereich mit plastischer Verformung entfällt.

a)   b)

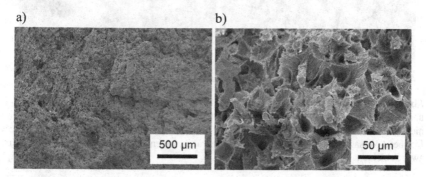

Abbildung 5.5 Bruchfläche der spritzgegossenen Referenz von kohlenstoff-kurzfaserverstärktem Polyamid bei niedrigen Dehnraten unter Zugbelastung. a) Übersichtsaufnahme; b) Detailansicht mit Schwammstrukturen und Zipfelbildung

Das Werkstoffverhalten kann zusätzlich zu den Spannungs-Dehnungs-Diagrammen mit der Analyse der Bruchflächen beschrieben werden. Die typischen Bruchmerkmale wurden auf Basis der VDI 3822 [167] bewertet. Zur Analyse der Bruchflächen im REM wurden diese mittels Kathodenzerstäubung beschichtet. Die Abbildung 5.5 zeigt die Bruchfläche der spritzgegossenen Referenzprobe mit materialspezifischen Schädigungsmechanismen. Die vergleichsweise große Totaldehnung der Referenzversuche findet sich auf den Bruchflächen in Form von Schwammstrukturen und Zipfelbildung wieder. Die Anbindung der Faser/Matrix-Anhaftung kann auf Basis der Detailansicht als gut beschrieben werden. Die freiliegenden Fasern weisen hierbei deutliche Rückstände der Matrix in den Bereichen der Faser/Matrix-Grenzschicht auf. Zusätzlich zeigt sich die Hauptorientierung der Verstärkungsfasern in Belastungsrichtung des Versuchs. Das Verformungsverhalten der spritzgegossenen Referenzproben ist demnach geprägt durch eine Kombination aus kohäsivem Matrix-, Faser- und adhäsivem Faser/Matrix-Grenzschichtversagen.

a)   b)

Abbildung 5.6 Schichtdominierte Bruchfläche bei übereinstimmender Hauptfertigungs- und Kraftrichtung (AM-X Probe) von kohlenstoff-kurzfaserverstärktem Polyamid bei niedrigen Dehnraten unter Zugbelastung. a) Übersichtsaufnahme; b) Detailansicht, oben: Intrabead-Versagen innerhalb eines Extrusionsstrangs, unten: Interlayer-Versagen zwischen zwei Schichten

Die schichtdominierten Varianten AM-X und AM-Y haben qualitativ ein ähnliches materialspezifisches Verhalten, jedoch mit geringerer Steifigkeit, Festigkeit und Zähigkeit. In Abbildung 5.6 ist die Bruchfläche einer AM-X Probe mit übereinstimmender Hauptfertigungs- und Kraftrichtung ($\alpha_F = 0°$) dargestellt. Der Überblick deutet eine stark strukturierte Oberfläche und Anzeichen von Schwammstrukturen an. Die Detailaufnahme beinhaltet in vergrößerter Darstellung zwei prozessspezifische Schädigungsmechanismen. Die obere Hälfte in Abbildung 5.6b zeigt ein Intrabead-Versagen innerhalb eines Extrusionsstrangs mit deutlichen materialspezifischen Merkmalen von plastischer Verformung. Des Weiteren wird die Vorzugsrichtung der Faserverstärkung in Belastungsrichtung sichtbar. Die untere Hälfte der Detailansicht zeigt das Versagen zwischen zwei Grenzschichtverbindungen mit deutlichen Merkmalen spröder Bruchflächen. Unter Berücksichtigung der Hauptfertigungs- und Kraftrichtung innerhalb des Versuchs ist das Interlayer-Versagen zwischen den Grenzschichten auf Schubbelastungen zurückzuführen. Wie bei den Referenzproben ist bei den AM-X Proben die Kombination aus kohäsivem Matrix-, Faser- und adhäsivem Faser/Matrix-Grenzschichtversagen dominant. Ein weiterer prozessspezifischer Schädigungsmechanismus, der insbesondere bei den AM-Y Proben ($\alpha_F = 90°$) auftritt, besteht zwischen den Extrusionssträngen. Die orthogonale Ausrichtung der Füllstruktur zur Kraftrichtung resultiert in einem Interbead-Versagen in den jeweiligen xy-Ebenen. Auch diese Bruchflächen werden charakterisiert durch materialspezifische Merkmale hoher plastischer Verformungen. Die orthogonale

Ausrichtung zeigt sich ebenso für die Vorzugsrichtung der Verstärkungsfasern, daher ist der kohäsive Matrixbruch der primäre Schädigungsmechanismus für die AM-Y Proben.

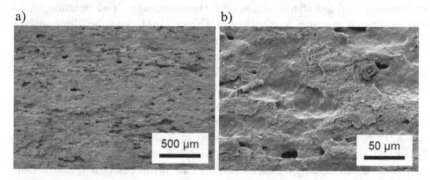

Abbildung 5.7 Grenzschichtdominierte Bruchfläche bei orthogonaler Hauptfertigungs- und Kraftrichtung (AM-Z Probe) von kohlenstoff-kurzfaserverstärktem Polyamid bei niedrigen Dehnraten unter Zugbelastung. a) Übersichtsaufnahme; b) Detailansicht mit Interlayer-Versagen zwischen zwei Schichten

Das Verformungsverhalten der grenzschichtdominierten AM-Z Proben weist in dem Spannungs-Dehnungs-Diagramm qualitativ auf eine andere Ausprägung hin. Auch die entsprechende Bruchfläche in Abbildung 5.7 weist auf eine unterschiedliche prozessspezifische Charakteristik hin. Die Ausrichtung der Hauptfertigungs- und Kraftrichtung des Versuchs prüft gezielt die prozessinduzierte Grenzschichtverbindung mit $\theta_O = 90°$ auf Zugfestigkeit. Daher zeigt die Bruchfläche ausschließlich ein Interlayer-Versagen zwischen zwei Schichten. Die Darstellung der Übersicht eröffnet einen Einblick in den prozessbedingten Porenvolumengehalt innerhalb der Grenzschichtverbindung. Zusätzlich ist eine Vorzugsrichtung der Fehlstellen in Hauptfertigungsrichtung zu erkennen. In Relation zur orthogonalen Belastungsrichtung ergeben sich daraus tendenziell Kerbformen mit großen Formfaktoren und großen Spannungsüberhöhungen (Abschnitt 2.2.2). Die Detailansicht veranschaulicht nochmals die spröden matrixdominierten Bruchmerkmale ebenso wie die lokalen Unterschiede der Grenzschichtanbindung. Weiterhin sind wenige freiliegende Verstärkungsfasern vergleichbar mit der schichtdominierten AM-Y Proben erkennbar. Diese haben fertigungsbedingt eine orthogonale Ausrichtung zum Versuchsaufbau und dementsprechend nur einen geringen verstärkenden Einfluss auf die mechanischen Eigenschaften der AM-Z Probe. Das grenzschichtdominierte Schädigungs- und Versagensverhalten wird demnach von dem kohäsiven Matrixbruch bestimmt. Das anisotrope Verformungs- und Schädigungsverhalten mit signifikanter Abhängigkeit der Bauraumorientierung ist aus der Literatur bekannt [150]. Die Probenvariationen mit übereinstimmender Hauptfertigungs- und Belastungsrichtung profitieren von den ausgerichteten Fasern [168]. Wie die Bruchanalyse aufgezeigt hat, können die hohen fertigungsbedingten Scherraten innerhalb der Extrusionsdüse, zu einer Vorzugsrichtung der Verstärkungsfasern führen [143]. Die AM-X Proben besitzen daher eine Vorzugsrichtung der CF in Kraftrichtung der Zugversuche, die AM-Y Proben orthogonal dazu beide Probenvariationen sind schichtdominiert. Wie auch die CF werden die Polymerketten durch die hohen Scherraten innerhalb der Extrusionsdüse ausgerichtet [92]. Bei den AM-X Proben wirken beide Ausrichtungen in Kraftrichtung positiv auf Steifigkeit und Festigkeit. Materialspezifisch wird dadurch die Faserverstärkung mit dem zusätzlichen Schädigungsmechanismus Faserbruch besser ausgenutzt. Daraus entwickelten sich Auslegungsrichtlinien, die die Bauraumorientierung mit der entsprechenden Faserausrichtung und Belastungsrichtung synchronisieren [169]. Die orthogonale Ausrichtung der CF und Polymerketten von AM-Y (schichtdominiert) und AM-Z (grenzschichtdominiert) Proben weisen eine deutliche Reduktion der Leistungsfähigkeit auf. Trotz orthogonaler Vorzugsrichtung zeigen die AM-Y Proben aufgrund der schichtdominierten Bauraumorientierung ein deutlich duktiles Verformungsverhalten innerhalb der Schicht im Vergleich zu den AM-Z Proben. Dabei steht die Grenzschichtverbindung der Extrusionsstränge innerhalb der Schichten (Interbead) im Vordergrund, die tendenziell stärker ausgeprägt sind als die Grenzschichtverbindungen zwischen den Schichten (Interlayer) [170,171]. Wie in Abschnitt 2.4.2 beschrieben, wirkt sich die äußere Kontur der zu generierenden Querschnittsfläche (Rand/Perimeter) positiv auf die mechanische Leistungsfähigkeit der AM-Y Proben aus. Im Gegensatz dazu belegen die grenzschichtdominierten AM-Z Proben eine prozessinduzierte Werkstoffversprödung ohne signifikante plastische Verformung [170].

Die Ergebnisse der AM-Testreihe zeigen eine anisotrope Charakteristik für die mechanischen Eigenschaften sowie das Schädigungs- und Verformungsverhalten. Die prozessbedingte Abhängigkeit von Steifigkeit, Festigkeit und Bruchdehnung ist in der Literatur beschrieben [172]. Die Bruchanalyse der AM-Testserie ergab ebenfalls die prozessspezifische Unterscheidung zwischen den schicht- und grenzschichtdominierten Belastungsrichtungen. Die schichtdominierten Proben weisen verbesserte mechanische Eigenschaften auf im Vergleich zu den grenzschichtdominierten Proben [173]. Dabei spielt wiederum die Ausrichtung der

Polymerketten und Verstärkungsfasern eine entscheidende Rolle [174]. Die materialspezifischen Schädigungsmechanismen belegen, dass die AM-X Proben die Polymerketten- und Faserausrichtung gut ausnutzen. Die orthogonale Ausrichtung von AM-Y und AM-Z Proben sind matrixdominiert ohne signifikante Ausnutzung der Faserverstärkung.

Des Weiteren verdeutlichen die Ergebnisse aus Abbildung 5.4 eine reduzierte Steifigkeit und Festigkeit des sortenreinen AM-Werkstoffs ggü. der Referenz. Der Grund dafür sind prozessinduzierte Effekte, wie die Ausrichtung der Polymerketten und Kohlenstofffasern oder der Oberflächen- und Poreneffekt. Die geringere Leistungsfähigkeit wurde schon mit verschiedenen Prüfaufbauten und unterschiedlichen Werkstoffen nachgewiesen [175-177]. Diese lässt sich u. a. mit der volumenbasierten Qualitätsbeurteilung aus Abschnitt 5.1.1 erklären. Der prozessinduzierte integrale Porenvolumengehalt ist vergleichbar und wirkt sowohl als Reduzierung der effektiven Probenquerschnittsfläche als auch als Spannungskonzentration und potenzieller Versagensursprung. Die schichtdominierten Proben haben eine feinporige Verteilung mit Vorzugsrichtung in die Hauptfertigungsrichtung. Zusätzlich konnte erstmals durch die Kombination aus oberflächen- und volumenbasierter Qualitätsbeurteilung in der Grenzschicht ein akkumuliertes Porenvolumen nachgewiesen werden. Dadurch zeigt sich, dass die effektive Querschnittsfläche bei diesen Proben stärker reduziert wird im Vergleich zu den Probenvariationen mit homogener Porenverteilung (AM-X, AM-Y). Wie in Abschnitt 2.2 erläutert, kann die relative Orientierung der Fehlstellen zu einem unterschiedlichen Verhalten führen. Die orthogonale Belastung führt tendenziell zu Kerbformen mit signifikant höheren Spannungsspitzen. Die mechanische Anisotropie korreliert daher mit dem lokalen Porenvolumen und der relativen Porenorientierung. Eine Prüfsystematik, die die Charakterisierung der prozessinduzierten Defekte fokussiert, muss daher sowohl die oberflächen- als auch die volumenbasierte Qualitätsbeurteilung aufnehmen.

Der Unterschied zwischen den Fertigungstechnologien hinsichtlich Verarbeitungsdruck ist, wie in den Abschnitten 2.3 und 3 beschrieben, signifikant. Ein zusätzlicher Aspekt, der nur durch eine qualitative Beurteilung bewertet werden kann, ist die Faser/Matrix-Anhaftung, die bei den spritzgegossenen Referenzproben tendenziell stärker ausgeprägt ist. Des Weiteren gibt es erhöhte oberflächenbasierte Qualitätskennwerte, die sich negativ auf die Leistungsfähigkeit der AM-Testserie auswirken. Durch die Berücksichtigung der oberflächenbasierten Qualitätskennwerte bei der Querschnittsbestimmung konnten für extrusionsbasierte AM-Werkstoffe erstmals oberflächenkompensierte Werkstoffkennwerte generiert werden. Dieser Ansatz berücksichtigt die Unterschiede in der

Querschnittsberechnung durch das prozessinduzierte Oberflächenprofil, die unterschiedlichen Ausprägungen von Spannungskonzentrationen an der Oberfläche werden hingegen nicht berücksichtigt.

Die Versuchsdurchführung auf Basis der ISO 527 wurde für das Fertigungsverfahren Spritzguss ausgelegt. Dementsprechend wurden in dieser Testserie die prozessbedingten Eigenheiten der AM nur teilweise berücksichtigt. Die Prüfung der schichtdominierten Varianten mit ausgeprägter plastischer Verformung konnten mit dem vorhandenen Versuchsaufbau gut charakterisiert werden. Die Traversengeschwindigkeit mit 50 mm·min^{-1} wurde zur Vergleichbarkeit und Darstellung des großen Bruchdehnungsbereichs innerhalb der Testserie ausgewählt. Diese zeigt sich bei den grenzschichtdominierten AM-Z Proben durch eine prozessinduzierte Werkstoffversprödung mit Versagen im elastischen Bereich als unvorteilhaft. Zur weiteren Charakterisierung der AM-Z Proben wird daher die Versuchsdurchführung auf das prozessinduzierte Verformungs- und Schädigungsverhalten der Grenzschicht adaptiert. Zusätzlich wird die Probengeometrie angepasst, um durch einen vergrößerten Probenquerschnitt fertigungsbedingten und prüftechnischen Herausforderungen entgegenzuwirken.

5.1.3 Ermüdungsverhalten im LCF- und HCF-Bereich

Die Versuche unter zyklischer Belastung zur Charakterisierung des Ermüdungsverhaltens in Abhängigkeit der Bauraumorientierung wurden mit einem Spannungsverhältnis von R = 0,1 im Zugschwellbereich durchgeführt. Bei der vergleichenden Untersuchung mit spritzgegossenen Referenzproben wird die gleiche Probengeometrie nach ISO 527 wie im vorherigen Kapitel verwendet. Abbildung 5.8 zeigt einen Einstufenversuch unter konstanter Zugschwellbelastung bei einer Oberspannung von 28 MPa. Weiterhin wird die Werkstoffreaktion in Form des dynamischen E-Moduls E_{dyn}, der Temperaturänderung ΔT und der optischen maximalen Totaldehnung $\varepsilon_{max,t}$ in Abhängigkeit der Lastspielzahl N dargestellt. Bei den Ermüdungsversuchen mit einer Prüffrequenz von 5 Hz ist eine maximale Temperaturerhöhung der Probenoberfläche, um weniger als 4 K zu sehen. Bis zum Versagen nimmt die Totaldehnung zu, bei gleichzeitiger Reduzierung des dynamischen E-Moduls.

Die Ergebnisse der Schwingfestigkeitsversuche im LCF-/HCF-Bereich sind in Abbildung 5.9 zusammengefasst. Die quantitative Beschreibung des Ermüdungsverhaltens nach Basquin (Tabelle 5.3) ist auf Basis der vorhanden Datenpunkte in Form einer Potenzfunktion beschrieben. Die Datenpunkte stellen Einzelversuche und die Basis für die Ableitung allgemeiner Tendenzen dar. Die kombinierte

Darstellung zeigt das extrapolierte Ermüdungsverhalten bis zum Schnittpunkt der horizontalen Zugfestigkeit und ermöglicht einen Vergleich des Verformungsverhaltens bei niedrigen Dehnraten und des Ermüdungsverhaltens. Wie auch bei dem Verformungsverhalten bei niedrigen Dehnraten, weisen die Ermüdungseigenschaften innerhalb der Testserie die gleiche Tendenz der Leistungsfähigkeit auf.

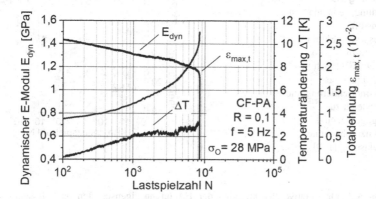

Abbildung 5.8 Verlauf des dynamischen E-Moduls, der Temperaturänderung und der optischen maximalen Totaldehnung im Einstufenversuch von kohlenstoff-kurzfaserverstärktem Polyamid mit übereinstimmender Hauptfertigungs- und Kraftrichtung (AM-X Probe) [160][4]

Die spritzgegossenen Referenzproben erreichen höhere Bruchlastspielzahlen als die AM-Proben. Der Versuch der spritzgegossenen Referenzprobe bei der Oberspannung 31 MPa führt zu einem Durchläufer für die Grenzlastspielzahl 10^6. In der Bewertung der Testserie wird dieser Belastungspunkt dennoch berücksichtigt, da ansonsten nur zwei Datenpunkte für die quantitative Beschreibung der Ermüdungseigenschaften zur Verfügung stehen. Dadurch ist die Abschätzung des Ermüdungsverhaltens der Spritzguss-Referenz als konservativ zu betrachten, da ein Versagen bei der Oberspannung 31 MPa erst oberhalb von 10^6 Lastwechseln eintritt. Dementsprechend führt dies zu einer geringeren Neigung der Wöhler-Kurve. Innerhalb der AM-Testserie haben die schichtdominierten AM-X Proben mit übereinstimmender Hauptfertigungs- und Belastungsrichtung die besten

---

[4] Reprinted/adapted from Materials Testing, Vol. 62, Striemann, P.; Hülsbusch, D.; Mrzljak, S.; Niedermeier, M.; Walther, F., Systematic approach for the characterization of additive manufactured and injection molded short carbon fiber-reinforced polymers under tensile loading; Page 564, De Gruyter (2020), with permission from De Gruyter.

Ermüdungseigenschaften. Eine Änderung der Hauptfertigungsrichtung resultiert in einer weiteren Reduzierung der Eigenschaften. Die AM-Y Proben profitieren von dem schichtdominierten Werkstoffverhalten, die grenzschichtdominierten AM-Z Proben weisen hingegen signifikant geringere Ermüdungseigenschaften auf.

Abbildung 5.9
Ermüdungsverhalten von kohlenstoff-kurzfaserverstärktem Polyamid im LCF-/HCF-Bereich in Abhängigkeit der Bauraumorientierung und im Vergleich zu spritzgegossenen Referenzproben unter Zugbelastung [160][5]

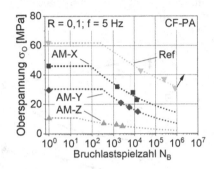

Tabelle 5.3 Quantitative Beschreibung der Ermüdungseigenschaften nach Basquin von kohlenstoff-kurzfaserverstärktem Polyamid im LCF-/HCF-Bereich in Abhängigkeit der Bauraumorientierung und im Vergleich zu spritzgegossenen Referenzproben unter Zugbelastung

	Spritzguss-Referenz	AM-X	AM-Y	AM-Z
$f(N_B)$	$\sigma_O = 95{,}9 \cdot N_B^{-0{,}080}$	$\sigma_O = 81{,}2 \cdot N_B^{-0{,}126}$	$\sigma_O = 85{,}5 \cdot N_B^{-0{,}181}$	$\sigma_O = 17{,}0 \cdot N_B^{-0{,}150}$

Zur besseren Vergleichbarkeit wurden die Belastungsniveaus für die Schwingfestigkeitsversuche in Relation zur Zugfestigkeit ausgewählt. Durch die normierte Darstellung der Oberspannung wird eine Vergleichbarkeit trotz signifikanter Unterschiede innerhalb der Testserie in einer dimensionslosen Wöhler-Kurve ermöglicht.

---

[5] Reprinted/adapted from Materials Testing, Vol. 62, Striemann, P.; Hülsbusch, D.; Mrzljak, S.; Niedermeier, M.; Walther, F., Systematic approach for the characterization of additive manufactured and injection molded short carbon fiber-reinforced polymers under tensile loading; Page 565, De Gruyter (2020), with permission from De Gruyter.

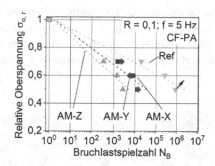

Abbildung 5.10 Relative Oberspannung (Oberspannung/Zugfestigkeit) über Bruchlastspielzahl von kohlenstoff-kurzfaserverstärktem Polyamid im LCF-/HCF-Bereich in Abhängigkeit der Bauraumorientierung und im Vergleich zu spritzgegossenen Referenzproben unter Zugbelastung [160][6]

In Abbildung 5.10 sind die normierten Ergebnisse der Schwingfestigkeitsversuche in einer halb-logarithmischen Darstellung zusammengefasst. Die schichtdominierten Proben AM-X und AM-Y haben trotz unterschiedlicher prozess- und materialspezifischer Schädigungsmechanismen (intra-/ interbead) vergleichbare normierte Ermüdungseigenschaften. Die reduzierte Leistungsfähigkeit ggü. dem Referenzprozess bleibt jedoch bestehen, ebenso wie die Tendenz zu den grenzschichtdominierten AM-Z Proben.

Die Bruchflächen der Testserie haben starke Strukturierungen und können keine Auskunft über Rissinitiierung und Rissfortschritt liefern. Für kurzfaserverstärkte Polymere unter zyklischer Belastung ist dies eine bekannte Charakteristik, da ein Riss mehrfach von den einzelnen Kurzfasern umgeleitet werden kann. So gibt es auf der Bruchfläche der spritzgegossenen Referenz in Abbildung 5.11a Bereiche mit lokal großen plastischen Verformungen. Weiterhin ist eine klare Restbruchfläche zu erkennen, die sich durch ein schlagartiges Versagen typischerweise mit spröden Rampen ausbildet. Abbildung 5.11b zeigt vergrößert den Anteil des Schwingbruchs mit Schwammstrukturen und Zipfelbildung. Die Orientierung der Pull-Outs verdeutlichen nochmals die Hauptorientierung der Verstärkungsfasern in Belastungsrichtung des Versuchs. Das materialspezifische

---

[6] Reprinted/adapted from Materials Testing, Vol. 62, Striemann, P.; Hülsbusch, D.; Mrzljak, S.; Niedermeier, M.; Walther, F., Systematic approach for the characterization of additive manufactured and injection molded short carbon fiber-reinforced polymers under tensile loading; Page 565, De Gruyter (2020), with permission from De Gruyter.

Werkstoffverhalten der spritzgegossenen Referenzproben unter Ermüdungsbelastung wird durch eine Kombination aus kohäsivem Matrix-, Faser- und adhäsivem Faser/Matrix-Grenzschichtversagen dominiert. Die Ausnutzung der Kurzfaserverstärkung kann in dem Werkstoff als gut charakterisiert werden.

a)   b)

Abbildung 5.11 Bruchfläche der spritzgegossenen Referenz von kohlenstoffkurzfaserverstärktem Polyamid unter zyklischer Zugbelastung. a) Übersichtsaufnahme; b) Detailansicht mit Schwammstrukturen und Zipfelbildung

Die Bruchfläche der schichtdominierten AM-X Probe in Abbildung 5.12 stellen typisch für diese Bauraumorientierung ein prozessspezifisches Intrabead-Versagen innerhalb der Extrusionsstränge dar. Die starke Strukturierung sowie die lokal hohen plastischen Verformungsanteile sind auch auf diesen Bruchflächen vorhanden. In Abbildung 5.12b zeigen sich innerhalb der Vergrößerung die unterschiedlichen prozessspezifischen Schädigungsmechanismen. Der schichtbasierte Aufbau ist durch die lamellenartige Struktur erkennbar. Das Interlayer-Versagen in orthogonaler Belastungsrichtung weist auf klassische spröde Merkmale hin, das Intrabead-Versagen in Belastungsrichtung hingegen ist deutlich duktiler. Des Weiteren sind Pull-Outs der Kurzfaserverstärkung auf den Bruchflächen erkennbar mit übereinstimmender Orientierung der Belastung. Die Kurzfaserverstärkung wird daher auch in dieser prozessspezifischen Bauraumausrichtung durch eine Kombination aus kohäsivem Matrix-, Faser- und adhäsivem Faser/Matrix-Grenzschichtversagen gut ausgenutzt.

a) b)

Abbildung 5.12 Schichtdominierte Bruchfläche bei übereinstimmender Hauptfertigungs- und Kraftrichtung (AM-X Probe) von kohlenstoff-kurzfaserverstärktem Polyamid unter zyklischer Zugbelastung. a) Übersichtsaufnahme; b) Detailansicht mit Schichtaufbau und duktilem Intrabead-Versagen und sprödem Interlayer-Versagen

Die ebenfalls schichtdominierten AM-Y Proben zeigen ein prozessspezifisches Interbead-Versagen zwischen zwei Extrusionssträngen, das durch die Kombination aus Bauraumorientierung und Versuchsaufbau vorgegeben wird. Zusätzlich wird auf der rechten Seite von Abbildung 5.13a ein Intralayer-Versagen, das von den AM-X Proben bekannt ist, offengelegt. Wie in Abschnitt 2.4.2 beschrieben, ist der Grund hierfür die äußere Kontur der zu generierenden Querschnittsfläche (Rand/Perimeter), der unabhängig von der Orientierung der Füllstruktur (α_F) gefertigt wird. Die Hauptfertigungsrichtung des äußeren Randes liegt bei der AM-Y Probe in Richtung des Kraftflusses und repräsentiert daher den gleichen Schädigungsmechanismus wie die AM-X Proben (intrabead). Der fertigungsbedingte Einfluss des Rands resultiert demnach in überschätzten mechanischen Kennwerten der AM-Y Probe mit orthogonaler Füllstruktur. Die Ausrichtung von Rand und Füllstruktur sind innerhalb der AM-X Probe identisch, die AM-Z Proben werden unabhängig ob Rand oder Füllstruktur orthogonal zur Hauptfertigungsrichtung z geprüft. Daher ist der Einfluss des Rands bei den AM-X und AM-Z Proben vernachlässigbar. In der Vergrößerung in Abbildung 5.13b ist das prozessspezifische Interbead-Versagen dargestellt, das deutliche lokale plastische Verformungen durch die Zipfelbildung aufweist. Der Profilwinkel ($\alpha_F = 90°$) resultiert in einer orthogonalen Orientierungsrichtung der Kurzfaserverstärkung, daher haben die Bruchflächen selten freiliegende Kurzfasern. Die AM-Y Proben sind im Verformungs- und Schädigungsverhalten matrixdominiert.

Abbildung 5.13 Schichtdominierte Bruchfläche bei orthogonaler Hauptfertigungs- und Kraftrichtung (AM-Y Probe) von kohlenstoff-kurzfaserverstärktem Polyamid unter zyklischer Zugbelastung. a) Übersichtsaufnahme, links: Interbead-Versagen, rechts: Intralayer-Versagen; b) Detailansicht mit duktilem Interbead-Versagen

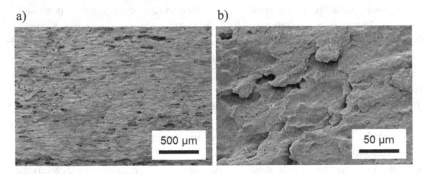

Abbildung 5.14 Grenzschichtdominierte Bruchfläche bei orthogonaler Hauptfertigungs- und Kraftrichtung (AM-Z Probe) von kohlenstoff-kurzfaserverstärktem Polyamid unter zyklischer Zugbelastung. a) Übersichtsaufnahme; b) Detailansicht mit sprödem Interlayer-Versagen

Die grenzschichtdominierte AM-Z Probe zeigte bei niedrigen Dehnraten eine prozessinduzierte Werkstoffversprödung. Die Bruchfläche aus Abbildung 5.14 die unter hoher zyklischer Belastung ($\sigma_O = 0{,}7{\cdot}\sigma_m$) entstanden ist, deuten eine ähnliche Bruchcharakteristik an. Wiederum ist in der Übersicht ein erheblicher Anteil von Porenvolumen in der Grenzschichtverbindung zu erkennen. An dieser Stelle wird nochmals auf die Fehlstellenorientierung und den schon bekannten Auswirkungen der Kerbform aus Abschnitt 2.2.2 verwiesen. Weiterhin sind auf der Bruchfläche keine Verstärkungsfasern durch freiliegende Faserenden oder Pull-Outs in Belastungsrichtung erkennbar. Die Detailaufnahme zeigt mit den scharfkantigen Rampen ein sprödes Bruchverhalten, auch hier sind keine Fasern direkt in der Grenzschicht zu erkennen. Die materialspezifische Charakteristik der AM-Z Probe kann als matrixdominiert beschrieben werden.

Auf Basis der Bruchanalyse können erstmals dominante prozess- und material-spezifische Schädigungsmechanismen in Abhängigkeit der Bauraumorientierung klassifiziert werden. Dadurch ist sowohl unter quasistatischer als auch unter zyklischer Last eine mechanismenbasierte Einteilung der Schädigung in Abhängigkeit der prozessinduzierten Anisotropie möglich. Eine Zusammenfassung ist in Tabelle 5.4 abgebildet.

Tabelle 5.4 Zusammenfassung der prozess- und materialspezifischen Schädigungsmechanismen von kohlenstoff-kurzfaserverstärktem Polyamid in Abhängigkeit der Bauraumorientierung

	Prozessspezifisch	Materialspezifisch
Referenz	–	Matrix-, Faserbruch und Faser/Matrix-Grenzschicht
AM-X	Intrabead	Matrix-, Faserbruch und Faser/Matrix-Grenzschicht
AM-Y	Interbead	Matrixbruch
AM-Z	Interlayer	Matrixbruch

Padzi et al. [125] untersuchten die prozessinduzierten Defekte von AM, nutzten hingegen als Referenzproben subtraktiv gefertigte Proben aus Plattenmaterial. So konnte im Vergleich zu den Referenzproben eine reduzierte Leistungsfähigkeit sowohl bei niedrigen Dehnraten als auch unter zyklischer Belastung durch prozessinduzierte Defekte festgestellt werden. Die Ergebnisse aus Abbildung 5.9 zeigen ebenfalls eine deutliche Reduzierung der Bruchlastspielzahlen von der AM-Testserie im Vergleich zu der spritzgegossenen Referenz. Dieses Werkstoffverhalten konnte bei niedrigen Dehnraten u. a. auf den Oberflächen- und Poreneffekt zurückgeführt werden. So korrelieren unter Ermüdungsbelastung die oberflächen- und volumenbasierten Qualitätskennwerte ebenfalls mit den reduzierten Bruchlastspielzahlen. Die Ergebnisse der oberflächenbasierten Qualitätsbeurteilung konnten erstmals in oberflächenkompensierte Ermüdungskennwerte integriert werden. Dadurch wird eine präzisere Charakterisierung des Ermüdungsverhaltens ermöglicht, da die Ausprägung der prozessinduzierten Oberflächencharakteristik berücksichtigt wird. Wie sich steigende Oberflächenkennwerte und ein erhöhter integraler Porenvolumengehalt auf die mechanischen Werkstoffkennwerte auswirkt, wurde im vorherigen Kapitel detailliert erläutert.

Das ausgeprägte anisotrope Werkstoffverhalten unter zyklischer Belastung ist in Abbildung 5.9 und Abbildung 5.10 zu sehen. Die fertigungsorientierte Ausrichtung der CF und Polymerketten verbessert das Ermüdungsverhalten innerhalb der AM-Testserie [128,178]. Ezeh und Susmel [179] beschreiben in ihrer Studie keinen signifikanten Einfluss der Bauraumorientierung auf die Ermüdungseigenschaften. Die Studie beschränkte sich jedoch auf die schichtdominierten Varianten und wurde mit unverstärkten AM-Werkstoffen durchgeführt. Ein Erklärungsansatz für die nicht vorhandene Richtungsabhängigkeit innerhalb der Testserie ist die fehlende Faserverstärkung. So wurde schon in Abschnitt 2.2 beschrieben, dass der Einsatz einer Faserverstärkung mit ausgeprägter Vorzugsrichtung die anisotrope Werkstoffcharakteristik maßgeblich beeinflussen kann. Weitere Untersuchungen deuten hingegen auch bei den schichtdominierten Varianten auf eine deutlich ausgeprägte Anisotropie hin. Ziemian et al. [180] und Letcher at al. [129] beschreiben jeweils eine erhöhte Leistungsfähigkeit unter quasistatischer und zyklischer Belastung für übereinstimmende Hauptfertigungs- und Belastungsrichtung (AM-X, $\alpha_F = 0°$) im Vergleich zu den orthogonal ausgerichteten Proben (AM-Y, $\alpha_F = 90°$). Da sich das prozessspezifische Verformungs- und Schädigungsverhalten der AM-Testserie durch die Art der Belastung nicht ändert, bleibt auch das materialspezifische Verhalten gleich. So zeigt sich in absoluten Werten ein Gradient zwischen dem schichtdominierten Intra- und Interbead-Versagen, der sich durch die unterschiedlichen materialspezifischen Verformungen ergibt. Die normierte Darstellung in Abbildung 5.10 legt hingegen ein vergleichbares Werkstoffverhalten trotz unterschiedlicher Bauraumorientierungen offen.

Die Faserorientierung der AM-Z Proben ($\theta_O = 90°$) ist wie bei der AM-Y Probe orthogonal zur Belastungsrichtung jedoch grenzschichtdominiert. Das Verhalten wird von dem Matrixwerkstoff dominiert und die verstärkende Wirkung der Fasern wird auch in dieser Belastungsrichtung nicht optimal ausgenutzt. Die volumenbasierte Qualitätsbeurteilung korreliert mit der anisotropen Leistungsfähigkeit. Die erweiterte Auswertemethodik der µCT-Daten legte erstmals eine Ansammlung von Porenvolumen in der Grenzschichtregion offen, die zu einer lokalen Reduzierung der Querschnittsfläche führt. Zusätzlich wirkt sich die prozessinduzierte Werkstoffversprödung der grenzschichtdominierten AM-Z Proben aus. Da induzierte Spannungsspitzen nicht durch plastische Verformungen abgebaut werden können, sind spröde Werkstoffe besonders empfindlich ggü. Defekten [16].

Das anisotrope Verformungs- und Schädigungsverhalten unter niedrigen Dehnraten war u. a. auf die anisotrope Oberflächencharakteristik zurückzuführen. Da der Versagensursprung unter Ermüdungsbelastung häufig an Oberflächendefekten liegt, ist die Schlussfolgerung ebenfalls zulässig [32,180]. Fischer und Schöppner

[69] untersuchten insbesondere den Einfluss der Oberfläche auf die mechanischen Eigenschaften. Hierzu wurden Proben mittels chemischer Behandlung geglättet und mit „as built" Oberflächen verglichen. Die prozessinduzierte Anisotropie und der Oberflächeneinfluss zeigte sich insbesondere bei den Versuchen unter niedrigen Dehnraten und im LCF-Bereich unter zyklischer Belastung. Bei höheren Lastspielzahlen nähern sich die mechanischen Kennwerte an. Dementsprechend kann die prozessinduzierte Anisotropie in Teilen auf die anisotrope Oberflächencharakteristik zurückgeführt werden. In Bezug auf die reduzierte Leistungsfähigkeit sind weitere Mechanismen im Eingriff, wie beispielsweise der Extrusionsdruck innerhalb der Extrusionsdüse, der für die Ausprägung der grenzschichtdominierten Werkstoffcharakteristik mitverantwortlich ist [46]. Zur Charakterisierung der prozessinduzierten Anisotropie sind die vorgestellten Prüfstrategien geeignet, um das grundlegende Verformungs- und Ermüdungsverhalten zu beschreiben. In Kombination mit der Berücksichtigung der oberflächen- und volumenbasierten Qualitätsbeurteilung lassen sich diese in einer Prüfsystematik zusammenfassen.

Zur weiteren Charakterisierung des Ermüdungsverhaltens der prozessinduzierten Grenzschicht wird die Versuchsdurchführung auf das fertigungsbedingte Verformungs- und Schädigungsverhalten angepasst. Wie in Kapitel 4 beschrieben, wird die Probengeometrie modifiziert, um durch einen vergrößerten Probenquerschnitt fertigungsbedingten und prüftechnischen Herausforderungen entgegenzuwirken.

Zusammenfassende Ergebnisse zum Verformungs- und Ermüdungsverhalten der prozessinduzierten Anisotropie

- Die Ergebnisse der mechanischen Versuche zeigen für die AM-Proben eine geringere Steifigkeit, Festigkeit und niedrigere Bruchlastspielzahlen ggü. der spritzgegossenen Referenz. Dies wird mit einer reduzierten Leistungsfähigkeit beschrieben.
- Die anisotrope Oberflächencharakteristik korreliert mit der reduzierten Leistungsfähigkeit bei niedrigen Dehnraten und unter zyklischer Belastung.
- Das integrale Porenvolumen der AM-Testserie korreliert mit den Steifigkeits- und Festigkeitsverlusten ggü. der spritzgegossenen Referenz.
- Es konnten charakteristische prozess- und materialspezifische Schädigungsmechanismen der AM-Testserie identifiziert werden.
- Das schichtdominierte Ermüdungsverhalten der AM-X und AM-Y Proben zeigt in der normierten Darstellung eine vergleichbare Charakteristik.

- Durch eine prozessinduzierte Werkstoffversprödung der grenzschichtdominierten AM-Z Proben sind diese besonders sensitiv hinsichtlich Volumen- und
  Oberflächendefekten.

5.2   Charakterisierung der prozessinduzierten Grenzschicht[7]

Im nachfolgenden Kapitel wird das Werkstoffverhalten der Grenzschichtverbindung in Fertigungsrichtung z fokussiert. Dabei steht nicht mehr der Profilwinkel
(α_F) im Vordergrund, sondern der Prozessparameter Schichthöhe (kurz: LH, engl.
„Layer Height"). Der Oberflächenwinkel (θ_O) ist bei allen Probenvariationen
konstant bei 90°. Wie in Abschnitt 2.3 beschrieben, wirkt sich die Variation
der Schichthöhe signifikant auf die Prozesseffizienz aus. In diesem Kapitel
wird daher der Einfluss auf die werkstoffmechanischen Eigenschaften durch die
Variation der Schichthöhe charakterisiert. Die Erhöhung der Schichthöhe von
0,2 mm auf 0,4 mm wird hinsichtlich der oberflächen- und volumenbasierten
Qualität untersucht. Zusätzlich wird die Grenzschichtverbindung erstmalig unter
quasistatischer sowie zyklischer Zug- und Schubbelastung beurteilt. Die Charakterisierung der Ermüdungseigenschaften erfolgt im LCF-/HCF-Bereich. Die
Fokussierung auf die Grenzschichtverbindung und die prozessinduzierte Werkstoffversprödung geht einher mit der Adaptierung der Probengeometrie dieser
Testreihe. Zur Vergrößerung des Kraftbereichs wird der Probenquerschnitt erweitert. Zusätzlich wird die Prüfgeschwindigkeit der Testreihe angepasst, um den
geringeren Dehnungsbereich detaillierter zu betrachten.

5.2.1   Qualitätsbeurteilung

Die Qualitätsbeurteilung bei variierender Schichthöhe besteht in diesem Kapitel aus oberflächen- und volumenbasierten Qualitätsmerkmalen. Die 3D-Laser-
Scanning Mikroskopie wird verwendet, um die Änderungen der Oberflächenstruktur zu beschreiben, die internen Defekte werden mittels μCT erfasst. Für
die volumenbasierte Qualitätsbeurteilung wurde ein Quader mit einer Grundfläche von 4 × 4 mm aus dem Prüfbereich getrennt, die Oberflächenanalyse wurde
direkt auf der „as built" Probenoberfläche im Prüfbereich vorgenommen.

---

[7] Inhalte dieses Kapitels basieren in Teilen auf Vorveröffentlichungen [154,181] und
studentischen Arbeiten [182,183].

Oberflächenbasierte Qualitätsbeurteilung

Die Ergebnisse der oberflächenbasierten Qualitätsbeurteilung sind in Tabelle 5.5 zusammengefasst. Jede Auswertung basiert auf einem gemittelten Kurvenprofil aus 100 Profilmessungen. Die Messstelle befindet sich im Prüfbereich und beschreibt die grenzschichtdominierte Oberflächencharakteristik bei konstantem Oberflächenwinkel ($\theta_O = 90°$) und unterschiedlicher Schichthöhe. Wie in Abschnitt 5.1.1 dargestellt, ergibt sich durch die Bauraumorientierung eine anisotrope Oberflächenstruktur entweder schicht- oder grenzschichtdominiert. In diesem Kapitel wird bei gleicher Bauraumorientierung und gleichem Oberflächenwinkel die Variation unterschiedlicher Schichthöhen auf die grenzschichtdominierte Oberflächencharakteristik untersucht. Die Höhenprofile aller Schichthöhen zeigen die typische prozessinduzierte Welligkeit von extrusionsbasierten AM-Verfahren. Mit zunehmender Schichthöhe nehmen die Kennwerte zur Beschreibung der Oberfläche zu.

Tabelle 5.5 Profil- und flächenbasierte Oberflächenkennwerte von kohlenstoffkurzfaserverstärktem Polyamid in Abhängigkeit der Schichthöhe

Kennwert		AM-Z LH 0,2	AM-Z LH 0,25	AM-Z LH 0,3	AM-Z LH 0,35	AM-Z LH 0,4
Profilbasiert in x-Richtung	P_a [μm]	31	36	47	52	51
	P_z [μm]	125	215	246	275	303
Profilbasiert in y-Richtung	P_a [μm]	2	2	3	4	4
	P_z [μm]	12	9	14	20	15
Flächenbasiert	S_a [μm]	34	38	49	56	51
	S_z [μm]	255	309	325	378	355

Die profilbasierte Auswertung in x-Richtung belegt eine deutliche Erhöhung der größten Profilhöhe P_z. Die Kennwerte in y-Richtung zeigen im relativen Verhältnis eine größere Änderung, sind jedoch in absoluten Zahlenwerten als nahezu konstant und vernachlässigbar zu sehen. Bei der prozessinduzierten anisotropen Oberflächencharakteristik handelt es sich um einen systematischen Fehler mit eindeutiger Richtungsabhängigkeit in x-Richtung [73]. Die x-Richtung entspricht in der Versuchsanordnung unter Zugbelastung der Kraftrichtung. Die flächenbasierte Auswertung auf Basis der ISO 25178 betrachtet den gesamten Messbereich. Dementsprechend ist die Richtungsabhängigkeit in dem Kennwert S_z, die maximale Höhe der skalenbegrenzten Oberfläche, schon enthalten. Wie in Abschnitt 4.2 erläutert, haben die makroskopisch gemessenen Probendimensionen in Abhängigkeit der Oberflächenprofile teils erheblichen Einfluss auf die effektive Querschnittsfläche. Bei einer idealisierten gleichen Querschnittsfläche von 20 × 4 mm ergibt sich somit eine Reduktion der effektiven Querschnittsfläche um ≈ 7 % bei der Schichthöhe 0,2 mm und um ≈ 18 % bei der Schichthöhe 0,4 mm. Wie bereits in Abschnitt 5.1 eingeführt, wird für die Kompensation des Oberflächeneffekts ($c_{Oberfläche}$) die effektive Querschnittsfläche verwendet. Für die Zugversuche erfolgt dies nach Gleichung 4.1, die Schubversuche werden nach Gleichung 4.2 berücksichtigt. Dieser neuartige Ansatz verbindet die qualitative Beurteilung des systematischen Fertigungseffekts mit der mechanischen Charakterisierung von AM-Werkstoffen. Somit können die Ergebnisse der qualitativen Beurteilung in den mechanischen Werkstoffkennwerten berücksichtigt werden [28].

Die Ergebnisse zeigen eine deutliche Erhöhung der Oberflächenprofile bei höheren Schichthöhen und stehen im Einklang mit den Ergebnissen von García Plaza et al. [184]. Neben der Bauraumorientierung, welche mit der prozessinduzierten Anisotropie einhergeht, spielt die Schichthöhe eine entscheidende Rolle bei der Oberflächenqualität [29,35]. Für niedrige Schichthöhen ergeben sich somit geringe Oberflächenkennwerte [68]. Wie in Abschnitt 2.3.2 beschrieben, geht dies mit einer signifikanten Erhöhung der Fertigungszeit einher [33,65]. Die gegenseitige Beeinflussung von Oberflächengüte und Fertigungszeit entspricht im Rahmen eines Fertigungsprozesses zwei konträren Zielen. Durch eine eigenschaftsfokussierte Anpassung ergeben sich allerdings auch Möglichkeiten von lokal angepassten Oberflächen und Funktionalitäten [65]. Di Angelo et al. [74] schlussfolgerten aus Untersuchungen zur Gestaltabweichung einen systematischen Fehler mit berechenbarer Form. Die Funktionalität von AM-Werkstoffen kann demnach mit vorhersagbaren Gestaltabweichungen adaptiert oder optimiert werden [29,68].

Die Leistungsfähigkeit wird erheblich durch die Oberflächengüte beeinflusst. Die prozessinduzierte Welligkeit wirkt als Spannungskonzentration an den Oberflächen und hat einen negativen Einfluss auf das Ermüdungsverhalten [32,123]. Da die Ergebnisse zeigen, dass durch die Erhöhung der Schichthöhe die Oberflächenstruktur verändert wird, gibt es überlagerte Effekte durch die Variation der Schichthöhe. Demnach gibt es mindestens den Oberflächen- ($c_{Oberfläche}$) sowie den Prozesseffekt ($c_{Prozess}$) der sich durch die Änderung der Schichthöhe ergibt. Für die Charakterisierung der prozessinduzierten Grenzschicht ist die Beachtung des Oberflächeneffekts zwingend notwendig. Im Rahmen einer Prüfsystematik können durch den neuartigen Ansatz der Querschnittsberechnung die Ergebnisse der qualitativen Beurteilung in den mechanischen Werkstoffkennwerten berücksichtigt werden.

Zusammenfassende Ergebnisse zu der oberflächenbasierten Qualitätsbeurteilung der prozessinduzierten Grenzschicht

• Die Fertigungseffekte der AM resultieren in prozessinduzierten Oberflächendefekten. Bei konstantem Oberflächenwinkel ($\theta_O = 90°$) und steigender Schichthöhe, vergrößern sich die oberflächenbasierten Qualitätsmerkmale.
• Die Änderung der Schichthöhe resultiert in mehreren überlagerten Fertigungseffekten und -defekten, die die mechanischen Werkstoffkennwerte beeinflussen. Hierzu zählen mindestens der Oberflächeneffekt ($c_{Oberfläche}$) und der Prozesseffekt ($c_{Prozess}$).
• Die unterschiedlichen Oberflächenstrukturen können sich aufgrund von oberflächeninduzierten Randeffekte und geometrischen Spannungsspitzen auf die mechanische Leistungsfähigkeit auswirken.
• Eine Kompensation des Oberflächeneffekts ist durch die Berücksichtigung des Oberflächenprofils bei der Querschnittsberechnung möglich.

Volumenbasierte Qualitätsbeurteilung
Die Ergebnisse der volumenbasierten Qualitätsbeurteilung für verschiedene Schichthöhen sind in Tabelle 5.6 dargestellt. Die μCT-Scans der grenzschichtdominierten AM-Z Proben wurden mit einer Voxelgröße von 9 μm durchgeführt und dienen als Basis für die quantitative Porenanalyse. Die prozessinduzierte Veränderung resultiert in einer integralen Erhöhung des Porenvolumens in Abhängigkeit der Schichthöhe.

Tabelle 5.6 Ergebnisse der volumenbasierten Qualitätsbeurteilung von kohlenstoffkurzfaserverstärktem Polyamid in Abhängigkeit der Schichthöhe

	AM-Z LH 0,2	AM-Z LH 0,25	AM-Z LH 0,3	AM-Z LH 0,35	AM-Z LH 0,4
Porenvolumen $\varphi_{P,V}$ [%]	5,6	5,9	7,3	8,3	11,3

Die Datenverarbeitung der integralen Porenanalyse wurde an den AM-Z Proben für alle Schichthöhen durchgeführt. Als Ergebnis zeigt sich in Abbildung 5.15 der gleitende Mittelwert des akkumulierten Porenvolumens in Abhängigkeit der Fertigungsrichtung z. Wie in Anhang A im elektronischen Zusatzmaterial beschrieben, kann die Ansammlung von Porenvolumen in der Grenzschicht durch hardware- und softwareseitige Prozessoptimierungen reduziert werden. Die Versuchsreihe in diesem Kapitel hat eine homogene Verteilung des Porenvolumens in den Grenzschichtverbindungen. Es treten keine signifikanten Ansammlungen von Porenvolumen in Abhängigkeit der Schichthöhe auf. Dementsprechend sind die Ergebnisse der oberflächenbasierten Qualitätsbeurteilung hinsichtlich Porenvolumen und -charakteristik lediglich innerhalb dieser Testserie zu vergleichen.

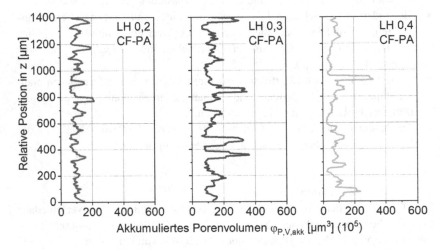

Abbildung 5.15 Lokale Porenverteilung des akkumulierten Porenvolumens von kohlenstoff-kurzfaserverstärktem Polyamid in Abhängigkeit verschiedener Schichthöhen

Mit Hilfe der kombinierten oberflächen- und volumenbasierten Qualitätsbeurteilung konnten Porenansammlungen in der prozessinduzierten Grenzschichtverbindung ausgeschlossen werden. Dadurch ist eine Rückführung auf die Fertigungsbedingungen möglich und eine signifikante Querschnittsreduktion innerhalb der prozessinduzierten Grenzschichtverbindung konnte erstmals ausgeschlossen werden. Mit einer homogenen Porenverteilung in Fertigungsrichtung z ist das integrale Porenvolumen für die volumenbasierte Qualitätsbeurteilung ausreichend. Durch Erhöhung der Schichthöhe steigt auch das integrale Porenvolumen an. Wie im vorherigen Kapitel bestehen die Proben aus Vollmaterial mit einer Fülldichte von 100 %. Die resultierenden Poren sind daher nicht geometriebedingt, sondern fertigungsbedingt auf mikroskopischer materieller Ebene. In der Regel haben die

Poren eine charakteristische Form [91] oder ermöglichen durch Prozessparameter eine Mikro-Orientierung der Fehlstellen [90]. Der steigende Porenvolumengehalt durch höhere Schichthöhen korreliert dabei mit der Reduzierung des Extrusionsdrucks in der Extrusionsdüse (Abbildung 2.6). Daraus erschließt sich ein Erklärungsansatz für die steigenden Porenvolumina, da der erhöhte Druck in der Polymerschmelze zu weniger Lufteinschlüsse führt. Die Poren innerhalb der WE sind laut Frascio et al. [89] unvermeidlich. Die Funktionalität der AM-Werkstoffe wird zwar durch die Poren geschwächt, allerdings lassen sich ebenso lokale Funktionalitäten hinterlegen [59].

Prozessinduzierte Defekte der extrusionsbasierten AM reduzieren die Festigkeit und Steifigkeit im Vergleich zu sortenreinem Grundmaterial. Dies liegt u. a. an den Grenzschichtverbindungen und der Porosität [88] sowie an der reduzierten Querschnittsfläche durch die Poren [92]. Auch Ahmed und Susmel [86] fanden in einer experimentellen Studie eine Korrelation zwischen der Reduktion von Festigkeit und zunehmendem Porenvolumen. Tronvoll et al. [93] lassen der Reduzierung der effektiven Querschnittsfläche sogar den Haupteinfluss für das anisotrope Werkstoffverhalten zukommen im Vergleich zu sekundären Effekten wie der Polymerkettendiffusion. Die Verringerung der mechanischen Werkstoffkennwerte lässt sich z. B. darauf zurückführen, dass die Poren als Ausgangspunkt der Schädigung wirken können [85].

Wie im vorherigen Kapitel zur oberflächenbasierten Qualitätsbeurteilung hergeleitet, resultiert die Änderung der Schichthöhe in mehreren überlagerten Defekten. In diesem Kapitel kommt neben dem Oberflächen- und Prozesseffekt auch der Poreneffekt (c_{Pore}) hinzu. Im Gegensatz zu dem Oberflächeneffekt, der gegebenenfalls durch nachträgliche Aufwendungen reduziert werden kann, wird der Poreneffekt mit den Prozessparametern festgelegt und ist in erster Näherung unveränderbar. Stehen zukünftig auch nachträgliche Konsolidierungsverfahren für komplexe 3D-Volumenbauteile zur Verfügung, kann eine getrennte Betrachtung der Defekte ebenfalls sinnvoll sein. Daher wird in dieser Testreihe der Poreneffekt in die Gesamtheit des Prozesseffektes integriert.

Zusammenfassende Ergebnisse zu der volumenbasierten Qualitätsbeurteilung der prozessinduzierten Grenzschicht

- Die Fertigungseffekte der AM resultieren in prozessinduzierten unvermeidlichen Poren. Durch eine Erhöhung der Schichthöhe zeigt sich eine Vergrößerung des integralen Porenvolumens.
- Das Porenvolumen der Schichthöhe 0,2 mm ist am geringsten, das mit 0,4 mm Schichthöhe am höchsten.

• Die Änderung der Schichthöhe resultiert in mehreren überlagerten Fertigungseffekten und -defekten, welche die mechanischen Werkstoffkennwerte
  beeinflussen. Hierzu zählen mindestens der Oberflächeneffekt ($c_{Oberfläche}$)
  und der Prozesseffekt ($c_{Prozess}$). In dieser Testserie wird der Poreneffekt
  (c_{Pore}) in die Gesamtheit des Prozesseffektes integriert.

• Die unterschiedlichen Porenvolumina wirken sich u. a. wegen der reduzierten
  Querschnittsfläche negativ auf die Leistungsfähigkeit aus. Da das akkumulierte
  Porenvolumen eine homogene Verteilung aufweist, ist für die volumenbasierte
  Qualitätsbeurteilung der integrale Porenvolumengehalt ausreichend.

5.2.2 Verformungsverhalten bei niedrigen Dehnraten

Abbildung 5.16
Verformungsverhalten der
prozessinduzierten
Grenzschicht von
kohlenstoff-
kurzfaserverstärktem
Polyamid bei niedrigen
Dehnraten unter
Zugbelastung.
a) Spannungs-Dehnungs-
Diagramm; b) Vergleich
von Zugfestigkeit und
E-Modul

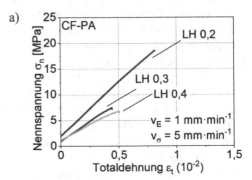

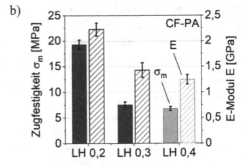

Die Charakterisierung beinhaltet erstmalig Zug- und Schubbelastungen sowohl für die Versuche bei niedrigen Dehnraten als auch für die Ermüdungsversuche im LCF-/HCF-Bereich. Die verwendeten Probengeometrien wurden auf die prozess- und versuchstechnischen Bedingungen adaptiert. Dabei wurden für die Zugversuche (Abbildung 4.5b) basierend auf der DIN 53442 [185] ein vergrößerter Prüfbereich hinzugefügt. Die Geometrie der Schubproben wurde angelehnt an die DIN 65148 [152] entscheidend neu entwickelt (Abbildung 4.6).

Abbildung 5.17
Verformungsverhalten der prozessinduzierten Grenzschicht von kohlenstoff-kurzfaserverstärktem Polyamid bei niedrigen Dehnraten unter Schubbelastung.
a) Spannungs-Verschiebungs-Diagramm;
b) Vergleich von Schubfestigkeit und Steifigkeit. [154][8]

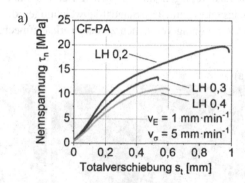

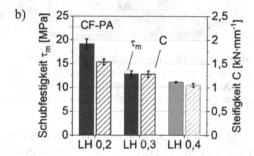

Die Ergebnisse der Zugversuche bei niedrigen Dehnraten sind in Abbildung 5.16 mittels ausgewählter Spannungs-Dehnungs-Verläufe visualisiert und im Balkendiagramm zusammengefasst. Die Schichthöhe mit 0,2 mm weist die

---

[8] Reprinted/adapted from Macromolecular Symposia, Vol. 395, Striemann, P.; Bulach, S.; Hülsbusch, D.; Niedermeier, M.; Walther, F., Shear characterization of additively manufactured short carbon fiber-reinforced polymer; Page 3, Wiley (2021), with permission from Wiley.

höchsten mechanischen Kennwerte für Steifigkeit und Festigkeit auf. Bei größeren Schichthöhen reduzieren sich sowohl die Kennwerte für die Steifigkeit als auch für die Festigkeit. Der Gradient zwischen 0,2 mm und 0,3 mm ist für beide Werkstoffkennwerte größer im Vergleich zu einer weiteren Erhöhung der Schichthöhe. Das Verformungsverhalten der Grenzschicht bleibt unabhängig von der untersuchten Schichthöhe, wie in Abschnitt 5.1.2 beschrieben, spröde mit Bruchdehnungen < 1 %. Wie zuvor bei der prozessinduzierten Anisotropie beschrieben, tritt das Versagen im elastischen Bereich ohne signifikante plastische Verformungsanteile auf. Die Standardabweichungen der Ergebnisse sind in akzeptabler Größenordnung verglichen zu den werkstoffmechanischen Differenzen.

a)   b)

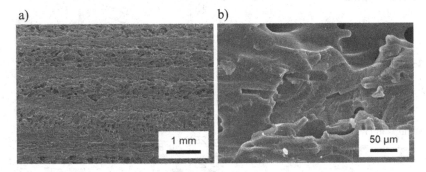

1 mm   50 µm

Abbildung 5.18 Grenzschichtdominierte Bruchfläche bei orthogonaler Hauptfertigungs- und Kraftrichtung (AM-Z Probe) von kohlenstoff-kurzfaserverstärktem Polyamid bei niedrigen Dehnraten unter Zugbelastung mit der Schichthöhe 0,2 (AM-Z LH 0,2). a) Übersichtsaufnahme; b) Detailansicht mit Interlayer-Versagen zwischen zwei Schichten

In Abbildung 5.17 sind die Ergebnisse der Schubversuche bei niedrigen Dehnraten dargestellt. Dabei werden Spannungs-Verschiebungs-Verläufe sowie eine Zusammenfassung der Ergebnisse abgebildet. Aufgrund der individuellen Prüfgeometrie gibt es keine taktile Messung der Probendehnung, daher dient als Basis für die Werkstoffreaktion die Traversenposition. Deshalb findet die Beurteilung der Steifigkeit nach Gleichung 2.9 statt. Wie schon bei dem Verformungsverhalten unter Zugbelastung zu beobachten, zeigt sich auch unter Schubelastung eine erhöhte Leistungsfähigkeit bei geringen Schichthöhen. Wiederum ist seitens der Festigkeitskennwerte ein größerer Gradient zwischen 0,2 mm und 0,3 mm im Vergleich zu noch größeren Schichthöhen erkennbar.

a)   b)

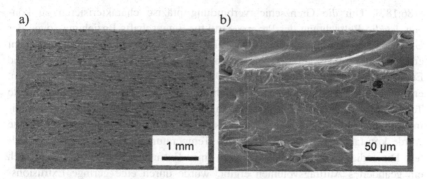

Abbildung 5.19 Grenzschichtdominierte Bruchfläche bei orthogonaler Hauptfertigungs- und Kraftrichtung (AM-Z Probe) von kohlenstoff-kurzfaserverstärktem Polyamid bei niedrigen Dehnraten unter Schubbelastung mit der Schichthöhe 0,2 (AM-Z LH 0,2). a) Übersichtsaufnahme; b) Detailansicht mit Interlayer-Versagen zwischen zwei Schichten

In Abbildung 5.18 und Abbildung 5.19 sind Bruchflächen der prozessinduzierten Grenzschicht dargestellt. Beide Bruchflächen deuten auf ein prozessspezifisches Interlayer-Versagen in einer Grenzschicht ohne zusätzliche Intralayer-, Intrabead- oder Interbead-Anteile hin. Die Bruchflächen, die unter Zugbelastung entstanden sind, belegen ein typisches Versagen in der Grenzschichtverbindung. Die Detailaufnahme besitzt die charakteristischen Merkmale einer Sprödbruchfläche mit der Ausbildung von scharfkantigen Rampen. Des Weiteren sind auf der Bruchfläche Faserausbrüche in der Matrix vorhanden, welche die orthogonale Ausrichtung der Verstärkungsfaser verdeutlichen. Die charakteristische Bruchfläche der Grenzschichtverbindung, die durch die Schubversuche bei niedrigen Dehnraten entstanden sind, zeigt ebenfalls ein sprödes Versagensverhalten. Die Übersicht verdeutlicht, dass das Schubversagen innerhalb einer Schicht aufgetreten ist ohne zusätzliche prozessspezifische Schädigungsmechanismen und die fertigungsinduzierte Fehlstellenorientierung. Die Detailaufnahme verdeutlicht nochmals die Merkmale spröder Bruchflächen sowie die geringe Anzahl an Verstärkungsfasern innerhalb der Grenzschichtverbindung. Das materialspezifische Schädigungsverhalten wird demnach sowohl für Zug- als auch Schubbelastung von der Matrix und der Faser/Matrix-Grenzschicht geprägt. Die Wirkung der Faserverstärkung tritt somit in den Hintergrund.

Die Vergrößerung der Schichthöhe zeigt eine Reduzierung der Steifigkeit und Festigkeit bei niedrigen Dehnraten. Diese Tendenz wird durch aktuelle Studien bestätigt, die bei kleinen Schichthöhen hohe Werkstoffkennwerte belegen

[186,187]. Um die Grenzschichtverbindung präzise charakterisieren zu können, ist die Betrachtung der Prozess-Struktur-Eigenschafts-Beziehung sowie der Umgebungsbedingungen notwendig [40,188]. Die Temperaturverteilung hat einen erheblichen Einfluss auf die Ausprägung der Grenzschichtverbindung und die Endfestigkeit des AM-Werkstoffs [189]. Wie in Abschnitt 2.3 beschrieben, erfolgt durch die Änderung der Schichthöhe entweder eine radial veränderte Temperaturverteilung im Extrusionsstrang oder eine axiale Änderung im zweidimensionalen Querschnitt. Die Extrusionsgeschwindigkeit in dieser Versuchsreihe wurde konstant gehalten, um die axiale Temperaturverteilung identisch zu halten. Die radiale Veränderung innerhalb eines Extrusionsstrangs, die sich durch ein geändertes Auftragsvolumen ergibt, wurde durch eine geringe Extrusionsgeschwindigkeit reduziert. Dadurch wird unabhängig von der Schichthöhe eine homogene Temperaturverteilung gewährleistet.

Die grenzschichtdominierten Proben dieser Testserie haben hinsichtlich der material- und prozessspezifischen Charakteristik die gleichen Eigenschaften, somit ist die Orientierung der Faserverstärkung und der Polymerketten identisch. Durch die Parameterstudie mit variierender Schichthöhe war es möglich, die Einflüsse der Schichthöhe auf die mechanischen Eigenschaften der prozessinduzierten Grenzschicht zu untersuchen. Zusätzlich zu den Zugbelastungen konnte durch eine adaptierte Prüfgeometrie ebenfalls die Schubbelastung charakterisiert werden. Dadurch war erstmalig eine detaillierte Charakterisierung der prozessinduzierten Grenzschicht unter Zug- und Schubbelastung möglich. Hinsichtlich einer ganzheitlichen und anwendungsorientierten Auslegung generieren diese Zusatzinformationen entscheidenden Mehrwert. Wie auch im vorherigen Kapitel wurde die oberflächenbasierten Qualitätskennwerte in die mechanische Charakterisierung integriert. Trotz oberflächenkompensierter Werkstoffkennwerte korreliert das primäre Oberflächenprofil mit der Reduktion der Leistungsfähigkeit durch die Erhöhung der Schichthöhe. Durgun et al. [165] dokumentierten ebenfalls einen Zusammenhang zwischen den mechanischen Werkstoffkennwerten und den Oberflächenstrukturen.

Das integrale Porenvolumen nimmt mit höheren Schichthöhen zu. Durch die gekoppelte oberflächen- und volumenbasierte Qualitätsbeurteilung kann erstmals ein akkumuliertes Porenvolumen und eine signifikante Querschnittsreduktion in der prozessinduzierten Grenzschicht ausgeschlossen werden. Daher ist das integrale Porenvolumen mit einer homogenen Porenverteilung in Fertigungsrichtung z für die volumenbasierte Qualitätsbeurteilung ausreichend. Die lokale Porenverteilung bleibt zwar vergleichbar, dennoch korreliert die Zunahme der volumenbasierten Qualitätsbeurteilung mit der Reduktion von Steifigkeit und Festigkeit.

Die prozessbedingte Änderung der Leistungsfähigkeit beruht dementsprechend auf mehreren Effekten. Da der überlagerte Oberflächeneffekt ($c_{Oberfläche}$) durch nachträgliche Prozessschritte zumindest teilweise reduziert werden kann, wird dieser nachfolgend separat betrachtet. Die fertigungsinduzierten Poren sind näherungsweise für diese Testserie als unveränderlich zu betrachten, daher wird der Einfluss der Fehlstellen einem übergeordneten Prozesseffekt ($c_{Prozess}$) zugeordnet. Dieser Prozesseffekt beinhaltet weitere prozessinduzierte Effekte wie z. B. die Polymerkettendiffusionsvorgänge oder den Extrusionsdruck.

Einfluss der prozessinduzierten Oberfläche
Zur Separierung des prozessinduzierten Oberflächendefekts wurde an den AM-Z Proben mit verschiedenen Schichthöhen die Oberflächenstruktur minimiert. Hierzu wurde die prozessinduzierte Welligkeit mittels subtraktiver Schleifprozesse (P 180 – P 320 – P 600 – P 1.000) entfernt. Da die verschiedenen Schichthöhen mit der identischen Prozedur behandelt wurden, ist die resultierenden Oberflächengüte vergleichbar. In Abbildung 5.20 ist eine charakteristische Visualisierung der polierten Oberfläche am Beispiel einer AM-Z LH 0,2 mm Probe dargestellt. Dabei wird eine Messlänge von 6300 μm in Kombination mit einer farbbasierten Höhen- und laserbasierten Oberflächeninformation abgebildet.

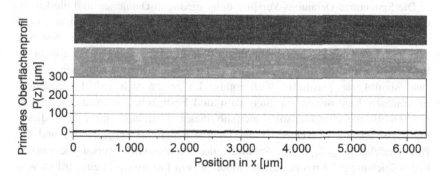

Abbildung 5.20 Visualisierung der oberflächenbasierten Qualitätsbeurteilung von kohlenstoff-kurzfaserverstärktem Polyamid mit der Schichthöhe 0,2 (AM-Z LH 0,2) und polierter Oberflächenstruktur [181][9]

---

[9] Reprinted/adapted from Additive Manufacturing, Vol. 46, Striemann, P.; Hülsbusch, D.; Niedermeier, M.; Walther, F., Application-oriented assessment of the interlayer tensile strength of additively manufactured polymers; Page 4, Elsevier (2021), with permission from Elsevier.

Das Oberflächenprofil stellte eine gemittelte Kurve aus 100 Messstrecken dar. Durch die Schleif- und Polierprozedur ergibt sich eine Minimierung der prozessinduzierten Welligkeit. Die Ergebnisse der Oberflächenkennwerte sind in Tabelle 5.7 zusammengefasst. Im Vergleich zu den „as built" Strukturen aus Abschnitt 5.2.1 zeigen die polierten Proben keine Richtungsabhängigkeit und signifikant geringere Qualitätsmerkmale. Aufgrund der vergleichbaren und geringen Oberflächenkennwerte wird bei den polierten Proben auf eine Querschnittskorrektur nach Gleichung 4.1 verzichtet und die makroskopisch gemessenen Probenabmessungen für die Querschnittsberechnung verwendet.

Tabelle 5.7 Profil- und flächenbasierte Oberflächenkennwerte von kohlenstoffkurzfaserverstärktem Polyamid mit der Schichthöhe 0,2 (AM-Z LH 0,2) und polierter Oberflächenstruktur

Kennwert	Profilbasiert in x-Richtung		Profilbasiert in y-Richtung		Flächenbasiert	
	P_a [μm]	P_z [μm]	P_a [μm]	P_z [μm]	S_a [μm]	S_z [μm]
AM-Z poliert	0,9	6,8	1,0	6,5	2,5	60,2

Die Spannungs-Dehnungs-Verläufe unter niedrigen Dehnraten und die Ergebnisse für Festigkeit und Steifigkeit der polierten AM-Z Proben sind in Abbildung 5.21 zu sehen. Die Ergebnisse sollten im Vergleich zu der Testreihe mit „as built" Oberflächen in Abbildung 5.16 gesehen werden. Das qualitative Verformungs- und Schädigungsverhalten ist vergleichbar im elastischen Bereich ohne signifikante plastische Verformung. Es zeigen sich jedoch Tendenzen zu erhöhten Kennwerten für Steifigkeit und Festigkeit. Durch die vergleichbare Oberflächencharakteristik innerhalb dieser Testreihe, gibt es bei diesen Ergebnissen keine Überlagerung des Oberflächeneffekts ($c_{Oberfläche}$) und des Prozesseffekts ($c_{Prozess}$). Die Änderung der mechanischen Werkstoffkennwerte nach Gleichung 5.1 kann demnach eindeutig dem Prozesseffekt zugeordnet werden. Dieser Prozesseffekt beinhaltet eine Reduzierung der Leistungsfähigkeit z. B. durch ein erhöhtes integrales Porenvolumen, Polymerkettendiffusionsvorgänge oder dem Extrusionsdruck.

$$\sigma_{poliert} = c_{Prozess} [MPa] \tag{5.1}$$

Zusätzlich zu dem Prozesseffekt enthält die Testreihe mit „as built" Proben mindestens den überlagerten Oberflächeneffekt nach Gleichung 5.2. Dieser zielorientierte Bewertungsansatz der Werkstoffkennwerte mit überlagerten Prozesseffekten dient zwar der Erhöhung des Prozessverständnisses, jedoch nicht zur anwendungsorientierten Werkstoffabsicherung.

$$\sigma_{asbuilt} = c_{Prozess} + c_{Oberfläche}[MPa] \tag{5.2}$$

Abbildung 5.21
Verformungsverhalten der prozessinduzierten Grenzschicht von kohlenstoffkurzfaserverstärktem Polyamid mit polierten Oberflächenstrukturen bei niedrigen Dehnraten unter Zugbelastung.
a) Spannungs-Dehnungs-Diagramm; b) Vergleich von Zugfestigkeit und E-Modul

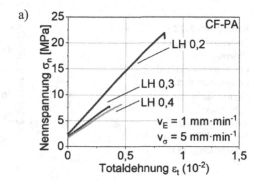

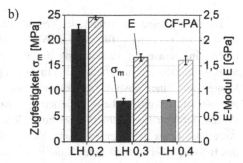

In realen Anwendungen besteht die Möglichkeit, dass nicht jede technische Oberfläche mit Nachbehandlungsprozessen bearbeitet werden kann. Die Ergebnisse der polierten Proben sind daher von ihrer Oberflächenstruktur als idealisiert anzunehmen. Aus Sicht einer anwendungsorientierten Absicherung von Werkstoffkennwerten kann es dennoch sinnvoll sein, idealisierte Kennwerte zu generieren. Durch die Separierung von Prozesseffekten wird das Prozessverständnis gesteigert. Weiterhin ergeben sich zusätzliche Möglichkeiten mit lokal angepassten Funktionalitäten aus einer Kombination von Prozessparametern und Nachbehandlung.

Für die Visualisierung der beiden prozessinduzierten Defekte wurde in Abbildung 5.22 die Zugfestigkeit gegen die Schichthöhe aufgetragen. Durch die Separierung der prozessinduzierten Defekte innerhalb der Testserie lässt sich erstmals der Oberflächeneffekt getrennt von dem Prozesseffekt der Schichthöhe darstellen. Die getrennte Beschreibung der idealisierten und der „as built" Zustände ergeben charakteristische Kurven und können somit für anwendungsorientierte Korrekturfaktoren verwendet werden.

Abbildung 5.22
Quantifizierung des Prozess- und Oberflächeneffekts der prozessinduzierten Grenzschicht von kohlenstoff-kurzfaserverstärktem Polyamid: Zugfestigkeit vs. Schichthöhe [181][10]

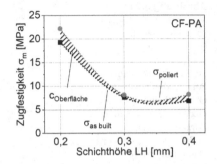

Dies stellt eine fundamentale Veränderung des Charakterisierungsansatzes dar und ist notwendig für präzise Werkstoffkennwerte, optimierte Materialmodellierung sowie zur Erweiterung des Prozessverständnisses. Die idealisierten Werkstoffzustände ermöglichen die Ermittlung und Trennung von Wechselwirkungen auf einer abstrakteren Ebene. Das vorgestellte Begleitprobenkonzept zur werkstoffmechanischen Absicherung charakterisiert nur eine individuelle Prozess-Struktur-Eigenschafts-Beziehung. Wie schon beschrieben, erfordert eine Änderung dieser 3-Säulenbeziehung eine neue Charakterisierung. Daher ähnelt das Begleitprobenkonzept einer Bauteilprüfung. Die werkstoffabhängigen Eigenschaften, die mit idealisierten Zuständen ermittelt werden, können somit in anwendungsorientierten Korrekturfaktoren resultieren. Durch derartige Korrekturfaktoren kann der Wechsel von einer Bauteilprüfung zur Werkstoffprüfung erzielt werden.

Wie Abbildung 5.22 zu entnehmen ist, kann durch die separate Betrachtung des Oberflächeneffekts erstmals der Einfluss der prozessinduzierten Oberfläche

---

quantifiziert werden. Demnach zeigt das verwendete CF-PA eine Empfindlichkeit ggü. der „as built" Oberfläche. Nichtsdestotrotz wird eine deutliche
prozessinduzierte Beeinflussung der mechanischen Leistungsfähigkeit auf Grund
des Prozesseffekts ersichtlich. Dieser vereint bisher verschiedene Effekte wie
z. B. das integrale Porenvolumen, die Polymerkettendiffusionsvorgänge und den
Extrusionsdruck. Da die grundlegende Charakteristik der unbehandelten und
polierten Proben vergleichbar ist, kann der Gesamtheit des Prozesseffekts erstmalig ein dominanter Einfluss unter niedrigen Dehnraten zugeordnet werden.
Somit ermöglicht die Quantifizierung der Effekte erstmals die eigenschaftsfokussierte Auswahl von Prozessparametern und Nachbearbeitungsprozessen.
Zusätzlich zeigt sich durch die Nachbearbeitung eine gleichmäßige Optimierung
der Festigkeit innerhalb der Testserie. Trotz unterschiedlicher oberflächenbasierter
Qualitätskennwerte bleibt die Optimierung auf vergleichbarem Niveau. Der prozessinduzierten Oberfläche, die sich bei konstantem Oberflächenwinkel $\theta_O = 90°$
und variabler Schichthöhe ergibt, kann demnach ein konstanter Oberflächeneffekt
zugeordnet werden. Die Berücksichtigung des steigenden Oberflächenprofils bei
der Querschnittsberechnung kann somit als sinnvolle Kompensation angesehen
werden.

Zusammenfassende Ergebnisse zum Einfluss der prozessinduzierten Oberfläche

• Der Prozesseffekt ($c_{Prozess}$) vereint alle Fertigungseffekte und -defekte, die
  für die Grenzschicht relevant sind. Dies sind u. a. Fertigungseffekte wie die
  Polymerkettendiffusion oder der Extrusionsdruck sowie die prozessinduzierten Defekte wie die Oberflächenstruktur ($c_{Oberfläche}$) und die Porenverteilung
  (c_{Pore}).
• Die Separierung der Effekte zeigt erstmalig, dass die prozessinduzierte Oberfläche trotz steigendem Oberflächenprofil einen geringfügigen und nahezu
  konstanten Einfluss auf die Festigkeit des AM-Werkstoffs unter niedrigen
  Dehnraten hat.
• Der dominante Einfluss für die Grenzschicht liegt dementsprechend für
  niedrige Dehnraten in der Gesamtheit des Prozesseffekts.

5.2.3 Ermüdungsverhalten im LCF- und HCF-Bereich

Für die Zug- und Schubbelastung wurde die gleiche Probengeometrien eingesetzt wie bei den Versuchen unter niedrigen Dehnraten. Die Ergebnisse der
Ermüdungsversuche unter Zugbelastung sind in Abbildung 5.23 dargestellt und

basieren auf Einzelversuchen analog zu Abbildung 5.8. Daher dienen diese zur
Ableitung allgemeiner Tendenzen.

Abbildung 5.23
Ermüdungsverhalten der
prozessinduzierten
Grenzschicht von
kohlenstoff-
kurzfaserverstärktem
Polyamid im
LCF-/HCF-Bereich unter
Zugbelastung in
Abhängigkeit verschiedener
Schichthöhen. [190]

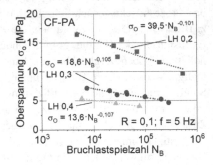

Tabelle 5.8 Quantitative Beschreibung der Ermüdungseigenschaften nach Basquin von der
prozessinduzierten Grenzschicht von kohlenstoff-kurzfaserverstärktem Polyamid im LCF-
/HCF-Bereich unter Zugbelastung in Abhängigkeit verschiedener Schichthöhen

	AM-Z LH 0,2	AM-Z LH 0,3	AM-Z LH 0,4
$f(N_B)$	$\sigma_O = 39{,}5 \cdot N_B^{-0{,}101}$	$\sigma_O = 18{,}6 \cdot N_B^{-0{,}105}$	$\sigma_O = 13{,}6 \cdot N_B^{-0{,}107}$

Die Testserie besteht aus den grenzschichtdominierten AM-Z Proben mit
orthogonaler Hauptfertigungs- und Kraftrichtung und variabler Schichthöhe. Mit
diesen Versuchen ist erstmalig die Charakterisierung des Ermüdungsverhaltens
der prozessinduzierten Grenzschicht unter Zug- und Schubbelastung möglich. Die
Tendenz der mechanischen Leistungsfähigkeit innerhalb der Testserie setzt sich
auch unter Ermüdungsbelastung fort. Die geringe Schichthöhe 0,2 mm erreicht
die höchsten Bruchlastspielzahlen, mit zunehmender Schichthöhe nehmen diese
ab. Die Neigungskoeffizienten im LCF-/HCF-Bereich unter Zugbelastung sind
wie in Tabelle 5.8 zusammengefasst nahezu identisch. Der Gradient für die Reduzierung der Leistungsfähigkeit ist zwischen 0,2 und 0,3 mm größer als zwischen
0,3 und 0,4 mm. Die Ergebnisse zeigen, dass die Neigung der Wöhler-Kurven im
LCF-/HCF-Bereich durch die Erhöhung der Schichthöhe nicht verändert werden.
Wie im vorherigen Kapitel erläutert, werden die mechanischen Werkstoffkennwerte der Grenzschicht u. a. von dem Oberflächeneffekt und dem Prozesseffekt
beeinflusst. Die oberflächen- und volumenbasierten Qualitätskennwerte werden
mit zunehmender Schichthöhe größer. Da sich die Neigungen der Wöhler-Kurven

nicht ändern und die qualitative Leistungsfähigkeit konstant bleibt, kann ein dominanter Einfluss des Oberflächenprofils und des Porenvolumens auf das Ermüdungsverhalten im LCF-/ HCF-Bereich ausgeschlossen werden. Die unterschiedlichen mechanischen Eigenschaften der prozessinduzierten Grenzschicht ergeben sich demnach aus weiteren prozessinduzierten Effekten, die derzeit noch in der Gesamtheit des Prozesseffekts integral betrachtet werden.

a)   b)

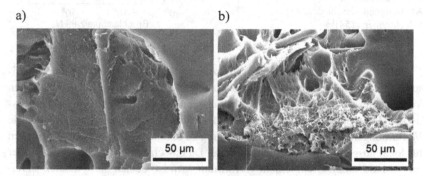

Abbildung 5.24 Grenzschichtdominierte Bruchfläche bei orthogonaler Hauptfertigungs- und Kraftrichtung (AM-Z Probe) von kohlenstoff-kurzfaserverstärktem Polyamid unter zyklischer Zugbelastung mit der Schichthöhe 0,3 ($N_B \approx 2{,}8 \cdot 10^5$). a) Interlayer-Versagen mit spröden Bruchmerkmalen; b) Interlayer-Versagen mit duktilen Bruchmerkmalen [190][11]

Abbildung 5.24 stellt zwei Detailaufnahmen einer Bruchfläche von einer AM-Z Probe mit Schichthöhe 0,3 mm dar. Die geringe Oberspannung dieses Schwingfestigkeitsversuchs resultiert in einer für diese Versuchsreihe hohen Bruchlastspielzahl ($N_B \approx 2{,}8 \cdot 10^5$). Der makroskopische prozessspezifische Schädigungsmechanismus der Grenzschicht bleibt mit einem Interlayer-Versagen unverändert. Die mikroskopische materialspezifische Schädigung dieser zyklischen Belastung weist hingegen eine unterschiedliche Charakteristik auf. Die Sprödbruchfläche in Abbildung 5.24a mit scharfkantigen Rampen deutet auf die charakteristische prozessinduzierte Werkstoffversprödung der Grenzschicht hin. Die orthogonal zur Belastungsrichtung ausgerichtete Kurzfaserverstärkung veranschaulicht nochmals das matrixdominierte Grenzschichtversagen.

---

[11] Reprinted/adapted from Stahlinstitut VDEh, Striemann, P.; Hülsbusch, D.; Niedermeier, M.; Walther, F., Leistungsfähigkeit der prozessinduzierten Grenzschicht von additiv gefertigten kurzfaserverstärkten Thermoplasten; Page 198, Werkstoffe und Bauteile auf dem Prüfstand (2021), with permission from Stahlinstitut VDEh.

Abbildung 5.25
Ermüdungsverhalten der
prozessinduzierten
Grenzschicht von
kohlenstoff-
kurzfaserverstärktem
Polyamid im
LCF-/HCF-Bereich unter
Schubbelastung in
Abhängigkeit verschiedener
Schichthöhen [154][12]

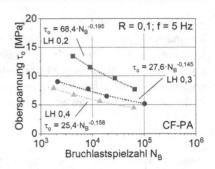

Wie in Abbildung 5.24b visualisiert, zeigen die Bruchflächen, die unter zyklischer Belastung entstanden sind, zusätzliche Bereiche mit großen plastischen
Verformungen. Die Schwammstruktur weist auf lokale Bereiche mit großen plastischen Deformationen hin. Angrenzend an die Schwammstruktur sind duktile
Verformungen der Matrix mit Zipfelbildung zu erkennen, ebenfalls ein Anzeichen
für lokal ausgeprägte Verformungsanteile. Da das charakteristische Versagen der
prozessinduzierten Grenzschicht verformungsarm ist, deuten diese lokalen Bereiche thermisch bedingte Einflusszonen an. Trotz Temperaturüberwachung an der
Probenoberfläche waren diese Temperaturanstiege messtechnisch nicht erfassbar.
Da die integrale Totaldehnung keine signifikanten Unterschiede aufweist, wird
von lokalen Einflusszonen unmittelbar vor Versagen ausgegangen.

Tabelle 5.9 Quantitative Beschreibung der Ermüdungseigenschaften nach Basquin von der
prozessinduzierten Grenzschicht von kohlenstoff-kurzfaserverstärktem Polyamid im LCF-
/HCF-Bereich unter Schubbelastung in Abhängigkeit verschiedener Schichthöhen

	AM-Z LH 0,2	AM-Z LH 0,3	AM-Z LH 0,4
$f(N_B)$	$\tau_O = 68{,}4 \cdot N_B^{-0,195}$	$\tau_O = 27{,}6 \cdot N_B^{-0,145}$	$\tau_O = 25{,}4 \cdot N_B^{-0,158}$

[12] Reprinted/adapted from Macromolecular Symposia, Vol. 395, Striemann, P.; Bulach, S.;
Hülsbusch, D.; Niedermeier, M.; Walther, F., Shear characterization of additively manufac-
tured short carbon fiber-reinforced polymer; Page 3, Wiley (2021), with permission from
Wiley.

Die Ergebnisse der Untersuchungen unter Schubbelastung im LCF-/HCF-Bereich sind in Abbildung 5.25 und Tabelle 5.9 zusammengefasst. Höhere Schichthöhen resultieren unter Schubbelastung wiederum in reduzierten Bruchlastspielzahlen. So zeigt sich insbesondere bei einer Oberspannung von 8 MPa die Abstufung innerhalb der Testserie. Bei gleichem Belastungsniveau erzielt die Schichthöhe 0,2 mm eine signifikant höhere Bruchlastspielzahl, die Schichthöhe 0,4 mm hingegen eine deutlich geringere. Wie auch unter zyklischer Zugbelastung verkleinert sich der Gradient mit zunehmender Schichthöhe. Die Neigungen der Wöhler-Kurven sind im Vergleich zu der Zugbelastung tendenziell größer. Der prozessinduzierten Grenzschicht konnte somit erstmals eine erhöhte Sensitivität der Ermüdungseigenschaften unter Schubbelastung nachgewiesen werden.

Eine Bruchfläche der prozessinduzierten Grenzschichtverbindung, die unter zyklischer Schubbelastung entstanden ist, wird in Abbildung 5.26 dargestellt. Wie die Übersicht in Abbildung 5.26a zeigt, beschränkt sich das Schubversagen nicht ausschließlich auf ein prozessspezifisches Interlayer-Versagen. Für das integrale Schubversagen wirken daher ein Interlayer- und Intralayer-Versagen zusammen. Die Bereiche mit einem Interlayer-Versagen weisen typische Merkmale der prozessinduzierten Werkstoffversprödung auf. Die Versagensstellen mit Intralayer-Versagen auf der rechten Seite der Übersicht weisen tendenziell materialspezifische Bereiche mit höheren Verformungsanteilen auf. Die Detailaufnahme in Abbildung 5.26b vergrößert einen orthogonal zur Kraftrichtung ausgerichteten Riss. Dieser zeigt ein zusätzliches Intralayer-Versagen in einer weiteren Schicht mit spröden scharfkantigen Bruchmerkmalen. Demzufolge ist die Krafteinleitung und -verteilung innerhalb der prozessinduzierten Grenzschichtverbindung unter Schubbelastung als gut zu beschreiben, da zusätzlich angrenzendes Intralayer-Versagen auftritt. Die dargestellte Bruchfläche resultierte aus geringer Belastung und hoher Bruchlastspielzahl ($N_B \approx 6{,}6 \cdot 10^4$) für diese Testreihe. Dennoch fehlen im Vergleich zur Testreihe unter Zugbelastung die Anzeichen für teils große plastische Verformungen in Folge von signifikanten Temperatureinflüssen, wie dargestellt in Abbildung 5.24b. Das Verformungs- und Schädigungsverhalten unter Schubbelastung ist demnach geprägt von dem sprödem matrixdominiertem Werkstoffverhalten der prozessinduzierten Grenzschichtverbindung.

Die prozessinduzierte Anisotropie konnte in Abschnitt 5.1 in Teilen auf fertigungsbedingte Eigenheiten der AM-Technologie zurückgeführt werden. Hierbei werden die grenzschichtdominierten AM-Z Proben durch die prozessinduzierte Werkstoffversprödung hervorgehoben. In der Testserie zeigt sich, dass das Schädigungs- und Verformungsverhalten sich auch durch die Vergrößerung der Schichthöhe nicht grundlegend verändert. Allerdings resultiert die Vergrößerung der Schichthöhe in einer signifikanten Reduzierung der Fertigungszeit und der

a)   b)

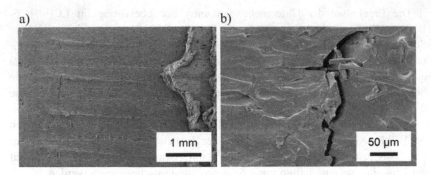

1 mm   50 μm

Abbildung 5.26 Grenzschichtdominierte Bruchfläche bei orthogonaler Hauptfertigungs- und Kraftrichtung (AM-Z Probe) von kohlenstoff-kurzfaserverstärktem Polyamid unter zyklischer Schubbelastung mit der Schichthöhe 0,2 ($N_B \approx 6{,}6 \cdot 10^4$). a) Übersichtsaufnahme mit Interlayer-Versagen und angrenzendem Intralayer-Versagen; b) Detailansicht mit einem Intralayer-Riss

mechanischen Leistungsfähigkeit. Die Ergebnisse von Jerez-Mesa et al. [131], bei der die Schichthöhe einen dominanten Einfluss auf die Ermüdungseigenschaften haben, werden demnach bestätigt.

Die gekoppelte oberflächen- und volumenbasierte qualitative Beurteilung dieser Testserie verdeutlicht den prozessinduzierten Einfluss bei Erhöhung der Schichthöhe. Sowohl das Oberflächenprofil als auch das integrale Porenvolumen steigen an. Durch die Kombination der Prüfmethoden konnte erstmals ein akkumuliertes Porenvolumen in der prozessinduzierten Grenzschicht ausgeschlossen werden. Daher war das homogene integrale Porenvolumen ausreichend zur qualitativen Beschreibung. Das größere integrale Porenvolumen sorgt für reduzierte Querschnittsflächen. Dadurch ergeben sich höhere effektive Spannung im Prüfbereich, die Proben mit erhöhtem integralen Porenvolumen werden daher tendenziell überschätzt. Die prozessinduzierte Oberflächenstruktur in Abschnitt 5.2.2 zeigt einen Einfluss auf die mechanischen Eigenschaften. Der Oberflächen- und Prozesseffekt wird in den Versuchen unter zyklischer Belastung gemeinsam betrachtet, daher ist eine separate Zuordnung der Schädigungsmechanismen nicht möglich. Dennoch beeinflusst die Oberflächenqualität auch die mechanischen Werkstoffkennwerte [180], da Ermüdungsbrüche oft an geometrischen Spannungskonzentrationen an der Oberfläche starten [32]. Zusätzlich lassen sich die geringeren mechanischen Werkstoffkennwerte durch Erhöhung der Schichthöhe ebenfalls auf die volumenbasierten Qualitätskennwerte in dieser Testserie zurückführen. Wie allerdings die Ergebnisse belegt haben, lässt sich dem Oberflächen-

und Poreneffekt im LCF-/HCF-Bereich erstmals kein dominanter Einfluss zuordnen. Festzuhalten bleibt, dass die Erhöhung der Schichthöhe in einer Reduzierung der Fertigungszeit resultiert und mit einer Verringerung der Leistungsfähigkeit einhergeht. Zur Charakterisierung der prozessinduzierten Grenzschicht sind die vorgestellten Prüfstrategien geeignet, um das grundlegende Verformungs- und Ermüdungsverhalten zu beschreiben. Die Kombination der mechanischen Versuche mit der oberflächen- und volumenbasierten Qualitätsbeurteilung lassen sich in einer Prüfsystematik zur Charakterisierung der prozessinduzierten Grenzschicht zusammenfassen.

Zusammenfassende Ergebnisse zum Verformungs- und Ermüdungsverhalten der prozessinduzierten Grenzschicht

- Durch die Variation der Schichthöhe ergeben sich Potenziale hinsichtlich der Leistungsfähigkeit und der Prozesseffizienz. Niedrige Schichthöhen zeigen eine höhere Steifigkeit und Festigkeit sowie höhere Bruchlastspielzahlen, große Schichthöhen resultieren in kurzen Fertigungszeiten.
- Eine Vergrößerung der Schichthöhe bewirkt eine reduzierte Leistungsfähigkeit bei niedrigen Dehnraten und unter zyklischer Belastung. Die mechanische Leistungsfähigkeit wird unter niedrigen Dehnraten mit Steifigkeit und Festigkeit im Kontext der Ermüdungsversuche mit der Bruchlastspielzahl definiert.
- Die mechanischen Werkstoffkennwerte korrelieren mit den Qualitätsmerkmalen der oberflächen- und volumenbasierten Defekte.

5.3   Bewertung der Leistungsfähigkeit und Prozesseffizienz[13]

Die beiden abgeschlossenen Ergebniskapitel haben den Einfluss von prozessinduzierten Defekten auf die mechanischen Werkstoffkennwerte betrachtet. Der Prozessparameter Schichthöhe zeigte seine elementare Bedeutung hinsichtlich der werkstoffmechanischen Leistungsfähigkeit und der Prozesseffizienz. Die daraus resultierenden Zielkonflikte werden in diesem Kapitel unter anwendungsnahen Prüfbedingungen bewertet und diskutiert. Die Ergebnisse der oberflächen- und volumenbasierten Qualitätsbeurteilung, des Verformungsverhaltens bei niedrigen Dehnraten sowie dem Ermüdungsverhalten im LCF-/HCF-Bereich sind

---

[13] Inhalte dieses Kapitels basieren in Teilen auf Vorveröffentlichungen [105,190].

Abschnitt 5.2 zu entnehmen. Basierend auf dieser Grundlage wird in diesem Kapitel die Leistungsfähigkeit und Prozesseffizienz der fertigungsbedingten Grenzschicht bei hohen Dehnraten und sehr hohen Lastspielzahlen unter anwendungsnahen Bedingungen bewertet.

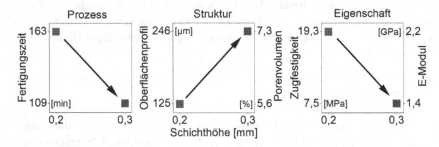

Abbildung 5.27 Vergleich des Werkstoff- und Verformungsverhaltens der prozessinduzierten Grenzschicht von kohlenstoff-kurzfaserverstärktem Polyamid mit Fokus auf der Leistungsfähigkeit (Schichthöhe 0,2) und der Prozesseffizienz (Schichthöhe 0,3) auf Basis von Abschnitt 5.2

Die Unregelmäßigkeiten, die sich innerhalb der Testserie bei einer Schichthöhe von 0,4 mm gezeigt haben, deuten ein prozessbedingtes Fertigungslimit an. Hierbei beträgt das Verhältnis zwischen Düsendurchmesser und Schichthöhe 1. Der Anwenderleitfaden von Simplify3D empfiehlt ein Verhältnis von mindestens 1,2, in der Versuchsreihe von Gomez-Gras et al. [32] erwies sich ein Verhältnis von 1,5 als empfehlenswert. Aufgrund des großen Einflusses von Düsendurchmesser und Schichthöhe auf die Prozesseffizienz ist ein tiefgreifendes Verständnis des Prozesses und der Wechselwirkungen notwendig. Im Nachfolgenden wird daher die Prozessvariation AM-Z LH 0,2 mm mit dem Fokus auf der Leistungsfähigkeit und AM-Z LH 0,3 mm bezüglich der Prozesseffizienz bewertet.

Die Prozessvariation mit der Schichthöhe 0,2 mm hat in den bisherigen Kapiteln die höchsten mechanischen Werkstoffkennwerte erreicht. Daher wird diese Prozessvariation für die leistungsorientierte Betrachtung ausgewählt. Das elementare Verformungsverhalten, basierend auf den Ergebnissen aus Abschnitt 5.2, ist in Abbildung 5.27 zusammengefasst und kann im Vergleich zu größeren Schichthöhe wie folgt beschrieben werden:

- Längere Fertigungszeit ggü. AM-Z LH 0,3 mm.[14]
- Geringere Oberflächenkennwerte in Form des primären Oberflächenprofils.
- Geringeres integrales Porenvolumen mit homogener Porenverteilung in Fertigungsrichtung z.
- Höhere mechanische Werkstoffkennwerte unter niedrigen Dehnraten und zyklischer Belastung.

Wie in Abbildung 5.27 dargestellt, geht mit einer Erhöhung der Schichthöhe eine signifikante Verringerung der Fertigungszeit einher. Die Ergebnisse aus den vorherigen Kapiteln signalisieren ebenfalls eine deutliche Änderung des Werkstoffverhaltens. Dementsprechend liegt bei der Prozessvariation mit der Schichthöhe 0,3 mm der Fokus auf der Prozesseffizienz. Das Werkstoffverhalten der größeren Schichthöhe kann im Vergleich zur kleineren Schichthöhe wie folgt zusammengefasst werden.

- Kürzere Fertigungszeit ggü. AM-Z LH 0,2 mm.[14]
- Höhere Oberflächenkennwerte in Form des primären Oberflächenprofils.
- Höheres integrales Porenvolumen mit homogener Porenverteilung in Fertigungsrichtung z.
- Geringere mechanische Werkstoffkennwerte unter niedrigen Dehnraten und zyklischer Belastung.

Anwendungsorientierte Prüfbedingungen
Die anwendungsnahen Prüfbedingungen beziehen sich nicht nur auf reale Belastungsarten, sondern auch auf die Fertigungszustände der Proben. Wie in Abschnitt 2.4.1 beschrieben, lautet die Empfehlung für die Oberflächenzustände nach ISO 52903-2, dass keine zusätzliche Nachbearbeitung außer der Entfernung der Stützstruktur vorgesehen ist. Als Begründung wurde die signifikante Beeinflussung der mechanischen Eigenschaften genannt. Im vorherigen Kapitel wurde erstmals zur Erhöhung des Prozessverständnisses der Oberflächeneffekt und der Prozesseffekt getrennt voneinander betrachtet. Die anwendungsnahen Prüfbedingungen müssen jedoch mit den „as built" Oberflächenstrukturen umgehen, da diese in technischen Anwendungen ebenfalls vorhanden sein können. Dementsprechend bilden sich durch die Änderung der Prozessgröße mehrere fertigungsbedingte Effekte, die in ihrer Gesamtheit dem Prozesseffekt ($c_{Prozess}$)

---

[14] Der Vergleich der Fertigungszeit basiert auf den Daten aus Abbildung 2.5, einem simulativen Vergleich der Fertigungszeit mit variierender Schichthöhe.

zugeordnet werden. Durch die gesamtheitliche Betrachtung der Prozess-Struktur-Eigenschafts-Beziehung werden die fertigungsbedingten Eigenheiten in den jeweiligen Belastungszuständen charakterisiert und das integrale Prozessverständnis erhöht. Für die weiterführende Charakterisierung der prozessinduzierten Grenzschicht wurde erstmalig das Werkstoffverhalten bei hohen Dehnraten und das Ermüdungsverhalten im VHCF-Bereich betrachtet.

Das Verformungsverhalten bei hohen Dehnraten hat in Bezug auf die Crash-Tauglichkeit und -Sicherheit eine große Bedeutung. Daher ist das dehnratenabhängige Werkstoffverhalten Voraussetzung für die Absicherung und Optimierung von Crash-Strukturen [98,101]. Für anwendungsorientierte Prüfbedingungen werden in diesem Kapitel die drei Dehnraten 2,5, 25 und 250 s^{-1} betrachtet. Dabei steht nicht der positive Dehnrateneffekt von kurzfaserverstärkten Thermoplasten im Vordergrund (siehe Kapitel 2). Vielmehr liegt der Fokus auf der prozessinduzierten Grenzschichtverbindung und dem dehnratenabhängigen Verhalten der fertigungsbedingten Effekte. Unter Berücksichtigung aktueller Theorien zu den ausschlaggebenden Bindungsmechanismen der Grenzschichtverbindung können sich daraus weiterführende Erkenntnisse ergeben.

Das Ermüdungsverhalten im VHCF-Bereich für polymerbasierte Werkstoffe ist noch nicht ausreichend beschrieben. In der Regel wird für Lebensdauerunter-suchungen von polymerbasierten Werkstoffen eine Grenze bei der Lastspielzahl 10^7 gesetzt. Dies liegt zum einen an der wirtschaftlichen Betreibung der Schwingfestigkeitsversuche, zum anderen an potenziellen Anwendungen. Die Herausforderungen zur wirtschaftlichen Betreibung der Schwingfestigkeitsver-suche ist bei polymerbasierten Werkstoffen auf die besondere Empfindlichkeit ggü. der Prüffrequenz zurückzuführen. So resultiert eine Erhöhung der Prüffre-quenz in Temperaturerhöhungen und kann zu einem thermischen Versagen führen. Der Versuchsaufbau aus Abschnitt 4.5 ermöglicht eine Prüffrequenz von ca. 1.000 Hz, mit dem Lastspielzahlen bis zu 10^8 abgedeckt werden können. Zuneh-mende Bestrebungen hin zu ganzheitlichen und nachhaltigeren Systemansätzen eröffnen auch den polymerbasierten Werkstoffen den Anwendungsbereich der erhöhten Lastspielzahlen. Die technische Relevanz für den Einsatz von polymer-basierten Werkstoffen auch im Bereich von sehr hohen Lastspielzahlen wurde in Abschnitt 2.4.5 hergeleitet.

5.3.1 Verformungsverhalten bei hohen Dehnraten

Im nachfolgenden Kapitel wird das Verformungsverhalten der prozessinduzierten Grenzschicht im Bereich hoher Dehnraten beschrieben. Die Ergebnisse aus den vorherigen Kapiteln dienen als Grundlage und werden in die Diskussion aufgenommen. Die detaillierte Versuchsbeschreibung, die verwendeten Messtechniken und die erweiterten Auswertemethoden sind Abschnitt 4.3 zu entnehmen. Für diese Testreihe wurden die Schichthöhen 0,2 mm und 0,3 mm mit dem jeweiligen Fokus auf der Leistungsfähigkeit bzw. Prozesseffizienz betrachtet. Die adaptierte Probengeometrie mit den zwei Bereichen der berührungslosen Dehnungsmessung ist in Abbildung 4.10 dargestellt.

Die Versuche wurden mit einem servohydraulischen Hochgeschwindigkeitsprüfsystem bei Prüfgeschwindigkeiten von 0,05, 0,5 und 5 m·s^{-1} durchgeführt. In Kombination mit der verwendeten Probengeometrie wurden nominelle Dehnraten von 2,5, 25 und 250 s^{-1} erzielt. Die Prüfgeschwindigkeit dient als Maß für die wirkende nominelle Dehnrate im Versuch. In Abbildung 5.28 ist ein charakteristischer Vergleich der verschiedenen Prüfgeschwindigkeiten und Probenvariationen abgebildet. Die Diagramme deuten einen nahezu konstanten Geschwindigkeitsverlauf für jede verwendete Schichthöhe an. Durch die konstante Prüfgeschwindigkeit kann die nominelle Dehnrate bei diesen kurzen Versuchszeiten als ebenso konstant betrachtet werden.

Die Ergebnisse der Hochgeschwindigkeitsversuche basieren auf den Kraftrohdaten und Dehnungsmessung mittels Hochgeschwindigkeitskameras. Wie in Abschnitt 4.3 beschrieben, können über der Versuchszeit durch eine Spannungswelle Rückkopplungen wirken. Die eindeutige Zuordnung prüftechnisch messbarer Effekte ist dadurch nicht möglich. Daher wird das Kraftrohsignal nach der Auswertemethodik in Abschnitt 4.3 korrigiert, um diese Rückkopplungseffekte zu minimieren. Diese Prozedur ist beispielhaft an einem Hochgeschwindigkeitszugversuch einer AM-Z LH 0,2 mm Probe bei einer Dehnrate von 250 s^{-1} dargestellt. Die Kraftrohdaten des Versuchsaufbaus bestehen aus synchronisierten Spannungs-Dehnungs-Kurven. Ausgehend von einem Kraftrohsignal ergeben sich zwei Spannungs-Dehnungs-Kurven für den Prüfbereich (1) und den Dynamometerbereich (2). Die beiden Spannungs-Dehnungs-Kurven in Abbildung 5.29a basieren auf den Kraftrohdaten und haben unterschiedliche Verläufe. Diese Unterschiede stehen im Widerspruch zum Hooke'schen Gesetz, da bei geringen Verformungen das linear-elastische Werkstoffverhalten proportional zur einwirkenden Belastung ist.

Gründe für diese Abweichungen können ein zeitlicher Versatz oder die beschriebenen Rückkopplungseffekte sein. Zu Beginn der Prüfung wird ein rückkopplungsfreies Prüfsystem angenommen, das unbeeinflusst von Schwingungen und Spannungswellen ist. Daher bildet der Beginn der Versuchszeit die Grundlage für die Korrektur. Die Ermittlung des E-Moduls findet nach Norm ISO 527-1

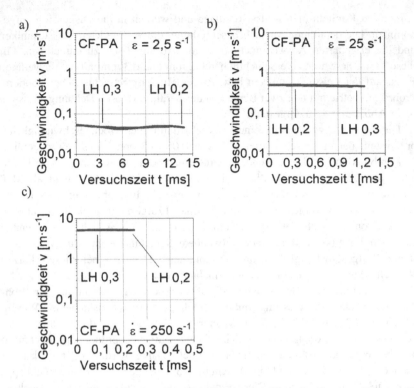

Abbildung 5.28 Vergleich der Geschwindigkeit vs. Versuchszeit von kohlenstoff-kurzfaserverstärktem Polyamid unter hohen Dehnraten. a) 2,5 s⁻¹; b) 25 s⁻¹; c) 250 s⁻¹

[52] im Bereich zwischen 0,05 und 0,25 % Dehnung statt, demnach zu Versuchs-beginn in einer zeitaufgelösten Versuchsbetrachtung. Für diesen Versuch wird basierend auf den Kraftrohdaten der E-Modulverlauf des Prüfbereichs (1) zu Versuchsbeginn zwischen 0,05 und 0,40 % Dehnung ermittelt. Das Ergebnis ist in Abbildung 5.29b visualisiert und zeigt den E-Modulverlauf zu Versuchsbeginn.

Der Grund für die Erweiterung des Bereichs zur Ermittlung des E-Moduls von 0,25 auf 0,40 % Dehnung ist die maximale Dehnung des Dynamometer-bereichs (2) bei Versuchsende ($\varepsilon_{Dyn,max} \approx 0,38$ % in Abbildung 5.29a). Der Schulterbereich wurde für eine maximale Verformung von 0,25 % Dehnung aus-gelegt, um den E-Modul in den zugelassenen Grenzen bestimmen zu können. Die erhöhte maximale Dehnung hat zur Folge, dass dieser Dehnungsbereich

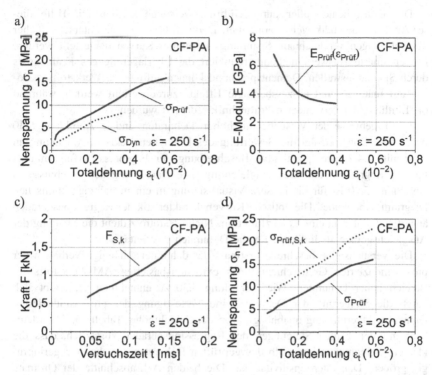

Abbildung 5.29 Exemplarische Datenverarbeitung der Hochgeschwindigkeitsversuche von kohlenstoff-kurzfaserverstärktem Polyamid mit der Schichthöhe 0,2 (AM-Z LH 0,2) bei der Dehnrate 250 s^{-1}. a) Spannungs-Dehnungs-Diagramm basierend auf den Kraftrohdaten im Prüf- und Dynamometerbereich; b) E-Modul-Dehnungs-Diagramm im Prüfbereich; c) Schwingungskompensierte Kraft vs. Versuchszeit; d) Schwingungskompensiertes Spannungs-Dehnungs-Diagramm im Prüfbereich [105]

ausgeweitet werden muss, um zeitaufgelöst die gesamte Rückberechnung der Dehnungsmessung aus dem Prüfbereich (1) zu gewährleisten. Die Annahme eines schwingungsfreien Prüfsystems zu Versuchsbeginn kann demnach verwendet werden, um eine korrigierte rückkopplungsfreie Kraft für den Dynamometerbereich (2) zu berechnen. Das Ergebnis ist in Abbildung 5.29c dargestellt und enthält ein zeitaufgelöstes Kraftsignal für den Gesamtversuch auf Basis des E-Moduls aus dem Prüfbereich (1) und dem Dehnungsverlauf des Dynamometerbereichs (2). Unter Verwendung der entsprechenden Querschnitte ($A_{Prüf}$, A_{Dyn}) wird ein schwingungskompensiertes Spannungssignal berechnet (Abbildung 5.29d).

Die Kraftrohdaten aller durchgeführten Versuche wurden mit Hilfe dieser Auswertemethodik weiterverarbeitet. Dadurch können trotz unterschiedlicher Versuchslängen vergleichbare Spannungs-Dehnungs-Kurven dargestellt werden. Die erweiterte Auswertemethodik reduziert die Überlagerung des Kraftsignals durch Spannungswellen. Dementsprechend können auftretende Werkstoffreaktionen auf material- und prozessbedingte Effekte zurückgeführt werden, während die Einflüsse der verwendeten Prüftechnik reduziert wurden.

Die Ergebnisse der Versuche mit hohen Dehnraten sind in Abbildung 5.30 dargestellt. Dabei erfolgt die Bewertung des Dehnrateneffekts in Anlehnung an Abschnitt 2.4.2. Die quantitative Beschreibung der Ergebnisse erfolgt mittels linearer Regression und Geradengleichung. Die Darstellung der Ergebnisse in Abbildung 5.30 ist für die bessere Visualisierung in einem halblogarithmischen Diagramm abgebildet. Die optische Kurvencharakteristik der Regressionsgeraden ändert sich daher in eine Potenzfunktion. Nichtsdestotrotz dient die Steigung der Ausgleichsgerade als Indikator für die Dehnratensensitivität.

Die Versuchsreihe beschreibt erstmals das dehnratenabhängige Verhalten der prozessinduzierten Grenzschicht eines extrusionsbasierten AM-Werkstoffs im Bereich hoher Dehnraten. Wie Abbildung 5.30 zu entnehmen ist, ergibt sich durch die Steigerung der Dehnrate eine Verfestigung der prozessinduzierten Grenzschichtverbindung unabhängig von der Schichthöhe. Tabelle 5.10 verdeutlicht mit den beiden Steigungen der Regressionsgeraden zusätzlich, dass die kleinere Schichthöhe innerhalb des geprüften Dehnratenbereichs eine geringfügig größere Dehnratensensitivität hat. Die beiden Achsabschnitte der Ordinate verdeutlichen die Tendenz zu verringerter Festigkeit durch eine Erhöhung der Schichthöhe ebenso wie bei niedrigen Dehnraten und unter zyklischer Belastung (Abschnitt 5.2). Dabei korreliert die reduzierte Festigkeit mit den oberflächen- und volumenbasierten Qualitätsmerkmalen. Dieses Werkstoffverhalten wird in dieser Testserie bei hohen Dehnraten bestätigt. Der Determinationskoeffizient R^2 als statistische Kennzahl für die Anpassungsgüte einer Regression weist mit 0,99 in beiden Fällen eine gute Übereinstimmung auf.

Die Bruchflächen dieser Versuchsreihe bei hohen Dehnraten belegen ein durchgängig sprödes Verformungsverhalten. In Abbildung 5.31 ist eine REM-Aufnahme dargestellt, die eine Bruchfläche einer AM-Z LH 0,2 mm Probe bei einer Dehnrate von 250 s^{-1} visualisiert. Die Abbildung 5.31a zeigt die prozessspezifische Schädigung mit der Charakteristik der prozessinduzierten Grenzschichtverbindung. Im Gegensatz zu den Bruchflächen bei niedrigen Dehnraten aus Abbildung 5.18 ergibt sich bei höheren Dehnraten ein weiterer prozessspezifischer Schädigungsmechanismus. Bei geringeren Dehnraten trat das Versagen ausschließlich in einer Grenzschichtverbindung (Interlayer) auf. Durch

Abbildung 5.30
Bewertung des
Dehnrateneffekts der
prozessinduzierten
Grenzschicht von
kohlenstoff-
kurzfaserverstärktem
Polyamid unter
Zugbelastung mittels
Dehnratensensitivitätsindex.
[105]

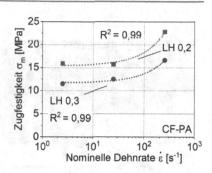

Tabelle 5.10 Quantitative
Beschreibung der
Dehnratensensitivität von
kohlenstoff-
kurzfaserverstärktem
Polyamid unter
hochdynamischer
Zugbelastung

	AM-Z LH 0,2	AM-Z LH 0,3
$f(\dot{\varepsilon})$	$\sigma_m = 0{,}029 \cdot \dot{\varepsilon} + 15{,}4$	$\sigma_m = 0{,}019 \cdot \dot{\varepsilon} + 11{,}7$

die Erhöhung der Dehnrate erweitert sich dieser Bereich auf mehrere Grenz-schichtverbindungen. Das multiple Interlayer-Versagen setzt sich demnach aus einem Interlayer- sowie zusätzlich einem Inter- und Intrabead-Versagen zusam-men. Speziell dem Intrabead-Versagen konnte in Abschnitt 5.1 im Kontext der prozessinduzierten Anisotropie eine erhöhte Leistungsfähigkeit der AM-X Pro-ben (gleiche Hauptfertigungs- und Kraftrichtung) nachgewiesen werden. Durch den zusätzlichen Effekt des Intrabead-Versagens zeigen sich daher auch vermehrt die Effekte der Verstärkungsfasern in Extrusionsrichtung. Die materialspezifi-sche Schädigung aus Abbildung 5.31b stellt eine typische Sprödbruchfläche aus dem Interlayer-Versagensbereich mit verformungsarmen Rampen dar. Die Pull-Outs deuten auf die orthogonale Ausrichtung der Kurzfaserverstärkung hin. Dementsprechend ist die Verstärkungswirkung in dem matrixdominierten Interlayer-Versagensbereich im Vergleich zu dem Intrabead-Versagensbereich weniger ausgeprägt.

Das spröde Werkstoffverhalten sowie die Festigkeitssteigerung bei hohen Dehnraten oder tiefen Temperaturen wurde schon mehrfach in der Literatur beschrieben [98,110]. Ein Erklärungsansatz, wie z. B. die Änderung der ther-modynamischen Versuchsverhältnisse von isotherm zu adiabat, wurde hierzu in

a)   b)

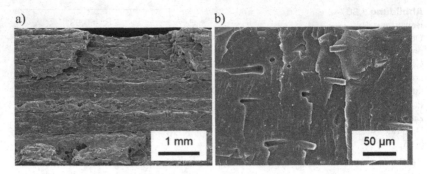

Abbildung 5.31 Grenzschichtdominierte Bruchfläche bei orthogonaler Hauptfertigungs- und Kraftrichtung (AM-Z Probe) von kohlenstoff-kurzfaserverstärktem Polyamid mit der Schichthöhe 0,2 bei der nominellen Dehnrate 250 s^{-1}. a) Übersichtsaufnahme mit multiplem Interlayer-Versagen (prozessspezifische Schädigung); b) Detailansicht mit spröden Bruchmerkmalen (materialspezifische Schädigung)

Abschnitt 2.4.2 beschrieben. Die Bruchflächenanalyse legte zusätzliche Schädigungsmechanismen im Vergleich zu niedrigen Dehnraten oder zyklischer Belastung offen. Die prozessinduzierte Anisotropie in Abschnitt 5.1 zeigt sich insbesondere durch die verschiedenen prozessspezifischen Schädigungsmechanismen. Das grenzschichtdominerte Interlayer-Versagen der AM-Z Proben signalisierte schon in Abschnitt 5.1 eine deutlich reduzierte Leistungsfähigkeit. Die schichtdominierten Proben AM-X und AM-Y weisen eine höhere Steifigkeit und Festigkeit u. a. durch ein Intra- und Interbead-Versagen auf. So kann der Testserie unter hohen Dehnraten die Festigkeitssteigerung auch dem zusätzlichen Schädigungsmechanismus zugeordnet werden. Dies hat insbesondere eine größere Ausnutzung der ausgerichteten Faserverstärkung und Polymerketten zur Folge.

Die Ergebnisse in Abschnitt 5.2 zeigten eine Reduzierung der mechanischen Werkstoffkennwerte infolge der Erhöhung der Schichthöhe durch Korrelation mit oberflächen- und volumenbasierten Defekten. So ergab sich bei größeren Schichthöhen ein erhöhtes Porenvolumen, das in verringerten effektiven Querschnittsflächen resultiert. Die größeren Profilhöhen der Oberflächen, die sich durch die höheren Schichthöhen ergeben, wirken sich ebenfalls negativ auf die Festigkeit aus. Diese Tendenz ist erstmalig in dieser Testserie bis zu einer Dehnrate von 250 s^{-1} erkennbar. Es ergaben sich auf Basis dieser Ergebnisse durch die Erhöhung der Dehnrate keine zusätzlichen Änderungen hinsichtlich der prozessinduzierten Grenzschichtverbindung. Dementsprechend kann der Dehnrateneffekt im Bereich von 2,5 bis 250 s^{-1} für die beiden Schichthöhen als nahezu konstant betrachtet werden. Somit ermöglicht die Versuchsreihe erstmals die Charakterisierung der prozessinduzierten Grenzschicht in einem großen Dehnratenbereich. Dies kann für eine anwendungsorientierte Auslegung von AM-Werkstoffen verwendet werden. Die verfestigenden Effekte machen sich für die prozessinduzierte Grenzschicht von CF-PA erst für Dehnraten > 25 s^{-1} signifikant bemerkbar. In Bezug auf eine anwendungsorientierte Prüfsystematik wird daher erst für Dehnraten > 25 s^{-1} die Absicherung der mechanischen Kennwerte unter hohen Dehnraten empfohlen.

Die Bindungsmechanismen der prozessinduzierten Grenzschichtverbindung wurden in Abschnitt 2.3.2 erläutert. Die Polymerkettendiffusion und die Wechselwirkung mit dem Extrusionsdruck wurden für die Grenzschichtbildung vorgestellt. Bisherige Erklärungsansätze des Dehnrateneffekts beruhen auf der Neuausrichtung der Polymerketten. Durch die gleiche Ausprägung des Dehnrateneffekts auf die prozessinduzierte Grenzschicht liegt die Schlussfolgerung nahe, dass dies ein dominanter Bindungsmechanismus der AM-Werkstoffe ist. Die Ergebnisse können damit verwendet werden, um Rückschlüsse auf den schichtbasierten Aufbau von AM-Werkstoffen zu ziehen. Damit ist erstmalig eine Rückführung der Ergebnisse unter hohen Dehnraten zu relevanten Bindungsmechanismen von AM-Werkstoffen möglich. Für eine anwendungsorientierte Auslegung von AM-Werkstoffen werden hinsichtlich der Leistungsfähigkeit kleinere Schichthöhen empfohlen. Sollten die anwendungsorientierten Umgebungen eine Reduzierung der Festigkeit ermöglichen, kann dies durch eine Steigerung der Prozesseffizienz ausgenutzt werden.

Zusammenfassende Ergebnisse zum Verformungsverhalten der prozessinduzierten Grenzschicht bei hohen Dehnraten

- Eine Erhöhung der Schichthöhe resultiert in einer geringeren Festigkeit. In dem untersuchten Dehnartenbereich zwischen 2,5 und 250 s^{-1} zeigt sich ein positiver Dehnrateneffekt.
- Die Bruchflächen deuten ein sprödes Bruchverhalten mit geringen plastischen Verformungen an.
- Das Interlayer-Versagen der prozessinduzierten Grenzschichtverbindung zeigt für höhere Dehnraten zusätzlich prozessspezifische Inter- und Intrabead-Schädigungsmechanismen.
- Die Variation des Prozessparameters Schichthöhe ermöglicht eine Auslegung hinsichtlich der Leistungsfähigkeit und Prozesseffizienz unter hohen Dehnraten.

- Für eine anwendungsorientierte Prüfsystematik werden Versuche zur Dehnratenabhängigkeit erst für Dehnraten > 25 s^{-1} empfohlen.

5.3.2 Ermüdungsverhalten im VHCF-Bereich

In diesem Kapitel wird erstmalig das Ermüdungsverhalten der prozessinduzierten Grenzschicht im Bereich sehr hoher Lastspielzahlen charakterisiert. Hierzu werden die entsprechenden Ergebnisse vorgestellt und unter Berücksichtigung der Ergebnisse aus den vorherigen Kapiteln diskutiert. Dies beinhaltet auch die detaillierte Betrachtung des Übergangs zwischen dem LCF-/HCF-Bereich und dem VHCF-Bereich, der sich durch die Verwendung unterschiedlicher Prüffrequenzen ergibt. Dabei werden in diesem Kapitel der Einfluss der Zeit, Dehnrate und Temperatur jeweils einzeln berücksichtigt und diskutiert. Es wurden nur die beiden Schichthöhe mit 0,2 mm und 0,3 mm betrachtet, jeweils mit dem Fokus auf der Leistungsfähigkeit bzw. Prozesseffizienz. Die polymerbasierte Ermüdungsprüfung bei einer Prüffrequenz von ca. 1.000 Hz wird in diesem Kapitel ab einer Lastspielzahl von ca. 10^6 durchgeführt. Dadurch eröffnen sich auch für polymerbasierte Werkstoffe neue Anwendungsfelder.

Der verwendete Versuchsaufbau und die Probengeometrie sind in Abschnitt 4.5 beschrieben. Die Ergebnisse unter Ermüdungsbelastung sind in Abbildung 5.32 dargestellt. Die Tendenz, dass die kleineren Schichthöhen größere Bruchlastspielzahlen erreichen, bleibt auch im VHCF-Bereich erhalten. Die quantitative Beschreibung nach Basquin weist in Hinblick auf die Neigungskoeffizienten geringfügige Unterschiede auf, was eine Annäherung bei noch größeren Bruchlastspielzahlen andeutet. Die kombinierte Darstellung der Wöhler-Kurven in Abbildung 5.33 zeigt die Ergebnisse im LCF-/ HCF-Bereich unter Zugbelastung aus Abschnitt 5.2.3 zusammen mit den Ergebnissen der VHCF-Testreihe. Wie in Abschnitt 2.4.5 erläutert, sind aufgrund von unterschiedlichen Kriech-, Frequenz- und Dehnrateneinflüssen die Wöhler-Kurven in der gemeinsamen Darstellung nach Schichthöhe und Prüffrequenz getrennt dargestellt. Ebenso sind die quantitativen Beschreibungen der Versuchsreihen getrennt in Tabelle 5.11 zusammengefasst. Auch in der gemeinsamen Darstellung der Ergebnisse ist eine Annäherung der Wöhler-Kurven bei höheren Bruchlastspielzahlen erkennbar. Die Neigungskoeffizienten im LCF-/HCF-Bereich sind nahezu identisch, im VHCF-Bereich ergibt sich bei höheren Bruchlastspielzahlen eine Differenz der Neigungskoeffizienten.

Tabelle 5.11 Quantitative Beschreibung der Ermüdungseigenschaften nach Basquin der prozessinduzierten Grenzschicht von kohlenstoff-kurzfaserverstärktem Polyamid im Bereich hoher und sehr hoher Lastspielzahlen unter Zugbelastung bei den Prüffrequenzen 5 Hz und 1.000 Hz

	AM-Z LH 0,2	AM-Z LH 0,3
$f_{HCF}(N_B < 10^6)$	$\sigma_O = 39{,}5 \cdot N_B^{-0{,}101}$	$\sigma_O = 18{,}5 \cdot N_B^{-0{,}105}$
$f_{VHCF}(N_B > 10^6)$	$\sigma_O = 28{,}0 \cdot N_B^{-0{,}076}$	$\sigma_O = 12{,}5 \cdot N_B^{-0{,}064}$

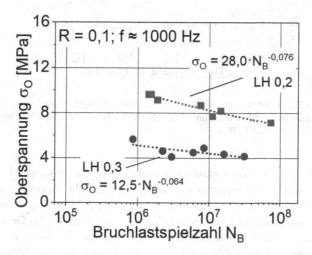

Abbildung 5.32 Wöhler-Kurven unter Zugbelastung von kohlenstoff-kurzfaserverstärktem Polyamid im Bereich sehr hoher Lastspielzahlen bei der Prüffrequenz 1.000 Hz

Die Abbildung 5.34 zeigt eine Bruchfläche der prozessinduzierten Grenzschicht bei der Prüffrequenz 1.000 Hz. Das Belastungsniveau des Schwingfestigkeitsversuchs ist für diese Testserie im VHCF-Bereich hoch, infolgedessen befindet sich dieser Versuch im Frequenzübergangsbereich aus Abbildung 5.33 ($N_B \approx 1{,}3 \cdot 10^6$). Die Bruchfläche eines Pendants aus der LCF-/HCF-Testreihe bei 5 Hz ist in Abbildung 5.24 dargestellt. Das prozessspezifische Schädigungsverhalten bleibt auch bei sehr hohen Bruchlastspielzahlen unverändert und beschränkt sich auf ein Interlayer-Versagen zwischen zwei Schichten. Wiederum zeigt sich in weiten Teilen die prozessspezifische Werkstoffversprödung (Abbildung 5.34a),

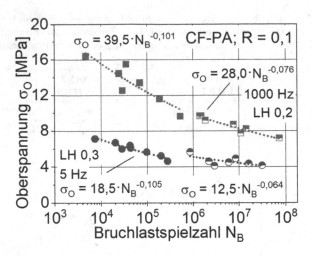

Abbildung 5.33 Kombinierte Wöhler-Kurven unter Zugbelastung von kohlenstoff-kurzfaserverstärktem Polyamid im Bereich sehr hoher Lastspielzahlen bei den Prüffrequenzen 5 Hz und 1.000 Hz

was für die Prüfung der Grenzschichtverbindung das charakteristische Versagen darstellt [170,191]. Des Weiteren sind auf der Bruchfläche Merkmale mit großen plastischen Verformungen zu erkennen (Abbildung 5.34b). Angrenzend an die Schwammstrukturen bilden sich duktile Verformungen aus, die im Gesamtkontext mit dem charakteristischen Schädigungsverhalten einen signifikanten Temperatureinfluss vermuten lassen. Die orthogonale Ausrichtung der Verstärkungsfaser ist in beiden Detailaufnahmen visualisiert. Die verstärkende Wirkung wird daher nicht voll ausgenutzt und das Ermüdungsverhalten ist geprägt von der Matrix (kohäsiv) und der Faser/Matrix-Grenzschicht (adhäsiv).

Unabhängig von der Prüffrequenz haben beide Bruchflächen Anzeichen für Bereiche mit großer plastischer Verformung. Wie auch schon bei den Versuchen mit konventioneller Prüffrequenz konnten keine signifikanten Änderungen der integralen Totaldehnung gemessen werden. Anhand der bruchmechanischen Auswertung konnten jedoch Rückschlüsse auf die Temperaturbedingungen unmittelbar vor Bruch gezogen werden. Daher wird auch hier von einer lokalen thermisch induzierten Einflusszone unmittelbar vor Versagen ausgegangen. Die beiden Versuche zeigen demnach trotz erheblicher Unterschiede in der frequenzinduzierten Eigenerwärmung vergleichbare Bruchflächen. Dementsprechend ist in erster Näherung die Temperaturerhöhung der Werkstoffproben aufgrund erhöhter Prüffrequenzen vernachlässigbar.

a)   b)

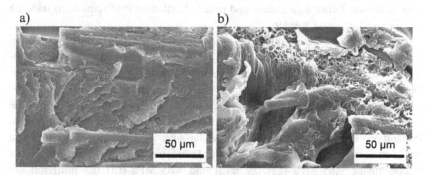

Abbildung 5.34 Grenzschichtdominierte Bruchfläche bei orthogonaler Hauptfertigungs- und Kraftrichtung (AM-Z Probe) von kohlenstoff-kurzfaserverstärktem Polyamid unter zyklischer Zugbelastung mit der Schichthöhe 0,2 ($N_B \approx 1,3 \cdot 10^6$). a) Interlayer-Versagen mit spröden Bruchmerkmalen; b) Interlayer-Versagen mit duktilen Bruchmerkmalen [190][15]

Bei näherer Betrachtung der einzelnen Testserien in Abbildung 5.33 werden insbesondere im Übergangsbereich bei einer Lastspielzahl von ca. 10^6 Unterschiede sichtbar. Die vergleichbaren Belastungsniveaus zeigen tendenziell höhere Bruchlastspielzahlen für die Testserie mit 1.000 Hz Prüffrequenz. Die höheren Prüffrequenzen resultieren in deutlich reduzierten Prüfzeiten. Bei vergleichbarer Dehnungsreaktion ergeben sich unterschiedliche durchschnittliche Dehnraten für die Testserien. Die erhöhte Leistungsdichte durch die hohe Prüffrequenz lässt der Temperaturentwicklung während der Prüfung polymerbasierter Werkstoffe besondere Bedeutung zukommen. Daher werden nachfolgend die Einflüsse hinsichtlich Zeit, Dehnrate und Temperatur im Frequenzübergangsbereich der Wöhler-Kurven separat dargestellt und diskutiert.

Einfluss der Zeitkomponente
Bei der Durchführung von Ermüdungsprüfungen mit einem Spannungsverhältnis von $R \neq 0$ bildet sich aufgrund der wirkenden Mittellast eine Kriechbelastung [17]. Diese muss insbesondere bei kriechanfälligen Polymeren bei den

---

[15] Reprinted/adapted from Stahlinstitut VDEh, Striemann, P.; Hülsbusch, D.; Niedermeier, M.; Walther, F., Leistungsfähigkeit der prozessinduzierten Grenzschicht von additiv gefertigten kurzfaserverstärkten Thermoplasten; Page 198, Werkstoffe und Bauteile auf dem Prüfstand (2021), with permission from Stahlinstitut VDEh.

Ermüdungsversuchen berücksichtigt werden. Da die Testreihen ein Spannungs-verhältnis von R = 0,1 hatten, wurden Kriechversuche zur Bewertung des Kriechanteils durchgeführt. Weiterhin konnte der Frequenzübergangsbereich bei vergleichbaren Belastungsniveaus und unterschiedlichen Prüffrequenzen dadurch detaillierter betrachtet werden.

Die Kriechversuche wurden mit identischen Probengeometrien an einem Universalprüfsystem 5567 (Instron, F_{max} = 30 kN) kraftkontrolliert mit kon-stanter Last bis zu einer maximalen Versuchszeit von 35 Stunden durchgeführt. Die Längenänderung der Probe wurde wie bei den Ermüdungsversuchen über die Traversenposition bestimmt. Dementsprechend beinhalten die nominelle Totaldehnung zusätzlich zur Werkstoffreaktion auch die Längenänderungen im Prüfaufbau. Die Ergebnisse dieser Versuche sind in Abbildung 5.35 in Form von Zeit-Dehnungs-Verläufen dargestellt. Dabei wurden die Versuche bei der Oberspannung 9,65 MPa (LH 0,2 mm) und 4,65 MPa (LH 0,3 mm) mit der entsprechenden Mittellast von 5,31 MPa bzw. 2,56 MPa untersucht.

Die Zeit-Dehnungs-Verläufe zeigen die unterschiedlichen Werkstoffreaktionen auf Basis der unterschiedlichen Prüffrequenzen. Dargestellt wird je eine Kurve für den Ermüdungsversuch bei 5 Hz und 1.000 Hz sowie des Kriechversuchs bei Mittellast. Bei gleichem Belastungsniveau ist die Versuchszeit bei 5 Hz deut-lich länger. Daher ist der Kriecheinfluss stärker ausgeprägt als bei den Versuchen im VHCF-Bereich mit 1.000 Hz. Die Werkstoffreaktionen der Ermüdungsver-suche haben am Versuchsbeginn eine gute Übereinstimmung mit den statischen Kriechversuchen. In Folge der Ermüdungsbelastung überlagern sich mit zuneh-mender Versuchszeit die Kriecheffekte und die Werkstoffreaktion. Bei steigender Versuchszeit nimmt demnach der Kriecheffekt zu, d. h. die Versuchsreihe am servohydraulischen Prüfsystem und der Prüffrequenz 5 Hz beinhalten größere Kriecheffekte.

Des Weiteren lässt sich auf Basis der Zeit-Dehnungs-Verläufe ein qualitativer Verlauf des Verformungsverhaltens ablesen. Unabhängig von der Prüffrequenz enthält die Werkstoffreaktion am Ende der Versuchszeit einen überdurchschnitt-lich großen Dehnungsanteil. Tendenziell ist dieser bei den servohydraulischen Versuchen mit 5 Hz größer ausgeprägt als bei den höheren Prüffrequenzen. Ein Grund für die geringere Dehnung am Versuchsende kann die geringere Aufzeichnungsfrequenz des Resonanzprüfsystems sein. Außerdem wurde in Abschnitt 5.3.1 bei den Versuchen zum Verformungsverhalten bei hohen Dehnra-ten dargelegt, dass eine Zunahme der Dehnrate u. a. in einer Abnahme der Deh-nung resultiert. Im Folgenden wird daher die Betrachtung der Zeitkomponenten um die Dehnratenkomponente erweitert.

Abbildung 5.35
Zeit-Dehnungs-Verläufe der
Ermüdungsversuche von
kohlenstoff-
kurzfaserverstärktem
Polyamid im Vergleich zu
statischen Kriechversuchen
mit dem Belastungsniveau
der Mittellast. a)
Schichthöhe 0,2 mm; b)
Schichthöhe 0,3 mm

a)
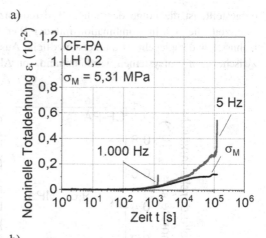

b)
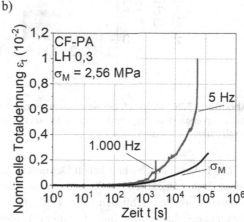

Einfluss der Dehnratenkomponente
Die nominellen durchschnittlichen Dehnraten im Frequenzübergangsbereich werden mit Hilfe der vorgestellten Datenverarbeitung in Abschnitt 4.5 berechnet. Die durchschnittlichen Dehnraten der Versuche aus dem Frequenzübergangsbereich sind in Abbildung 5.36 zusammengefasst.

Das Belastungsniveau im Frequenzübergangsbereich der jeweiligen Schichthöhe ist identisch, allerdings mit beiden Prüfsystemen und unterschiedlichen Prüffrequenzen getestet. Im Vergleich zeigen die Ergebnisse eine deutlich erhöhte Dehnrate durch die Prüfung mit dem Resonanzprüfsystem bei 1.000 Hz. Wie dargestellt, ist die Folge der hohen Prüffrequenz eine deutlich reduzierte Versuchszeit, die sich in Kombination mit der Werkstoffreaktion in einer erhöhten Dehnrate widerspiegeln. Die unterschiedliche Ausprägung der Dehnungsreaktion zwischen den Prüfsystemen wurde anhand von Abbildung 5.35 diskutiert.

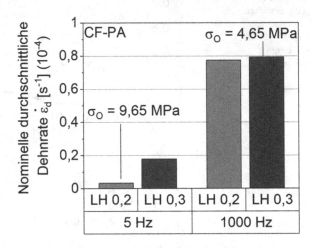

Abbildung 5.36 Vergleich der nominellen durchschnittlichen Dehnraten von kohlenstoff-kurzfaserverstärktem Polyamid im Frequenzübergangsbereich der Ermüdungsversuche bei vergleichbarem Belastungsniveau

Die höheren durchschnittlichen Dehnraten, die durch die nachträgliche Datenverarbeitung ersichtlich werden, lassen auf ein qualitativ unterschiedliches Verformungsverhalten schließen. Die Ergebnisse in Abschnitt 5.3.1 fassen den Dehnrateneinfluss mit erhöhter Festigkeit bei abnehmender Dehnung zusammen. Daher werden die Versuche mit dem Resonanzprüfsystem tendenziell überschätzt im Vergleich zu den Versuchen mit der Prüffrequenz von 5 Hz. Die geringeren Dehnungsanteile bei höheren Prüffrequenzen können ebenfalls auf den Dehnrateneffekt zurückgeführt werden. Für eine detailliertere Betrachtung während der Ermüdungsversuche werden statische Versuche mit der berechneten durchschnittlichen Dehnrate in Anlehnung an ISO 899-1 [192] durchgeführt.

Abbildung 5.37
Zeit-Dehnungs-Verläufe der
Ermüdungsversuche von
kohlenstoff-
kurzfaserverstärktem
Polyamid im Vergleich zu
statischen Kriechversuchen
und quasistatischen
Zugversuchen.
a) Schichthöhe 0,2 mm;
b) Schichthöhe 0,3 mm

a)

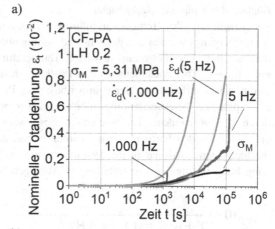

b)

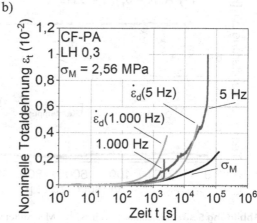

Die entsprechenden Ergebnisse in Abbildung 5.37 erweitern die Darstellung aus Abbildung 5.35 mit den dehnungskontrollierten Zugversuchen. Die Zeit-Dehnungs-Verläufe ergeben vergleichbare Werkstoffreaktionen hinsichtlich der nominellen Totaldehnung. Des Weiteren zeigen die zusätzlichen Ergebnisse keine signifikante Auswirkung im untersuchten Dehnratenbereich. In Bezug auf den Frequenzübergangsbereich kann daher der Dehnratenkomponente ein vernachlässigbarer Einfluss zugeordnet werden.

Einfluss der Temperaturkomponente

Zur Ermittlung des Temperatureinflusses insbesondere im Bereich des Frequenzübergangs wurden oberflächen- und volumenbasierte Temperaturmessungen durchgeführt. Für die volumenbasierte Temperaturmessung konnten im Fertigungsprozess Thermoelemente in den Prüfbereich der Proben integriert werden. Dadurch ist die Erfassung der volumenbasierten Probentemperatur ohne zusätzlich spanende Nachbearbeitung möglich. Zwar wird der lokale Querschnitt durch das vorhandene Thermoelement geschwächt, die Prozedur ist jedoch vollständig in den Fertigungsprozess integrierbar. Zusätzlich werden die bruchmechanischen Analysen in die Diskussion mit aufgenommen, um die lokalen Umgebungsbedingungen unmittelbar vor Versagen beurteilen zu können.

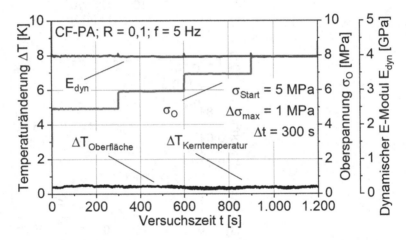

Abbildung 5.38 Ausschnitt eines Mehrstufenversuchs von kohlenstoff-kurzfaserverstärktem Polyamid mit oberflächen- und volumenbasierter Temperaturmessung bei der Prüffrequenz 5 Hz

Der Mehrstufenversuch in Abbildung 5.38 zeigt einen Ermüdungsversuch mit einer Prüffrequenz von 5 Hz und kombinierter Temperaturmessung sowohl an der Oberfläche als auch im Probenvolumen. Der Versuchsaufbau und die Probenfertigung mit innenliegendem Thermoelement sind in Abschnitt 4.5 dargestellt. Die Oberspannung zum Startzeitpunkt beträgt 5 MPa und wird nach 300 s um jeweils 1 MPa erhöht. Da das innenliegende Thermoelement nicht bei der Querschnittsberechnung berücksichtigt wurde, ist die effektive Spannung im lokal geschwächten Querschnitt höher. Daher dienen die Ergebnisse dieser Mehrstufenversuche nur zum qualitativen Vergleich zwischen den Prüffrequenzen, nicht aber im Zusammenhang mit der absoluten Ermüdungsfestigkeit. Durch die Erhöhung der Belastung ergibt sich innerhalb der ersten Stufen keine signifikante Erhöhung der Probentemperatur. Sowohl die Messung an der Oberfläche als auch die Messung im Probenvolumen zeigen keine Erhöhung in Folge von Eigenerwärmung. Die Probensteifigkeit bleibt über die Versuchsdauer des Mehrstufenversuchs nahezu konstant.

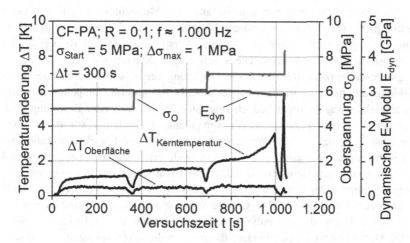

Abbildung 5.39 Mehrstufenversuch von kohlenstoff-kurzfaserverstärktem Polyamid mit oberflächen- und volumenbasierter Temperaturmessung bei der Prüffrequenz 1.000 Hz

Der Mehrstufenversuch in Abbildung 5.39 zeigt den gleichen Versuchsaufbau für das Resonanzprüfsystem mit 1.000 Hz Prüffrequenz. Die Zeitspanne von 300 s pro Stufe ist identisch, führt allerdings durch die höhere Prüffrequenz zu deutlich gesteigerten Verlustenergien. Dementsprechend ist die zu erwartende Temperaturentwicklung in diesem Mehrstufenversuch höher. Wie in Abschnitt 4.5 dargestellt, geht die Temperaturerhöhung mit einer Zunahme an Weg und Maschinenleistung einher. Die Abkühlphasen zwischen den Versuchen sind auf den Prüfablauf zurückzuführen, da kurzzeitige Entlastungen zwischen den Belastungsstufen notwendig waren. Diese Abkühlphasen sind auch bei der ansonsten konstanten Oberflächentemperatur zu sehen. Da die Versuche mit aktiver Kühlung durchgeführt wurden, werden die Thermoelemente an der Oberfläche

ebenfalls von der Kühlung beeinflusst. Der Unterschied zwischen Oberflächen-
und Kerntemperatur belegt die Herausforderungen für die Ermittlung der Temperaturentwicklung bei hohen Prüffrequenzen mit gleichzeitiger Kühlung. Die
ausschließliche Betrachtung der Oberflächentemperatur bei zusätzlicher externer
Kühlung lässt keine Rückschlüsse auf die Temperaturentwicklung im Probenkern
zu. Dennoch zeigen die Ergebnisse, dass bei den geprüften Belastungsniveaus auch die Temperaturänderung im Probenkern im Toleranzbereich der Norm
< 10 K bleibt.

Abbildung 5.38 zeigt nur den Anfang des Mehrstufenversuchs bei einer
Prüffrequenz von 5 Hz, der gesamte Versuch bis zum Versagen ist in Abbildung 5.40 dargestellt. Über die gesamte Versuchszeit ist ein Rückgang der
Probensteifigkeit zu erkennen. Die regelmäßigen Spitzen sind auf die Belas-
tungswechsel zurückzuführen. Da die Ermüdungsversuche bei 5 Hz ohne aktive
Kühlung durchgeführt wurden, ist die oberflächenbasierte Temperaturmessung
tendenziell aussagekräftiger. Jedoch zeigt sich bei zunehmender Belastung auch
hier keine eindeutige Zunahme der Temperatur. Unmittelbar vor dem Versagen lässt sich auch bei den Versuchen bei 5 Hz messtechnisch eine Erhöhung
der Kerntemperatur feststellen. Die Unterschiede zwischen der Oberflächen- und
Kerntemperatur erfordern eine detailliertere Betrachtung der Temperaturbedingungen während der Ermüdungsprüfung. Durch die höhere Prüffrequenz wirkt
eine größere Energiedichte. Die geringe Wärmeleitfähigkeit in Kombination mit
der starken Dämpfung bei Polymerwerkstoffen resultieren in Eigenerwärmung
[135]. Daher besteht die Gefahr eines thermisch induzierten Versagens. Die detaillierte Betrachtung der Temperaturkomponente belegt jedoch, dass die Prüfung
von polymerbasierten AM-Werkstoffen bei hohen Prüffrequenzen möglich ist.
Um den frequenzinduzierten Temperatureinfluss als vernachlässigbar einzustufen,
sollte die Temperaturänderung im Probenkern jedoch normkonform unterhalb von
10 K liegen.

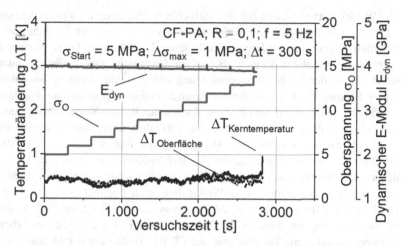

Abbildung 5.40 Mehrstufenversuch von kohlenstoff-kurzfaserverstärktem Polyamid mit oberflächen- und volumenbasierter Temperaturmessung bei der Prüffrequenz 5 Hz

Zusammenfassende Ergebnisse zum Ermüdungsverhalten der prozessinduzierten Grenzschicht im VHCF-Bereich

Die separate Betrachtung der Einflussfaktoren Zeit, Dehnrate und Temperatur im Frequenzübergangsbereich verdeutlicht die Unterschiede zwischen den Testserien. Diese Beurteilung der Frequenzeffekte erschließt jedoch die Anwendung eines Hochfrequenz-Prüfsystems für polymerbasierte Werkstoffe. Bei höheren Frequenzen ergeben sich kürzere Versuchszeiten, die im Falle von überlagerten Kriechbelastungen durchaus erwünscht sind. Jedoch entwickeln sich dadurch tendenziell höhere durchschnittliche Dehnraten. Daher müssen die unterschiedlichen prüftechnischen Effekte, die sich aus den verschiedenen Systemen und Frequenzen ergeben, berücksichtigt werden. Nichtsdestotrotz resultieren die bruchmechanischen Analysen des Frequenzübergangsbereichs in vergleichbaren Verformungs- und Schädigungsmechanismen unabhängig von der Prüffrequenz. So sind insbesondere die lokalen Bereiche mit großen plastischen Verformungen trotz der erheblichen Unterschiede in der Leistungsdichte hervorzuheben. Die erstmalige Beschreibung des Ermüdungsverhaltens der prozessinduzierten Grenzschicht bei sehr hohen Bruchlastspielzahlen ermöglicht die Abschätzung der Leistungsfähigkeit in Abhängigkeit der Schichthöhe. Dadurch ist eine anwendungs- und eigenschaftsfokussierte Auslegung der prozessinduzierten Grenzschicht von AM-Werkstoffen möglich.

Die Wöhler-Kurven weisen auf ein Abflachen der Steigung im VHCF-Bereich hin. Die separate Betrachtung und quantitative Beschreibung der Ermüdungseigenschaften zeigen eine Änderung des Neigungskoeffizienten. Diese Variation des Ermüdungsverhaltens kann z. B. auf prüftechnische Gegebenheiten oder Unterschiede in der Schädigungsentwicklung zurückgeführt werden. So dokumentierte Hülsbusch [119], dass der geringere Schädigungsgrad an kontinuierlich faserverstärkten Polymeren, zu einem Abflachen der Wöhler-Kurve führen kann. Sollte das anwendungsorientierte Ermüdungsverhalten über einer Lastspielzahl von 10^7 gefordert werden, wird die Absicherung der Wöhler-Kurven bis zu 10^8 empfohlen, da eine Neigungsänderung der Wöhler-Kurven bei hohen Lastspielzahlen erkannt wurde. Mit den Ergebnissen wurde nachgewiesen, dass für die Absicherung von polymerbasierten Werkstoffen auch oberhalb von 10^7 Lastwechsel eine Prüffrequenz von 1.000 Hz verwendet werden kann, sofern die Temperaturänderung im Rahmen der Norm (< 10 K) bleibt. Für diese Arbeit und die prozessinduzierte Grenzschicht des CF-PAs konnte mit der Messung der Kerntemperatur nachgewiesen werden, dass der Temperatureinfluss bei niedrigen Belastungsniveaus vernachlässigbar ist. Die Ergebnisse können für eine Erweiterung des Anwendungsspektrums für polymerbasierte Werkstoffe verwendet werden.

Die Wöhler-Kurven innerhalb des LCF-/HCF-Bereichs zeigen keine signifikante Änderung der Neigung, hingegen ändert sich die Neigung in der VHCF-Testserie. Da der Vergleich innerhalb einer Prüfserie stattfindet, kann der Einfluss der Prüfeinrichtungen ausgeschlossen und auf den untersuchten Prozesseffekt eingegrenzt werden. Im LCF-/HCF-Bereich konnte weder dem integralen Porenvolumen (c_{Pore}) noch dem primären Oberflächenprofil ($c_{Oberfläche}$) ein dominanter Einfluss zugeordnet werden. Die signifikante Reduzierung der mechanischen Werkstoffkennwerte konnte lediglich der Gesamtheit des Prozesseffekts ($c_{Prozess}$) zugeordnet werden. Die Annäherung der Wöhler-Kurven kann daher ebenfalls nur im Rahmen des Prozesseffekts lokalisiert werden. Ein Erklärungsansatz für die unterschiedlichen Ausprägungen ist die steigende Relevanz eines prozessinduzierten Defekts oder Bindungseffekts. So konnte durch die Ergebnisse zum Verformungsverhalten bei hohen Dehnraten dem Zusammenspiel von der Polymerkettendiffusion und dem Extrusionsdruck ein dominanter Bindungsmechanismus zugeordnet werden.

Für die Auslegung nach anwendungsorientierten Kriterien unter sehr hohen Lastspielzahlen können erstmals Empfehlungen gegeben werden. Hinsichtlich der Leistungsfähigkeit sind im Bereich sehr hohe Lastspielzahlen kleinere Schichthöhen zu bevorzugen. Durch die Annäherung der Wöhler-Kurven bei hohen Lastspielzahlen eröffnen sich Potenziale bezüglich der Prozesseffizienz. Im

Zusammenspiel zwischen Leistungsfähigkeit und Prozesseffizienz können die Eigenschaftsprofile der AM-Werkstoffe anwendungsorientiert ausgelegt werden.

- Die höheren Prüffrequenzen führen bei vergleichbaren Belastungsniveaus tendenziell zu höheren Bruchlastspielzahlen im Vergleich zu niedrigeren Prüffrequenzen.
- Im VHCF-Bereich deutet sich eine Annäherung der Wöhler-Kurven an.
- Im Frequenzübergangsbereich zeigen sich durch die höheren Prüffrequenzen, kürzere Versuchszeiten. Dementsprechend ist der Kriecheinfluss geringer.
- Durch die kürzeren Versuchszeiten bei höheren Prüffrequenzen ergeben sich tendenziell höhere nominelle durchschnittliche Dehnraten. Ein positiver Dehnrateneffekt kann in diesem Dehnratenbereich jedoch nicht nachgewiesen werden.
- Durch die erhöhte Leistungsdichte bei höheren Prüffrequenzen steigt die Temperatur der Proben an. Bei den geprüften Belastungsniveaus bleiben die Anstiege im Toleranzbereich der Norm. Die ausschließliche Betrachtung der Oberflächentemperatur bei zusätzlicher externer Kühlung lässt keine Rückschlüsse auf die relevante Temperaturentwicklung der Probe zu.
- Eine anwendungsorientierte Auslegung für lebensdauerorientierte Anwendungen ist hinsichtlich der Leistungsfähigkeit und Prozesseffizienz mit dem Prozessparameter Schichthöhe empfehlenswert.

5.4 Prüfsystematik für die Charakterisierung von additiv gefertigten Thermoplast-Leichtbaustrukturen

Die Prüfstrategien charakterisieren die prozessinduzierten Defekte von AM Werkstoffen und identifizieren die relevanten Prozessparameter für die fertigungsbedingte Anisotropie und Grenzschicht. Auf Grundlage dieser Ergebnisse können die Prüfstrategien zu einer Prüfsystematik zusammengefasst werden, die als Leitfaden zur Charakterisierung von additiv gefertigten Thermoplast-Leichtbaustrukturen dient. In Abbildung 5.41 wird die Prüfsystematik visualisiert, die die Empfehlungen in Abhängigkeit der zu untersuchenden Fertigungseffekte definiert.

Parameter
Die relevanten prozessspezifischen Fertigungsparameter, die in dieser Studie für die Anisotropie und Grenzschicht identifiziert wurden, sind die Schichthöhe (LH),

der Düsendurchmesser (ND) und die Bauraumorientierung. Die Bauraumorientierung definiert die Hauptfertigungsrichtung (X, Y, Z) und resultiert dabei in dem Profilwinkel (α_F) und dem Oberflächenwinkel (θ_O). Die materialspezifischen Eigenschaften des Ausgangsmaterials, wie das Verhältnis von Faser und Matrix, verllständigen diese.

Grundlagen
Die Analysen zum grundlegenden, strukturellen und thermischen Verhalten in Form der DSC-Untersuchungen (1.) geben Aufschluss über relevante Fertigungsparameter. Die Fertigungstemperaturen können in Anlehnung an die Glasübergangs- (T_g) und Schmelztemperatur (T_m) ausgewählt werden.

Oberflächenbasierte Qualitätsbeurteilung
Die relevanten Fertigungsparameter ergeben bei der oberflächenbasierten Qualitätsbeurteilung (2.) eine systematische Oberflächenstruktur. Diese kann bei der mechanischen Charakterisierung durch die neuartige Berücksichtigung des profilbasierten Qualitätsmerkmals (P_z) bei der Querschnittsberechnung (A_{eff}) hinreichend berücksichtigt werden. Dadurch können erstmalig die Ergebnisse der oberflächenbasierten Qualitätsbeurteilung in die mechanischen Verformungs- und Ermüdungskennwerten einfließen.

Es werden demnach präzisere, oberflächenkompensierte Werkstoffkennwerte generiert. Die grenzschichtdominierten Proben, die zur Prüfung der prozessinduzierten Grenzschicht verwendet wurden, resultieren mit den oberflächenkompensierten Werkstoffkennwerten in einem konstanten Oberflächeneffekt bei steigender Schichthöhe.

Volumenbasierte Qualitätsbeurteilung
Die integrale volumenbasierte Qualitätsbeurteilung (3.) mittels μCT-Scans gibt eine Übersicht über den absoluten Porenvolumengehalt ($\varphi_{P,V}$). Durch erweiterte Datenauswertung und Kopplung mit der oberflächenbasierten Qualitätsbeurteilung konnte erstmals eine Klassifizierung der Poren ebenso wie die Lokalisierung von Porenansammlungen erfolgen. Dadurch konnten Rückschlüsse auf die Fertigungsbedingungen und die Ausbildung der Grenzschicht gezogen werden. Für die volumenbasierte Qualitätsbeurteilung, insbesondere bei den grenzschichtdominierten Prozessvariationen, muss das lokal aufgelöste akkumulierte Porenvolumen ($\varphi_{P,V,Akk}$) aufgenommen werden. Dadurch konnte erstmals akkumuliertes Porenvolumen in den prozessinduzierten Grenzschichten, das zu signifikant reduzierten Querschnittsflächen führt, ausgeschlossen werden. Dabei zeigte sich eine homogene Verteilung und keine systematische Ansammlung von Porenvolumen.

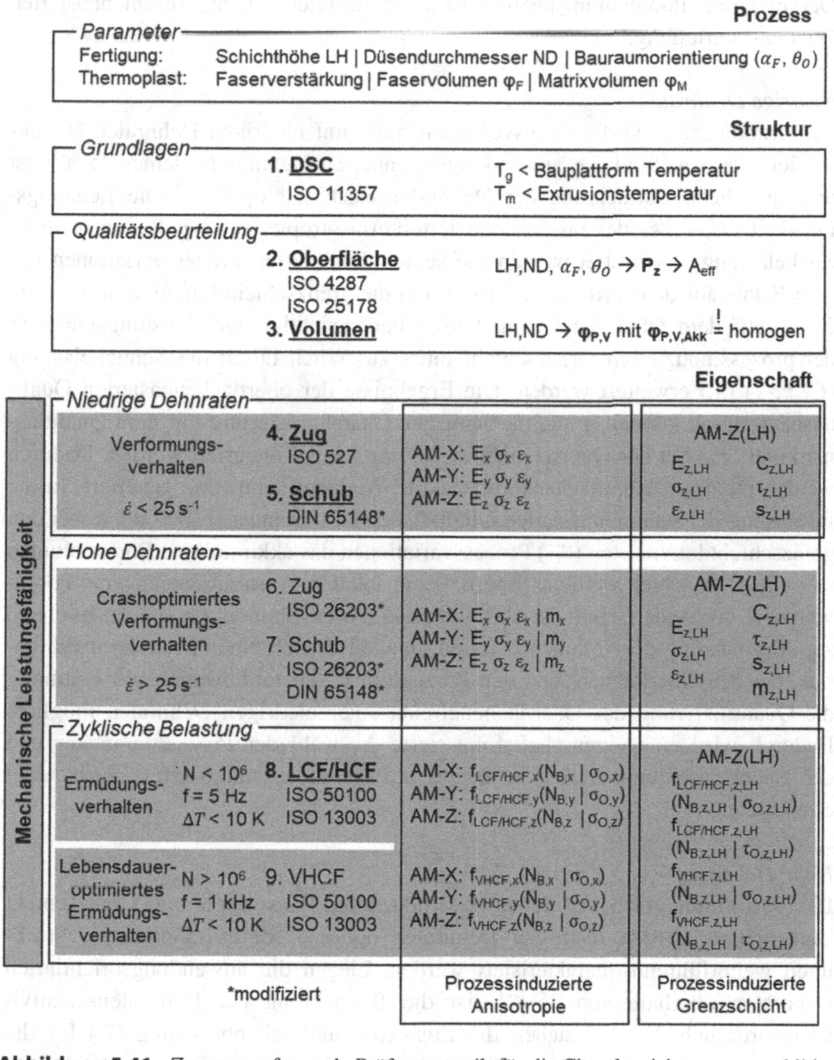

Prozess

Parameter
Fertigung:	Schichthöhe LH | Düsendurchmesser ND | Bauraumorientierung (α_F, θ_O)
Thermoplast:	Faserverstärkung | Faservolumen φ_F | Matrixvolumen φ_M

Struktur

Grundlagen
1. **DSC**	T_g < Bauplattform Temperatur
ISO 11357	T_m < Extrusionstemperatur

Qualitätsbeurteilung
2. **Oberfläche**	LH,ND, $\alpha_F, \theta_O \rightarrow P_z \rightarrow A_{eff}$
ISO 4287	
ISO 25178	
3. **Volumen**	LH,ND $\rightarrow \varphi_{P,V}$ mit $\varphi_{P,V,Akk} \overset{!}{=}$ homogen

Eigenschaft

Mechanische Leistungsfähigkeit				
Niedrige Dehnraten				
Verformungs-verhalten $\dot{\varepsilon} < 25\,s^{-1}$	4. **Zug** ISO 527	AM-X: $E_x\,\sigma_x\,\varepsilon_x$ AM-Y: $E_y\,\sigma_y\,\varepsilon_y$ AM-Z: $E_z\,\sigma_z\,\varepsilon_z$		AM-Z(LH) $E_{z,LH}$ $C_{z,LH}$ $\sigma_{z,LH}$ $\tau_{z,LH}$ $\varepsilon_{z,LH}$ $s_{z,LH}$
	5. **Schub** DIN 65148*			
Hohe Dehnraten				
Crashoptimiertes Verformungs-verhalten $\dot{\varepsilon} > 25\,s^{-1}$	6. Zug ISO 26203*	AM-X: $E_x\,\sigma_x\,\varepsilon_x \mid m_x$ AM-Y: $E_y\,\sigma_y\,\varepsilon_y \mid m_y$ AM-Z: $E_z\,\sigma_z\,\varepsilon_z \mid m_z$		AM-Z(LH) $E_{z,LH}$ $C_{z,LH}$ $\sigma_{z,LH}$ $\tau_{z,LH}$ $\varepsilon_{z,LH}$ $s_{z,LH}$ $m_{z,LH}$
	7. Schub ISO 26203* DIN 65148*			
Zyklische Belastung				
Ermüdungs-verhalten	$N < 10^6$ $f = 5\,Hz$ $\Delta T < 10\,K$	8. **LCF/HCF** ISO 50100 ISO 13003	AM-X: $f_{LCF/HCF,x}(N_{B,x} \mid \sigma_{O,x})$ AM-Y: $f_{LCF/HCF,y}(N_{B,y} \mid \sigma_{O,y})$ AM-Z: $f_{LCF/HCF,z}(N_{B,z} \mid \sigma_{O,z})$	AM-Z(LH) $f_{LCF/HCF,z,LH}$ $(N_{B,z,LH} \mid \sigma_{O,z,LH})$ $f_{LCF/HCF,z,LH}$ $(N_{B,z,LH} \mid \tau_{O,z,LH})$
Lebensdauer-optimiertes Ermüdungs-verhalten	$N > 10^6$ $f = 1\,kHz$ $\Delta T < 10\,K$	9. VHCF ISO 50100 ISO 13003	AM-X: $f_{VHCF,x}(N_{B,x} \mid \sigma_{O,x})$ AM-Y: $f_{VHCF,y}(N_{B,y} \mid \sigma_{O,y})$ AM-Z: $f_{VHCF,z}(N_{B,z} \mid \sigma_{O,z})$	$f_{VHCF,z,LH}$ $(N_{B,z,LH} \mid \sigma_{O,z,LH})$ $f_{VHCF,z,LH}$ $(N_{B,z,LH} \mid \tau_{O,z,LH})$
	*modifiziert	Prozessinduzierte Anisotropie		Prozessinduzierte Grenzschicht

Abbildung 5.41 Zusammenfassende Prüfsystematik für die Charakterisierung von additiv gefertigten Thermoplast-Leichtbaustrukturen

Der integrale Porenvolumengehalt ist dann ausreichend zur volumenbasierten Qualitätsbeurteilung.

Niedrige Dehnraten

Das grundlegende Verformungsverhalten muss mit niedrigen Dehnraten charakterisiert werden. Sind die anwendungsorientierten Dehnraten kleiner 25 s^{-1}, ist die zusätzliche Betrachtung der Dehnratensensitivität optional. Die Leistungsfähigkeit (E, σ, ε) der prozessinduzierten Anisotropie benötigt Versuche unter Zugbelastung (4.). Dabei werden die schichtdominierten Prozessvariationen mit dem Fokus auf dem Profilwinkel (α_F) und die grenzschichtdominierten mit dem Fokus auf dem Oberflächenwinkel (θ_O) berücksichtigt. Die Leistungsfähigkeit der prozessinduzierten Grenzschicht muss zusätzlich durch die Schubbelastung (C, τ, s) (5.) erweitert werden. Die Ergebnisse der oberflächenbasierten Qualitätsbeurteilung können in die mechanische Charakterisierung mit dem Qualitätsmerkmal (P_z) bei der Querschnittsberechnung (A_{eff}) integriert werden. Dadurch werden präzisere, oberflächenkompensierte Werkstoffkennwerte generiert. In die Bewertung der volumenbasierten Qualitätsbeurteilung muss insbesondere bei den grenzschichtdominierten (θ_O) Prozessvariationen das akkumulierte Porenvolumen ($\varphi_{P,V,Akk}$) beachtet werden. Sofern keine lokalen Ansammlungen von Porenvolumen vorhanden sind, ist das integrale Porenvolumen ($\varphi_{P,V}$) ausreichend zur Abschätzung der volumenbasierten Qualität. Durch einen neuartigen Prüfansatz, der den Oberflächen- und den Prozesseffekt separat bewertet, war erstmalig die Quantifizierung des Oberflächeneffekts unter niedrigen Dehnraten möglich. Dadurch wird eine eigenschaftsfokussierte Auswahl der Prozessparameter und der Nachbearbeitungsschritte in Bezug auf die prozessinduzierte Grenzschicht ermöglicht.

Hohe Dehnraten

Das Verformungsverhalten der prozessinduzierten Anisotropie und Grenzschicht kann analog zu den niedrigen Dehnraten optional für crashoptimierte Strukturen weiterführend charakterisiert werden. Liegen die anwendungsorientierten Dehnraten oberhalb von 25 s^{-1}, ist die Betrachtung der Dehnratensensitivität erforderlich. Hierbei stehen die Zug- (6.) und Schubbelastung (7.) für die jeweiligen fertigungsbedingten Eigenheiten zur Verfügung. Die entscheidenden Potenziale der erhöhten Dehnraten werden durch den Dehnratensensitivitätsindex (m) angegeben. Auf Basis der Ergebnisse konnten erstmalig Empfehlungen zur Charakterisierung und Auslegung von AM-Werkstoffen unter hohen Dehnraten formuliert werden. Zusätzlich konnten die Ergebnisse genutzt werden, um Rückschlüsse auf relevante Bindungsmechanismen zu erhalten. Eine anwendungsorientierte Auslegung der fertigungsbedingten Grenzschicht unter hohen Dehnraten ist mit dem Prozessparameter Schichthöhe (LH) realisierbar. Hinsichtlich der Leistungsfähigkeit sollten unter hohen Dehnraten niedrige Schichthöhen bevorzugt werden. Die Bewertung und Berücksichtigung der oberflächen- und volumenbasierten Qualität sollte analog zu den niedrigen Dehnraten erfolgen.

Zyklische Belastung (LCF/HCF)
Die Charakterisierung des grundlegenden Ermüdungsverhaltens muss im LCF-/HCF-Bereich (8.) erfolgen. In Abhängigkeit des anwendungsorientierten Ermüdungsverhaltens kann bis zu der Lastspielzahl 10^6 die Prüffrequenz 5 Hz verwendet werden. Die Leistungsfähigkeit ($f_{LCF/HCF} = (N_B|\sigma_O)$) der schichtdominierten (α_F) Prozessvariation muss dabei unter Zugbelastung, die grenzschichtdominierten (θ_O) Prozessvariationen müssen zusätzlich noch unter Schubbelastung ($f_{LCF/HCF} = (N_B|\tau_O)$) charakterisiert werden. Die Ergebnisse dokumentieren erstmals Verformungs- und Ermüdungskennwerte der prozessinduzierten Grenzschicht unter Zug- und Schubbelastung. Dabei zeigte sich die fertigungsbedingte Grenzschicht unter Schubbelastung sensitiver als unter Zugbelastung. Die oberflächen- und volumenbasierte Qualitätsbeurteilung ist in gleicher Weise wie bei den niedrigen Dehnraten zu berücksichtigen. Durch die Bruchanalyse im Rahmen der Charakterisierung der mechanischen Leistungsfähigkeit konnte erstmalig eine Klassifizierung von prozess- und materialspezifischen Schädigungsmechanismen erfolgen.

Zyklische Belastung (VHCF)
Das Ermüdungsverhalten der prozessinduzierten Anisotropie und Grenzschicht kann wie die Ermüdungsversuche im LCF-/HCF-Bereich optional für lebensdaueroptimierte Anwendungen im VHCF-Bereich (9.) erweitert werden. Bei anwendungsspezifischen Lastspielzahlen oberhalb von 10^6 wurde ein Abflachen der Wöhler-Kurven dokumentiert. Für Untersuchungen bis 10^8 Lastwechsel kann eine Prüffrequenz von bis zu 1.000 Hz mit externer Kühlung verwendet werden. Grundlage hierfür ist die Nachweisführung, dass die frequenzinduzierte Temperaturänderung (ΔT) im Probenvolumen normkonform unterhalb von 10 K bleibt. So wurde nachgewiesen, dass ein Hochfrequenz-Prüfsystem für polymerbasierte Werkstoffe anwendbar ist. Zusätzlich resultieren die Ergebnisse erstmalig in Empfehlungen bezüglich Charakterisierung und Auslegung der prozessinduzierten Grenzschicht im Bereich sehr hoher Lastspielzahlen. Für die fertigungsbedingte Anisotropie ist die Zugbelastung ($f_{VHCF} = (N_B|\sigma_O)$) ausreichend, die Grenzschicht muss zur Vollständigkeit zusätzlich mit der Schubbelastung ($f_{VHCF} =$

$(N_B|\tau_O))$ erweitert werden. Insbesondere bei der grenzschichtdominierten (θ_O) Prozessvariationen ist eine anwendungsorientierte Auslegung im VHCF-Bereich hinsichtlich der Leistungsfähigkeit und Prozesseffizienz mit der Schichthöhe (LH) möglich. Für eine optimierte Leistungsfähigkeit sollten geringe Schichthöhen ausgewählt werden. Hinsichtlich der Bewertung und Berücksichtigung der oberflächen- und volumenbasierten Qualität gilt das Vorgehen analog zum LCF-/HCF-Bereich.

Zusammenfassung und Ausblick 6

In der vorliegenden Arbeit wurde eine Prüfsystematik zur Charakterisierung von additiv gefertigten Thermoplast-Leichtbaustrukturen entwickelt. Hierfür wurde ein kohlenstoff-kurzfaserverstärktes Polyamid 6 (CF-PA) untersucht, das mit einer extrusionsbasierten additiven Fertigung (AM, engl. „Additive Manufacturing") verarbeitet wurde. Ein Schwerpunkt liegt auf dem Verformungs- und Ermüdungsverhalten des AM-Werkstoffs und den Einflüssen der prozessinduzierten Defekte auf die mechanischen Werkstoffkennwerte. Zur Identifizierung der prozessinduzierten Anisotropie wurde eine vergleichende Testreihe mit sortenreinen spritzgegossenen Referenzproben durchgeführt. Die mechanische Leistungsfähigkeit wurde mit dem Verformungsverhalten unter niedrigen Dehnraten und dem lebensdauerorientierten Ermüdungsverhalten im LCF-/HCF-Bereich charakterisiert. Die strukturellen Einflüsse der extrusionsbasierten Fertigung wurden mittels computertomografischer, materialografischer, mikroskopischer und thermischer Analysen untersucht.

Aufbauend auf der anisotropen AM-Werkstoffcharakteristik wurde die prozessinduzierte Grenzschicht in Fertigungsrichtung z betrachtet. Dadurch konnte der Einfluss des Prozessparameters Schichthöhe auf die Leistungsfähigkeit der Grenzschicht unter Zug- und Schubbelastung bewertet werden. Wiederum erfolgte die Beschreibung der mechanischen Leistungsfähigkeit mit dem Verformungsverhalten bei niedrigen Dehnraten und dem Ermüdungsverhalten im LCF-/HCF-Bereich. Für die Bewertung der Schubeigenschaften musste eine neuartige Prüfstrategie entwickelt und validiert werden, um die fertigungsbedingten Eigenheiten einer AM entsprechend zu berücksichtigen. Die integrale volumenbasierte Qualitätsbeurteilung wurde zu einer lokal aufgelösten Porenverteilung weiterentwickelt. Dadurch konnten Korrelationen mit den mechanischen

P. Striemann, *Entwicklung und Validierung einer Prüfsystematik zur Charakterisierung von additiv gefertigten Thermoplast-Leichtbaustrukturen*, Werkstofftechnische Berichte | Reports of Materials Science and Engineering, https://doi.org/10.1007/978-3-658-40755-1_6

Werkstoffkennwerten gefunden werden. Des Weiteren zeigten sich durch die Variation der Schichthöhe Potenziale hinsichtlich der Leistungsfähigkeit und Prozesseffizienz.

In Anlehnung an die Ergebnisse der prozessinduzierten Grenzschicht wurden je eine Prozessvariation mit dem Fokus auf den mechanischen Werkstoffkennwerten und der Fertigungszeit betrachtet. Die anwendungsorientierten Prüfbedingungen erweitern die Werkstoffcharakterisierung mit dem Verformungsverhalten unter hohen Dehnraten und dem Ermüdungsverhalten unter sehr hohen Lastspielzahlen. Die Versuchsreihe unter hochdynamischen Belastungen wurde in einem großen Dehnratenbereich durchgeführt, um den Einfluss der fertigungsbedingten Effekte auf die Dehnratensensitivität zu betrachten. Die Testserie im Bereich sehr hoher Bruchlastspielzahlen wurde analog zu dem LCF-/HCF-Bereich lebensdauerorientiert durchgeführt. Zum Einsatz kam für den VHCF-Bereich ein Hochfrequenz-Prüfsystem. Um die Vergleichbarkeit der Ermüdungseigenschaften zu gewährleisten und prüftechnische Unterschiede herauszuarbeiten, wurde der Frequenzübergangsbereich detailliert betrachtet. Dabei wurden die Einflussfaktoren für Zeit, Dehnrate und Temperatur separat erforscht.

Prozessinduzierte Anisotropie

Die Grundlage für die experimentelle Untersuchung ist das CF-PA Ausgangsmaterial. Im Zusammenspiel mit der extrusionsbasierten AM ergibt sich aus dem Ausgangsmaterial der AM-Werkstoff mit den prozessinduzierten Defekten. Einer davon ist die Bauraumorientierung, die fertigungsbedingt eine strukturelle und eigenschaftsbezogene Werkstoffcharakteristik hinterlegt. So zeigt sich eine anisotrope Oberflächenstruktur im Vergleich zu den spritzgegossenen Referenzproben. Innerhalb der Fertigungsebene xy wurde die schichtdominierte Ausprägung maßgeblich von dem Profilwinkel (α_F), die grenzschichtdominierte in Fertigungsrichtung z von dem Oberflächenwinkel (θ_O) beeinflusst. Die Ergebnisse der oberflächenbasierten Qualitätsbeurteilung konnten durch die Berücksichtigung des primären Oberflächenprofils bei der Querschnittsberechnung in die mechanischen Werkstoffkennwerte integriert werden. Dadurch konnten erstmals oberflächenkompensierte Werkstoffkennwerte generiert werden. Die volumenbasierte Qualitätsbeurteilung belegte ein vergleichbares integrales Porenvolumen mit einer schichtdominierten und grenzschichtdominierten Charakteristik. Die Weiterentwicklung der volumenbasierten Qualitätsbeurteilung konnte durch erweiterte Analysemethoden erzielt werden. Somit waren die Klassifizierung und Lokalisierung von Porenvolumen möglich. Erstmalig konnten dadurch Porenansammlungen in den prozessinduzierten Grenzschichten lokalisiert werden. Ebenso wurde ein modifizierter Fertigungsprozess AM-IPS (kurz: IPS, engl.

„Infrared Preheating System") entwickelt, der in einer homogeneren Porenverteilung resultiert. Das steigende Porenvolumen korreliert in beiden Fällen mit einem negativen Einfluss auf die mechanischen Werkstoffkennwerte. Die neuartige Qualitätsbeurteilung kann somit ebenfalls für die Rückführung geeigneter Fertigungsbedingungen bei der Ausbildung der fertigungsbedingten Grenzschicht verwendet werden.

Das Verformungs- und Ermüdungsverhalten zeigte eine reduzierte Leistungsfähigkeit der AM-Testserie ggü. den spritzgegossenen Referenzproben. Die bruchmechanische Analyse deckte erstmals charakteristische prozess- und materialspezifische Schädigungsmechanismen auf, die in Tabelle 5.4 zusammengefasst werden. Insbesondere wurde die prozessinduzierte Werkstoffversprödung in Fertigungsrichtung z hervorgehoben. Diese fällt durch eine signifikant reduzierte Leistungsfähigkeit (Steifigkeit und Festigkeit) und ein geändertes Verformungsverhalten (Bruchdehnung) auf.

Die normierte Darstellung der Ermüdungsversuche auf die Zugfestigkeit resultiert in einer dimensionslosen Wöhler-Kurve mit vergleichbarer Charakteristik der schichtdominierten AM-Proben. Nach derzeitigem Kenntnisstand kann eine erste Annäherung der schichtdominierten Ermüdungseigenschaften auf Basis der Zugfestigkeit und einer dimensionslosen schichtdominierten Wöhler-Kurve erfolgen. Hinsichtlich einer wirtschaftlichen Ermittlung sind derartige Gesetzmäßigkeiten von großer Bedeutung. In weiterführenden Versuchsreihen kann die Variation des unidirektionalen Profilwinkels (α_F) erweitert werden. Aufbauend darauf kann eine konkretisierte Gesetzmäßigkeit für die Bewertung des Ermüdungsverhaltens von unidirektionalen schichtdominierten AM-Werkstoffen untersucht werden.

Prozessinduzierte Grenzschicht
Aufbauend auf den Ergebnissen zur prozessinduzierten Anisotropie wurde die identifizierte Schwachstelle der AM-Testserie näher betrachtet. Die Bauraumorientierung mit der Hauptfertigungsrichtung in z prüft gezielt die grenzschichtdominierte Werkstoffcharakteristik. Der signifikante Einfluss des Prozessparameters Schichthöhe (LH, engl. „Layer Height") wurde zum Anlass genommen, eine Variation der Schichthöhe auf die strukturelle und eigenschaftsbezogene Werkstoffcharakteristik zu untersuchen. Die oberflächenbasierten Qualitätskennwerte belegen bei einem konstanten Oberflächenwinkel (θ_O) durch die Vergrößerung der Schichthöhe ein steigendes Oberflächenprofil. Ebenso verdeutlichte die volumenbasierte Qualitätsbeurteilung ein erhöhtes integrales Porenvolumen, jedoch mit einer homogenen Porenverteilung. Durch die Kombination der beiden Qualitätsbeurteilungen konnte erstmals akkumuliertes Porenvolumen in der Grenzschicht ausgeschlossen werden. Die Leistungsfähigkeit verringert sich mit

höhercn Schichthöhen sowohl unter quasistatischer als auch zyklischer Zug- und Schubbelastung. Unter Ermüdungsbelastung konnte erstmals der prozessinduzierten Grenzschicht eine erhöhte Sensitivität unter Schubbelastung im Vergleich zur Zugbelastung nachgewiesen werden.

Diese Versuchsreihe an „as built" Proben fasste die prozessinduzierten Effekte, wie beispielsweise den Oberflächen- ($c_{Oberfläche}$) und den Poreneffekt (c_{Pore}), in einem gemeinsamen Prozesseffekt ($c_{Prozess}$) zusammen. Durch Erweiterungen der Prüfstrategien konnte erstmalig unter niedrigen Dehnraten der Oberflächeneffekt separat von dem Prozesseffekt betrachtet werden. Dabei wurde bei steigender Schichthöhe und steigendem Qualitätskennwert ein konstanter Einfluss des Oberflächeneffekts erforscht. Durch die neuartige Berücksichtigung des Oberflächenprofils bei der Querschnittsberechnung der Proben kann somit der Oberflächeneffekt der grenzschichtdominierten AM-Proben unter niedrigen Dehnraten hinreichend berücksichtigt werden.

Für zukünftige Untersuchungen lautet die Empfehlung, die Prüfsystematik zur separaten Betrachtung des Oberflächeneffekts auch unter Ermüdungsbelastung anzuwenden. Dadurch kann die anwendungsorientierte Auslegung erweitert werden. Die Prüfsystematik zur Bewertung des grenzschichtdominierten Oberflächeneffekts bei einem Oberflächenwinkel von $\theta_O = 90°$ zeigte unter niedrigen Dehnraten einen konstanten Einfluss. Das primäre Oberflächenprofil, das für die Querschnittsberechnung benötigt und als Qualitätskennwert verwendet wurde, deutet eine steigende Charakteristik an. Der Widerspruch von einem konstanten Oberflächeneinfluss und steigendem Qualitätsindikator resultiert in dem Bedarf neuer Kennwerte zur oberflächenbasierten Qualitätsbeurteilung.

Die Ergebnisse belegen einen konstanten, aber geringfügigen Einfluss des Oberflächeneffekts. Der dominante Bindungsmechanismus, der für die mechanischen Werkstoffkennwerte der Grenzschicht verantwortlich ist, konnte jedoch nur der Gesamtheit des Prozesseffekts zugeordnet werden. Dementsprechend wurden fertigungsbedingte Effekte wie der Poreneffekt, der Extrusionsdruck und die Polymerkettendiffusion nicht detaillierter separiert. Zur weiteren Entwicklung des Prozessverständnisses ist daher eine Vertiefung des Prozesseffekts und der Wirkmechanismen notwendig. Die Empfehlung für zukünftige Forschungsarbeiten lautet daher, die weiteren Wirkmechanismen des Prozesseffekts ($c_{Prozess}$) zu separieren.

Bewertung der Leistungsfähigkeit und Prozesseffizienz

Die Charakterisierung der prozessinduzierten Grenzschicht in Abhängigkeit der Schichthöhe weist Potenziale hinsichtlich der Leistungsfähigkeit und Prozesseffizienz auf. So signalisierten die definierten Prozess-Struktur-Eigenschafts-Beziehungen bei steigenden Schichthöhen kürzere Fertigungszeiten. Jedoch gehen diese einher mit schlechteren Qualitätsmerkmalen und geringeren mechanischen Werkstoffkennwerten. Es zeigten sich somit für einen Fertigungsprozess mehrere konträre Zielgrößen. Aus diesem Grund wurden zwei Prozessvariationen mit je einem Schwerpunkt auf der Leistungsfähigkeit und der Prozesseffizienz tiefergreifend auf potenzielle Anwendungsmöglichkeiten untersucht.

Die Testreihe, die unter hohen Dehnraten durchgeführt wurde, ist insbesondere für Crashstrukturen relevant. Die Ergebnisse belegen erstmals einen positiven Dehnrateneffekt des AM-Werkstoffs, jedoch keine gesonderte Ausprägung durch die prozessinduzierten Effekte. Dementsprechend haben die Prozessvariationen eine vergleichbare Dehnratensensitivität. Die Ergebnisse konnten dafür verwendet werden, um Rückschlüsse auf dominante Bindungsmechanismen der prozessinduzierten Grenzschicht zu schließen. Dadurch konnte die Polymerkettendiffusion eine Theorie zu dem dominanten Bindungsmechanismus der Grenzschicht bestätigt werden. Die Erkenntnisse der Versuchsreihe können für eine eigenschaftsfokussierte Auswahl der Prozessparameter verwendet werden. Für eine anwendungsorientierte Auslegung können durch die Schichthöhe sowohl mechanische Werkstoffkennwerte als auch die Fertigungszeit beeinflusst werden. In weiterführenden Versuchen sollte die prozessinduzierte Anisotropie unter erhöhten Dehnraten charakterisiert werden, um die anwendungsorientierte Auslegung auf die Bauraumorientierung zu erweitern. Dabei sollte der Fokus auf den schichtdominierten Prozessvarianten liegen und dem Einfluss des Profilwinkels (α_F) auf die Dehnratenabhängigkeit.

Die Versuchsreihe bis in den Bereich sehr hoher Lastspielzahlen wurde für die Erweiterung des Prozessverständnisses durchgeführt. Die Ergebnisse geben erstmalig Empfehlungen für die Auslegung von AM-Werkstoffen unter Ermüdungsbelastung im VHCF-Bereich. Die lebensdauerorientierte Charakterisierung des Ermüdungsverhaltens erfolgte analog zum LCF-/ HCF-Bereich jedoch mit einem Hochfrequenz-Prüfsystem. Daher resultierte die Beschreibung des Ermüdungsverhaltens in Form von Wöhler-Kurven in getrennten Darstellungen und quantitativen Beschreibungen. Zur Erschließung eines Hochfrequenz-Prüfsystems folgte eine Bewertung der prüftechnischen Einflüsse im Frequenzübergangsbereich. Hierfür wurden die Einflussgrößen Zeit, Dehnrate und Temperatur getrennt voneinander betrachtet. Die oberflächen- und volumenbasierte Temperaturentwicklung belegte, dass für die Absicherung von AM-Werkstoffen im

VHCF-Bereich eine Prüffrequenz von 1.000 Hz verwendet werden kann, sofern die Temperaturänderung im Rahmen der Norm (< 10 K) bleibt. Dadurch konnte erstmalig ein Abflachen der Wöhler-Kurven im VHCF-Bereich von extrusionsbasierten AM-Werkstoffen nachgewiesen werden, das auf prozessinduzierte Defekte zurückgeführt werden konnte. Dementsprechend ist auch für das Ermüdungsverhalten unter sehr hohen Lastspielzahlen eine eigenschaftsfokussierte Auslegung der Prozessparameter möglich. Zusätzliche Testreihen sollten ebenfalls die schichtdominierten Prozessvariationen und das Ermüdungsverhalten bei sehr hohen Lastspielzahlen untersuchen.

Die Prüfstrategie zur separaten Betrachtung des Oberflächeneffekts kann zukünftig auch unter zyklischer Belastung in dem Bereich sehr hoher Lastspielzahlen erfolgen. Die bisherigen Ergebnisse signalisieren ein verändertes Bindungsverhalten bei sehr hohen Lastspielzahlen. Die abgeflachten Wöhler-Kurven deuten einen dominanten Wirkmechanismus aus der Gesamtheit des Prozesseffekts an. Die weitere Separierung des Prozesseffekts in den Poreneffekt, die Polymerkettendiffusion und den Extrusionsdruck ist auch hier sinnvoll. Eine erweiterte Datenlage in Kombination mit einer erneuten Aufteilung und Separierung der wirkenden Mechanismen optimiert die eigenschaftsfokussierte Auslegung der Prozessparameter.

Prüfsystematik

Die verwendeten Prüfstrategien wurden zu einer Prüfsystematik für die Charakterisierung von additiv gefertigten Thermoplast-Leichtbaustrukturen zusammengefasst. Die thermischen Untersuchungen konnten verwendet werden, um relevante Fertigungstemperaturen zu identifizieren. Die oberflächen- und volumenbasierte Qualitätsbeurteilung konnte durch neuartige Ansätze die qualitative Beschreibung von AM-Werkstoffen weiterentwickeln. So war es erstmalig möglich, oberflächenkompensierte Werkstoffkennwerte zu generieren. Die Kombination der beiden Qualitätsbeurteilungen konnte zur Klassifizierung und Lokalisierung von Porenvolumen entwickelt werden, sodass Rückschlüsse auf Fertigungsbedingungen ermöglicht wurden.

Die mechanischen Prüfungen zur Charakterisierung des Verformungs- und Ermüdungsverhaltens konnte anhand der prozessinduzierten Anisotropie und Grenzschicht validiert werden. Die prozessinduzierte Grenzschicht beinhaltet mehrere überlagerte Effekte, die separat charakterisiert werden konnten. Dabei konnte erstmalig ein konstanter Oberflächeneffekt durch die prozessinduzierte Grenzschicht dokumentiert und quantifiziert werden. Dadurch ist u. a. eine eigenschaftsfokussierte Auswahl der Prozessparameter oder der Nachbearbeitungsschritte möglich. In Bezug auf anwendungsorientierte Prüfbedingungen wird ab einer Dehnrate von 25 s^{-1} die zusätzliche Absicherung unter hohen Dehnraten empfohlen. Gleiches gilt für Anwendungen unter Ermüdungsbelastung im VHCF-Bereich. Dabei wird die Absicherung bis zu 10^8 Lastwechsel empfohlen, wobei ein Hochfrequenz-Prüfsystem für derartige Prüfungen an polymerbasierten Werkstoffen validiert werden konnte.

Zur Steigerung des Prozessverständnisses können in fortführenden Arbeiten die überlagerten Prozesseffekte weiter separiert werden. Die Quantifizierung der Effekte kann auch für die Ermüdungseigenschaften erfolgen, um die eigenschaftsfokussierte Auswahl der Prozessparameter zu erforschen. Am Beispiel der oberflächenkompensierten Werkstoffkennwerte zeigt sich eine hinreichende Berücksichtigung der oberflächenbasierten Qualitätsbeurteilung bei der Querschnittsberechnung. In weiterführenden Arbeiten können Methoden entwickelt werden, die die volumenbasierte Qualitätsbeurteilung ebenfalls berücksichtigen.

Publikationen und Präsentationen

Im Themenbereich der vorliegenden Dissertation wurden von dem Autor folgende Publikationen vorveröffentlicht:

- Striemann, P.; Hülsbusch, D.; Niedermeier, M.; Walther, F.: Leistungsfähigkeit der prozessinduzierten Grenzschicht von additiv gefertigten kurzfaserverstärkten Thermoplasten. Werkstoffprüfung 2021 – Werkstoffe und Bauteile auf dem Prüfstand, Hrsg.: S. Brockmann und U. Krupp, ISBN 978-3-941269-98-9 (2021) 194–199.
- Striemann, P.; Huelsbusch, D.; Niedermeier, M.; Walther, F.: Application-oriented assessment of the interlayer tensile strength of additively manufactured polymers. Additive Manufacturing 46, 102095 (2021) 1–8. https://doi.org/10.1016/j.addma.2021.102095
- Striemann, P.; Gerdes, L.; Hülsbusch, D.; Niedermeier, M.; Walther, F.: Interlayer bonding capability of additively manufactured polymer structures under high strain rate tensile and shear loading. Polymers 13, 1301 (2021) 1–11. https://doi.org/10.3390/polym13081301
- Striemann, P.; Bulach, S.; Hülsbusch, D.; Niedermeier, M.; Walther, F.: Shear characterization of additively manufactured short carbon fiber-reinforced polymer. Macromolecular Symposia 395, 200247 (2021) 1–5. https://doi.org/10.1002/masy.202000247
- Striemann, P.; Huelsbusch, D.; Mrzljak, S.; Niedermeier, M.; Walther, F.: Systematic approach for the characterization of additive manufactured and injection molded short carbon fiber-reinforced polymers under tensile loading. Materials Testing 62, 6 (2020) 561–567. https://doi.org/10.3139/120.111517

- Striemann, P.; Huelsbusch, D.; Niedermeier, M.; Walther, F.: Optimization and quality evaluation of the interlayer bonding performance of additively manufactured polymer structures. Polymers 12, 1166 (2020) 1–11. https://doi.org/10.3390/polym12051166
- Striemann, P.; Hülsbusch, D.; Mrzljak, S.; Niedermeier, M.; Walther, F.: Effective tensile strength of additively manufactured discontinuous carbon fiber-reinforced polymer via computed tomography. ICCM22, Proc. of the 22nd International Conference on Composite Materials (2019) 1–9.
- Striemann, P.; Huelsbusch, D.; Niedermeier, M.; Walther, F.: Quasi-static characterization of polyamide-based discontinuous CFRP manufactured by additive manufacturing and injection molding. Key Engineering Materials 809, ISSN 1662–9795 (2019) 386–391. https://doi.org/10.4028/www.scientific.net/KEM.809.386

Im Themenbereich der vorliegenden Dissertation wurden von dem Autor folgende Fachvorträge präsentiert:

- Striemann, P. (V.); Niedermeier, M.; Hülsbusch, D.; Walther, F.: Leistungsfähigkeit der prozessinduzierten Grenzschicht von additiv gefertigten kurzfaserverstärkten Thermoplasten. Werkstoffprüfung 2021, Web-Konferenz, 02.–03. Dez. (2021).
- Striemann, P. (V.); Hülsbusch, D.; Baak, N.; Niedermeier, M.; Walther, F.: Fatigue behavior and damage evolution of additively manufactured short carbon fiber reinforced thermoplastics in the VHCF regime. MECHCOMP7, 7th International Conference on Mechanics of Composites, Web Conference, Portugal, 01.–03. Sept. (2021).
- Striemann, P. (V.); Bulach, S.; Hülsbusch, D.; Niedermeier, M.; Walther, F.: Shear characterization of additively manufactured short carbon fiber-reinforced polymer. POLCOM, 4th International Conference Progress on Polymers and Composites Products and Manufacturing Technologies 2020, Web Conference, 26.–27.Nov. (2020).
- Striemann, P. (V.); Hülsbusch, D.; Niedermeier, M.; Walther, F.: Optimierung der Grenzschichtqualität von additiv gefertigten Kunststoffen durch eine in situ Infrarotheizung. Werkstoffwoche 2019, Dresden, 18.–20. Sept. (2019).
- Striemann, P. (V.); Hülsbusch, D.; Mrzljak, S.; Niedermeier, M.; Walther, F.: Effective tensile strength of additively manufactured discontinuous carbon fiber-reinforced polymer via computed tomography. ICCM22, 22nd International Conference on Composite Materials, Melbourne, Australia, 11.–16. Aug. (2019).

- Striemann, P. (V.); Hülsbusch, D.; Niedermeier, M.; Walther, F.: Quasi-static characterization of polyamide-based discontinuous CFRP manufactured by additive manufacturing and injection molding. 22. Symposium Verbundwerkstoffe und Werkstoffverbunde, Kaiserslautern, 26.–28. Juni (2019).

Studentische Arbeiten

Im Themenbereich der vorliegenden Dissertation wurden von dem Autor folgende studentische Arbeiten betreut:

- Rundel, M.; Hörmann, H.: Vergleichende werkstoffmechanische Prüfung von Kunststoffflachproben: FDM und Spritzguss. Projektarbeit, Ravensburg-Weingarten University of Applied Science (2018).
- Metzger, T.; Waizenegger, M.; Schlageter, H.: Versuchsentwicklung für die Werkstoffprüfung von additiv gefertigten Bauteilen. Projektarbeit, Ravensburg-Weingarten University of Applied Science (2018).
- Bulach, S.: Charakterisierung der Interlayer-Scherfestigkeit additiv gefertigter Polymere. Bachelorthesis, Ravensburg-Weingarten University of Applied Science (2019).
- Schalgeter, H.: Einfluss von Düsendurchmesser und Schichthöhe auf die quasi-statischen Werkstoffeigenschaften additiv gefertigter Polymere. Bachelorthesis, Ravensburg-Weingarten University of Applied Science (2019).
- Gresser, M.; Tarnowski, F.; Melzer, P.; Braun, T.; Waller, M.; Weishaupt, A.; Pautsch, T.: Entwicklung und Bewertung einer neuartigen Bauteilheizung im FLM 3D-Druck. Projektarbeit, Ravensburg-Weingarten University of Applied Science (2019).

Den Studierenden danke ich für die geleisteten Beiträge.

P. Striemann, *Entwicklung und Validierung einer Prüfsystematik zur Charakterisierung von additiv gefertigten Thermoplast-Leichtbaustrukturen*, Werkstofftechnische Berichte | Reports of Materials Science and Engineering, https://doi.org/10.1007/978-3-658-40755-1

Literaturverzeichnis

[1] O.H. Ezeh, L. Susmel, Reference strength values to design against static and fatigue loading polylactide additively manufactured with in-fill level equal to 100%, Material Design & Processing Communications 1 (2019). https://doi.org/10.1002/mdp2.45.

[2] A.D. Pertuz, S. Díaz-Cardona, O.A. González-Estrada, Static and fatigue behaviour of continuous fibre reinforced thermoplastic composites manufactured by fused deposition modelling technique, International Journal of Fatigue 130 (2020) 1–12. https://doi.org/10.1016/j.ijfatigue.2019.105275.

[3] M.Á. Caminero, J.M. Chacón, E. García-Plaza, P.J. Núñez, J.M. Reverte, J.P. Becar, Additive manufacturing of PLA-based composites using Fused Filament Fabrication: Effect of graphene nanoplatelet reinforcement on mechanical properties, dimensional accuracy and texture, Polymers 11 (2019). https://doi.org/10.3390/polym11050799.

[4] J.S. Chohan, R. Singh, K.S. Boparai, Mathematical modelling of surface roughness for vapour processing of ABS parts fabricated with fused deposition modelling, Journal of Manufacturing Processes 24 (2016) 161–169. https://doi.org/10.1016/j.jmapro.2016.09.002.

[5] H. Eiliat, J. Urbanic, Determining the relationships between the build orientation, process parameters and voids in additive manufacturing material extrusion processes, The International Journal of Advanced Manufacturing Technology 100 (2019) 683–705. https://doi.org/10.1007/s00170-018-2540-6.

[6] H.-J. Bargel, G. Schulze, Werkstoffkunde, Springer Vieweg, Berlin, 2018.

[7] M. Bonnet, Kunststofftechnik, Springer Fachmedien Wiesbaden, Wiesbaden, 2016.

[8] G. Ehrenstein, Polymer-Werkstoffe: Struktur – Eigenschaften – Anwendung, Carl Hanser Verlag, München, 2011.

[9] W. Weißbach, M. Dahms, C. Jaroschek, Werkstoffkunde, Springer Fachmedien Wiesbaden, Wiesbaden, 2015.

[10] H. Domininghaus, P. Elsner, P. Eyerer, T. Hirth, Kunststoffe: Eigenschaften und Anwendungen, Springer, Berlin, 2012.

© Der/die Herausgeber bzw. der/die Autor(en), exklusiv lizenziert an Springer Fachmedien Wiesbaden GmbH, ein Teil von Springer Nature 2023
P. Striemann, *Entwicklung und Validierung einer Prüfsystematik zur Charakterisierung von additiv gefertigten Thermoplast-Leichtbaustrukturen*, Werkstofftechnische Berichte | Reports of Materials Science and Engineering, https://doi.org/10.1007/978-3-658-40755-1

[11] J. Rösler, H. Harders, M. Bäker, Mechanisches Verhalten der Werkstoffe, Springer Fachmedien Wiesbaden, Wiesbaden, 2016.

[12] Statista, Anteile an der Verwendung von Kunststoff in Europa nach Einsatzgebieten in den Jahren 2016 bis 2018. https://de.statista.com/statistik/daten/studie/206528/umfrage/verwendung-von-kunststoff-in-europa-nach-einsatzgebieten/ (Zugriff am 19 April 2022).

[13] M. Eftekhari, A. Fatemi, Tensile, creep and fatigue behaviours of short fibre reinforced polymer composites at elevated temperatures: a literature survey, Fatigue & Fracture of Engineering Materials & Structures 38 (2015) 1395–1418. https://doi.org/10.1111/ffe.12363.

[14] B. Klein, Leichtbau-Konstruktion, Springer Fachmedien Wiesbaden, Wiesbaden, 2013.

[15] E. Witten, Handbuch Faserverbundkunststoffe/Composites, Springer Fachmedien Wiesbaden, Wiesbaden, 2013.

[16] H. Schürmann, Konstruieren mit Faser-Kunststoff-Verbunden, Springer Berlin Heidelberg, Berlin, 2007.

[17] M. Stommel, M. Stojek, W. Korte, FEM zur Berechnung von Kunststoff- und Elastomerbauteilen, Carl Hanser Verlag, München, 2011.

[18] A.A. Griffith, VI. The phenomena of rupture and flow in solids, Philosophical transactions of the royal society of london (1921) 163–198.

[19] K.G. Schmitt-Thomas, Integrierte Schadenanalyse, Springer Vieweg, Berlin, 2015.

[20] Deutsches Institut für Normung, DIN EN ISO/ASTM 52900: Additive Fertigung – Grundlagen – Terminologie, Beuth Verlag, Berlin, 2017.

[21] Deutsches Institut für Normung, DIN EN ISO/ASTM 52921: Normbegrifflichkeiten für die Additive Fertigung – Koordinatensysteme und Prüfmethodologien, Beuth Verlag, Berlin, 2017.

[22] Deutsches Institut für Normung, DIN 8580: Fertigungsverfahren, Beuth Verlag, Berlin, 2003.

[23] A. Gebhardt, Einführung in die Additiven Fertigungsverfahren: Grundlagen und Anwendungen des Additive Manufacturing (AM), Carl Hanser Verlag, München, 2014.

[24] C. Bonten, Kunststofftechnik: Einführung und Grundlagen, Carl Hanser Verlag, München, 2016.

[25] P. Fastermann, 3D-Drucken, Springer Berlin Heidelberg, Berlin, Heidelberg, 2014.

[26] J. Breuninger, R. Becker, A. Wolf, S. Rommel, A. Verl, Generative Fertigung mit Kunststoffen, Springer Berlin Heidelberg, Berlin, 2013.

[27] ASTM International, Standard Terminology for Additive Manufacturing Technologies: F2792–12a, ASTM International, West Conshohocken, PA, 2012.

[28] P. Striemann, D. Huelsbusch, M. Niedermeier, F. Walther, Optimization and quality evaluation of the interlayer bonding performance of additively manufactured polymer structures, Polymers (2020) 1–11. https://doi.org/10.3390/polym12051166.

[29] B. Vasudevarao, D. Prakash Natarajan, M. Henrderson, A. Razdan, Sensitivity of RP surface finish to process parameter variation, in: Solid freeform fabrication proceedings, Austin, TX, 2000.

[30] A. Barari, H.A. Kishawy, F. Kaji, M.A. Elbestawi, On the surface quality of additive manufactured parts, The International Journal of Advanced Manufacturing Technology 89 (2017) 1969–1974. https://doi.org/10.1007/s00170-016-9215-y.

[31] A. Lalehpour, A. Barari, A more accurate analytical formulation of surface roughness in layer-based additive manufacturing to enhance the product's precision, The International Journal of Advanced Manufacturing Technology 96 (2018) 3793–3804. https://doi.org/10.1007/s00170-017-1448-x.

[32] G. Gomez-Gras, R. Jerez-Mesa, J.A. Travieso-Rodriguez, J. Lluma-Fuentes, Fatigue performance of fused filament fabrication PLA specimens, Materials & Design 140 (2018) 278–285. https://doi.org/10.1016/j.matdes.2017.11.072.

[33] A. Armillotta, M. Cavallaro, Edge quality in fused deposition modeling: I. Definition and analysis, Rapid Prototyping Journal 23 (2017) 1079–1087. https://doi.org/10.1108/RPJ-02-2016-0020.

[34] F. Kaji, A. Barari, Evaluation of the surface roughness of additive manufacturing parts based on the modelling of cusp geometry, International Federation of Automatic Control 48 (2015) 658–663. https://doi.org/10.1016/j.ifacol.2015.06.157.

[35] M.S. Alsoufi, A.E. Elsayed, How surface roughness performance of printed parts manufactured by desktop FDM 3D printer with PLA+ is influenced by measuring direction, American Journal of Mechanical Engineering 5 (2017) 211–222. https://doi.org/10.12691/ajme-5-5-4.

[36] V. Kuznetsov, A. Solonin, O. Urzhumtsev, R. Schilling, A. Tavitov, Strength of PLA components fabricated with fused deposition technology using a desktop 3D printer as a function of geometrical parameters of the process, Polymers (2018) 1–11. https://doi.org/10.3390/polym10030313.

[37] A. Bellini, S. Güçeri, Mechanical characterization of parts fabricated using fused deposition modeling, Rapid Prototyping Journal 9 (2003) 252–264. https://doi.org/10.1108/13552540310489631.

[38] J. Floor, B. van Deursen, E. Tempelman, Tensile strength of 3D printed materials: Review and reassessment of test parameters, Materials Testing 60 (2018) 679–686. https://doi.org/10.3139/120.111203.

[39] C. Bellehumeur, L. Li, Q. Sun, P. Gu, Modeling of bond formation between polymer filaments in the fused deposition modeling process, Journal of Manufacturing Processes 6 (2004) 170–178. https://doi.org/10.1016/S1526-6125(04)70071-7.

[40] Q. Sun, G.M. Rizvi, C.T. Bellehumeur, P. Gu, Effect of processing conditions on the bonding quality of FDM polymer filaments, Rapid Prototyping Journal 14 (2008) 72–80. https://doi.org/10.1108/13552540810862028.

[41] M. Spoerk, F. Arbeiter, H. Cajner, J. Sapkota, C. Holzer, Parametric optimization of intra- and inter-layer strengths in parts produced by extrusion-based additive manufacturing of poly(lactic acid), Journal of Applied Polymer Science 134 (2017) 45401. https://doi.org/10.1002/app.45401.

[42] W. Wu, W. Ye, P. Geng, Y. Wang, G. Li, X. Hu, J. Zhao, 3D printing of thermoplastic PI and interlayer bonding evaluation, Materials Letters 229 (2018) 206–209. https://doi.org/10.1016/j.matlet.2018.07.020.

[43] C.-Y. Lee, C.-Y. Liu, The influence of forced-air cooling on a 3D printed PLA part manufactured by fused filament fabrication, Additive Manufacturing 25 (2019) 196–203. https://doi.org/10.1016/j.addma.2018.11.012.

[44] H. Watschke, L. Waalkes, C. Schumacher, T. Vietor, Development of novel test speci-mens for characterization of multi-material parts manufactured by material extrusion, Applied Sciences 8 (2018) 1220. https://doi.org/10.3390/app8081220.

[45] R. Freund, H. Watschke, J. Heubach, T. Vietor, Determination of influencing fac-tors on interface strength of additively manufactured multi-material parts by material extrusion, Applied Sciences 9 (2019) 1782. https://doi.org/10.3390/app9091782.

[46] T.J. Coogan, D.O. Kazmer, Bond and part strength in fused deposition modeling, Rapid Prototyping Journal 23 (2017) 414–422. https://doi.org/10.1108/RPJ-03-2016-0050.

[47] R.A. Malloy, Plastic part design for injection molding: An introduction, Carl Hanser Verlag, Munich, 1994.

[48] S. Terekhina, T. Tarasova, S. Egorov, I. Skornyakov, L. Guillaumat, M.L. Hattali, The effect of build orientation on both flexural quasi-static and fatigue behaviours of fila-ment deposited PA6 polymer, International Journal of Fatigue 140 (2020) 105825. https://doi.org/10.1016/j.ijfatigue.2020.105825.

[49] F. Bähr, E. Westkämper, Correlations between influencing parameters and quality pro-perties of components produced by fused deposition modeling, Procedia CIRP 72 (2018) 1214–1219. https://doi.org/10.1016/j.procir.2018.03.048.

[50] Deutsches Institut für Normung, DIN EN ISO/ASTM 52903-1: Additive Fertigung – Materialextrusionsbasierende additive Fertigungsverfahren für Kunststoffe – Teil 1: Ausgangsmaterialien, Beuth Verlag, Berlin, 2021.

[51] Deutsches Institut für Normung, DIN EN ISO/ASTM 52903-2: Additive Fertigung – Materialextrusionsbasierende additive Fertigungsverfahren für Kunststoffe – Teil 2: Prozesszubehör, Beuth Verlag, Berlin, 2021.

[52] Deutsches Institut für Normung, DIN EN ISO 527-1: Kunststoffe – Bestimmung der Zugeigenschaften – Teil 1: Allgemeine Grundsätze, Beuth Verlag, Berlin, 2012.

[53] ASTM International, D638–14: Standard Test Method for Tensile Properties of Pla-stics, ASTM International, West Conshohocken, PA, 2017.

[54] Y. Miyano, M. Nakada, H. Cai, Formulation of long-term creep and fatigue strengths of polymer composites based on accelerated testing methodology, Journal of Compo-site Materials 42 (2008) 1897–1919. https://doi.org/10.1177/0021998308093913.

[55] Deutsches Institut für Normung, DIN EN ISO 17296-3: Additive Fertigung – Grund-lagen – Teil 3: Haupteigenschaften und entsprechende Prüfverfahren, Beuth Verlag, Berlin, 2016.

[56] Deutsches Institut für Normung, DIN EN ISO/ASTM 52902: Additive Fertigung – Testkörper – Allgemeine Leitlinie, Beuth Verlag, Berlin, 2020.

[57] H.A. Richard, B. Schramm, T. Zipsner (Eds.), Additive Fertigung von Bauteilen und Strukturen, Springer Fachmedien Wiesbaden, Wiesbaden, 2019.

[58] E. Wycisk, Ermüdungseigenschaften der laseradditiv gefertigten Titanlegierung TiAl6V4, Springer Berlin Heidelberg, Berlin, Heidelberg, 2017.

[59] G.D. Goh, Y.L. Yap, H.K.J. Tan, S.L. Sing, G.L. Goh, W.Y. Yeong, Process–struc-ture–properties in polymer additive manufacturing via material extrusion: A review, Critical Reviews in Solid State and Materials Sciences 10 (2019) 1–21. https://doi.org/10.1080/10408436.2018.1549977.

[60] A. Alafaghani, A. Qattawi, B. Alrawi, A. Guzman, Experimental optimization of fused deposition modelling processing parameters: A design-for-manufacturing

approach, Procedia Manufacturing 10 (2017) 791–803, https://doi.org/10.1016/j.pro mfg.2017.07.079.

[61] Deutsches Institut für Normung, DIN EN ISO 4287: Geometrische Produktspezifikation (GPS) – Oberflächenbeschaffenheit: Tastschnittverfahren – Benennungen, Definitionen und Kenngrößen der Oberflächenbeschaffenheit, Beuth Verlag, Berlin, 2010.

[62] Deutsches Institut für Normung, DIN 4760: Gestaltabweichungen – Begriffe, Ordnungssystem, Beuth Verlag, Berlin, 1982.

[63] C.P. Keferstein, M. Marxer, C. Bach, Fertigungsmesstechnik, Springer Fachmedien Wiesbaden, Wiesbaden, 2018.

[64] Deutsches Institut für Normung, DIN EN ISO 25178-2: Geometrische Produktspezifikation (GPS) – Oberflächenbeschaffenheit: Flächenhaft – Teil 2, Beuth Verlag, Berlin, 2012.

[65] K. Thrimurthulu, P.M. Pandey, N. Venkata Reddy, Optimum part deposition orientation in fused deposition modeling, International Journal of Machine Tools and Manufacture 44 (2004) 585–594. https://doi.org/10.1016/j.ijmachtools.2003.12.004.

[66] A.P. Valerga, M. Batista, S.R. Fernandez, A. Gomez-Parra, M. Barcena, Preliminary study of the influence of manufacturing parameters in fused deposition modeling, in: Katalinic (Hg.) 2019 – Proceedings of the 30th International Symposium on Intelligent Manufacturing and Automation, pp. 1004–1008.

[67] D. Ahn, H. Kim, S. Lee, Fabrication direction optimization to minimize postmachining in layered manufacturing, International Journal of Machine Tools and Manufacture 47 (2007) 593–606. https://doi.org/10.1016/j.ijmachtools.2006.05.004.

[68] P.M. Pandey, V. Reddy, S.G. Dhande, Improvement of surface finish by staircase machining in fused deposition modeling, Journal of Materials Processing Technology 132 (2003) 323–331. https://doi.org/10.1016/S0924-0136(02)00953-6.

[69] M. Fischer, V. Schöppner, Fatigue behavior of FDM parts manufactured with Ultem 9085, The Journal of The Minerals, Metals & Materials Society 69 (2017) 563–568. https://doi.org/10.1007/s11837-016-2197-2.

[70] A. Imeri, I. Fidan, M. Allen, D.A. Wilson, S. Canfield, Fatigue analysis of the fiber reinforced additively manufactured objects, The International Journal of Advanced Manufacturing Technology 98 (2018) 2717–2724. https://doi.org/10.1007/s00170-018-2398-7.

[71] N.A. Sukindar, M.K.A. Ariffin, B.T.H.T. Baharudin, C.N.A. Jaafar, M.I.S. Ismail, Analyzing the effect of nozzle diameter in fused deposition modeling for extruding polylactic acid using open source 3D printing, Jurnal Teknologi 78 (2016). https://doi.org/10.11113/jt.v78.6265.

[72] A. Garg, A. Bhattacharya, A. Batish, Chemical vapor treatment of ABS parts built by FDM: Analysis of surface finish and mechanical strength, The International Journal of Advanced Manufacturing Technology 89 (2017) 2175–2191. https://doi.org/10.1007/s00170-016-9257-1.

[73] A. Armillotta, S. Bianchi, M. Cavallaro, S. Minnella, Edge quality in fused deposition modeling: II. experimental verification, Rapid Prototyping Journal 23 (2017) 686–695. https://doi.org/10.1108/RPJ-02-2016-0021.

[74] L. Di Angelo, P. Di Stefano, A. Marzola, Surface quality prediction in FDM additive manufacturing, The International Journal of Advanced Manufacturing Technology 93 (2017) 3655–3662. https://doi.org/10.1007/s00170-017-0763-6.

[75] D. Ahn, J.-H. Kweon, S. Kwon, J. Song, S. Lee, Representation of surface roughness in fused deposition modeling, Journal of Materials Processing Technology 209 (2009) 5593–5600. https://doi.org/10.1016/j.jmatprotec.2009.05.016.

[76] A. Boschetto, L. Bottini, Roughness prediction in coupled operations of fused deposition modeling and barrel finishing, Journal of Materials Processing Technology 219 (2015) 181–192. https://doi.org/10.1016/j.jmatprotec.2014.12.021.

[77] A. Boschetto, V. Giordano, F. Veniali, 3D roughness profile model in fused deposition modelling, Rapid Prototyping Journal 19 (2013) 240–252. https://doi.org/10.1108/13552541311323254.

[78] A. Boschetto, L. Bottini, F. Veniali, Integration of FDM surface quality modeling with process design, Additive Manufacturing 12 (2016) 334–344. https://doi.org/10.1016/j.addma.2016.05.008.

[79] A. Boschetto, L. Bottini, F. Veniali, Finishing of fused deposition modeling parts by CNC machining, Robotics and Computer-Integrated Manufacturing 41 (2016) 92–101. https://doi.org/10.1016/j.rcim.2016.03.004.

[80] M. Kahlin, H. Ansell, J.J. Moverare, Fatigue behaviour of notched additive manufactured Ti6Al4V with as-built surfaces, International Journal of Fatigue 101 (2017) 51–60. https://doi.org/10.1016/j.ijfatigue.2017.04.009.

[81] W.M. Verbeeten, M. Lorenzo-Bañuelos, R. Saiz-Ortiz, R. González, Strain-rate-dependent properties of short carbon fiber-reinforced acrylonitrile-butadiene-styrene using material extrusion additive manufacturing, Rapid Prototyping Journal 26 (2020) 1701–1712. https://doi.org/10.1108/RPJ-12-2019-0317.

82] M. König, J. Diekmann, M. Lahres, P. Middendorf, Experimental investigation of process-structure effects on interfacial bonding strength of a short carbon fiber/polyamide composite fabricated by fused filament fabrication, Progress in Additive Manufacturing (2022). https://doi.org/10.1007/s40964-021-00249-4.

[83] S. Hernández, F. Sket, J.M. Molina-Aldareguía, C. González, J. LLorca, Effect of curing cycle on void distribution and interlaminar shear strength in polymer-matrix composites, Composites Science and Technology 71 (2011) 1331–1341. https://doi.org/10.1016/j.compscitech.2011.05.002.

[84] A.T. Miller, D.L. Safranski, K.E. Smith, D.G. Sycks, R.E. Guldberg, K. Gall, Fatigue of injection molded and 3D printed polycarbonate urethane in solution, Polymer 108 (2017) 121–134. https://doi.org/10.1016/j.polymer.2016.11.055.

[85] M.L. Costa, S.F.M. Almeida, M.C. Rezende, The influence of porosity on the interlaminar shear strength of carbon/epoxy and carbon/bismaleimide fabric laminates, Composites Science and Technology 61 (2001) 2101–2108. https://doi.org/10.1016/S0266-3538(01)00157-9.

[86] A.A. Ahmed, L. Susmel, Static assessment of plain/notched polylactide (PLA) 3D-printed with different infill levels: Equivalent homogenised material concept and Theory of critical Distances, Fatigue & Fracture of Engineering Materials & Structures 42 (2019) 883–904. https://doi.org/10.1111/ffe.12958.

[87] L. Li, Q. Sun, C. Bellehumeur, P. Gu, Composite modeling and analysis for fabrica tion of FDM prototypes with locally controlled properties, Journal of Manufacturing Processes 4 (2002) 129–141. https://doi.org/10.1016/S1526-6125(02)70139-4.

[88] K.R. Hart, E.D. Wetzel, Fracture behavior of additively manufactured acrylonitrile butadiene styrene (ABS) materials, Engineering Fracture Mechanics 177 (2017) 1–13. https://doi.org/10.1016/j.engfracmech.2017.03.028.

[89] M. Frascio, M. Avalle, M. Monti, Fatigue strength of plastics components made in additive manufacturing: first experimental results, Procedia Structural Integrity 12 (2018) 32–43. https://doi.org/10.1016/j.prostr.2018.11.109.

[90] S. Guessasma, S. Belhabib, H. Nouri, Significance of pore percolation to drive aniso-tropic effects of 3D printed polymers revealed with X-ray μ-tomography and finite element computation, Polymer 81 (2015) 29–36. https://doi.org/10.1016/j.polymer. 2015.10.041.

[91] T. Hofstätter, I.W. Gutmann, T. Koch, Pedersen, David B., G. Tosello, G. Heinz, H.N. Hansen, Distribution and orientation of carbon fibers in polylactic acid parts produ-ced bay fused depostion modeling, in: Proceedings of ASPE summer topical meeting, 2016.

[92] C. Ziemian, M. Sharma, S. Ziemian, Anisotropic mechanical properties of ABS parts fabricated by fused deposition modelling, Mechanical Engineering (2012). https://doi. org/10.5772/2397.

[93] S.A. Tronvoll, T. Welo, C.W. Elverum, The effects of voids on structural properties of fused deposition modelled parts: a probabilistic approach, The International Journal of Advanced Manufacturing Technology 97 (2018) 3607–3618. https://doi.org/10.1007/ s00170-018-2148-x.

[94] H. Nouri, S. Guessasma, S. Belhabib, Structural imperfections in additive manufac-turing perceived from the X-ray micro-tomography perspective, Journal of Materi-als Processing Technology 234 (2016) 113–124. https://doi.org/10.1016/j.jmatprotec. 2016.03.019.

[95] C. Ebert, W. Hufenbach, A. Langkamp, M. Gude, Modelling of strain rate dependent deformation behaviour of polypropylene, Polymer Testing 30 (2011) 183–187. https:// doi.org/10.1016/j.polymertesting.2010.11.011.

[96] S.R. Raisch, B. Möginger, High rate tensile tests – measuring equipment and evalua-tion, Polymer Testing 29 (2010) 265–272. https://doi.org/10.1016/j.polymertesting. 2009.11.010.

[97] I.M. Daniel, B.T. Werner, J.S. Fenner, Strain-rate-dependent failure criteria for com-posites, Composites Science and Technology 71 (2011) 357–364. https://doi.org/10. 1016/j.compscitech.2010.11.028.

[98] M. Zrida, H. Laurent, V. Grolleau, G. Rio, M. Khlif, D. Guines, N. Masmoudi, C. Bra-dai, High-speed tensile tests on a polypropylene material, Polymer Testing 29 (2010) 685–692. https://doi.org/10.1016/j.polymertesting.2010.05.007.

[99] W. Hufenbach, A. Langkamp, M. Gude, C. Ebert, A. Hornig, S. Nitschke, H. Böhm, Characterisation of strain rate dependent material properties of textile reinforced ther-moplastics for crash and impact analysis, Procedia Materials Science 2 (2013) 204–211. https://doi.org/10.1016/j.mspro.2013.02.025.

[100] J.E. Field, S.M. Walley, W.G. Proud, H.T. Goldrein, C.R. Siviour, Review of experi-mental techniques for high rate deformation and shock studies, International Journal

of Impact Engineering 30 (2004) 725–775. https://doi.org/10.1016/j.ijimpeng.2004.
03.005.

[101] X. Xiao, Dynamic tensile testing of plastic materials, Polymer Testing 27 (2008) 164–
178. https://doi.org/10.1016/j.polymertesting.2007.09.010.

[102] M. Schoßig, C. Bierögel, W. Grellmann, T. Mecklenburg, Mechanical behavior of
glass-fiber reinforced thermoplastic materials under high strain rates, Polymer Testing
27 (2008) 893–900. https://doi.org/10.1016/j.polymertesting.2008.07.006.

[103] D. Zhu, S.D. Rajan, B. Mobasher, A. Peled, M. Mignolet, Modal analysis of a servo-
hydraulic high speed machine and its application to dynamic tensile testing at an
intermediate strain rate, Experimental Mechanics 51 (2011) 1347–1363. https://doi.
org/10.1007/s11340-010-9443-2.

[104] X. Fang, A one-dimensional stress wave model for analytical design and optimization
of oscillation-free force measurement in high-speed tensile test specimens, International Journal of Impact Engineering 149 (2021) 103770. https://doi.org/10.1016/j.iji
mpeng.2020.103770.

[105] P. Striemann, L. Gerdes, D. Huelsbusch, M. Niedermeier, F. Walther, Interlayer bonding capability of additively manufactured polymer structures under high strain rate
tensile and shear loading, Polymers 13 (2021) 1301. https://doi.org/10.3390/polym1
3081301.

[106] J. Li, X. Fang, Stress wave analysis and optical force measurement of servo-hydraulic
machine for high strain rate testing, Experimental Mechanics 54 (2014) 1497–1501.
https://doi.org/10.1007/s11340-014-9929-4.

[107] N. Vidakis, M. Petousis, E. Velidakis, M. Liebscher, V. Mechtcherine, L. Tzounis, On
the strain rate sensitivity of Fused Filament Fabrication (FFF) processed PLA, ABS,
PETG, PA6, and PP thermoplastic polymers, Polymers 12 (2020). https://doi.org/10.
3390/polym12122924.

[108] N. Vidakis, M. Petousis, A. Korlos, E. Velidakis, N. Mountakis, C. Charou, A.
Myftari, Strain rate sensitivity of polycarbonate and thermoplastic polyurethane for
various 3D printing temperatures and layer heights, Polymers 13 (2021). https://doi.
org/10.3390/polym13162752.

[109] W.M.H. Verbeeten, R.J. Arnold-Bik, M. Lorenzo-Bañuelos, Print velocity effects
on strain-rate sensitivity of Acrylonitrile-Butadiene-Styrene using material extrusion additive manufacturing, Polymers 13 (2021). https://doi.org/10.3390/polym1301
0149.

[110] M. Nasraoui, P. Forquin, L. Siad, A. Rusinek, Influence of strain rate, temperature and
adiabatic heating on the mechanical behaviour of poly-methyl-methacrylate: Experimental and modelling analyses, Materials & Design 37 (2012) 500–509. https://doi.
org/10.1016/j.matdes.2011.11.032.

[111] D.L. Goble, E.G. Wolff, Strain-rate sensitivity index of thermoplastics, Journal of
Materials Science (1993) 5986–5994.

[112] J. Cui, S. Wang, S. Wang, G. Li, P. Wang, C. Liang, The effects of strain rates on
mechanical properties and failure behavior of long glass fiber reinforced thermoplastic
com-posites, Polymers 11 (2019). https://doi.org/10.3390/polym11122019.

[113] H. Pouriayevali, S. Arabnejad, Y.B. Guo, V. Shim, A constitutive description of the
rate-sensitive response of semi-crystalline polymers, International Journal of Impact
Engineering 62 (2013) 35–47. https://doi.org/10.1016/j.ijimpeng.2013.05.002.

[114] E. Cuan-Urquizo, E. Barocio, V. Tejada-Ortigoza, R.B. Pipes, C.A. Rodriguez, A. Roman-Flores, Characterization of the mechanical properties of FFF structures and materials: A review on the experimental, computational and theoretical approaches, Materials 12 (2019). https://doi.org/10.3390/ma12060895.

[115] M. Eftekhari, A. Fatemi, Creep-fatigue interaction and thermo-mechanical fatigue behaviors of thermoplastics and their composites, International Journal of Fatigue 91 (2016) 136–148. https://doi.org/10.1016/j.ijfatigue.2016.05.031.

[116] Deutsches Institut für Normung, DIN 50100: Schwingfestigkeitsversuch – Durchführung und Auswertung von zyklischen Versuchen mit konstanter Lastamplitude für metallische Werkstoffproben und Bauteile, Beuth Verlag, Berlin, 2016.

[117] W. Grellmann, V. Altstädt, Kunststoffprüfung, Carl Hanser Verlag, München, 2011.

[118] M.F. Afrose, S.H. Masood, P. Iovenitti, M. Nikzad, I. Sbarski, Effects of part build orientations on fatigue behaviour of FDM-processed PLA material, Progress in Additive Manufacturing (2016) 21–28. https://doi.org/10.1007/s40964-015-0002-3.

[119] D. Hülsbusch, Charakterisierung des temperaturabhängigen Ermüdungs- und Schädigungsverhaltens von glasfaserverstärktem Polyurethan und Epoxid im LCF- bis VHCF-Bereich, Springer Fachmedien Wiesbaden, Wiesbaden, 2021.

[120] E. Belmonte, M. de Monte, C.-J. Hoffmann, M. Quaresimin, Damage initiation and evolution in short fiber reinforced polyamide under fatigue loading: Influence of fiber volume fraction, Composites Part B: Engineering 113 (2017) 331–341. https://doi.org/10.1016/j.compositesb.2017.01.023.

[121] ISO, 13003: Fibre-reinforced plastics – Determination of fatigue properties under cyclic loading conditions, 2003.

[122] P. Horst, T.J. Adam, M. Lewandrowski, B. Begemann, F. Nolte, Very high cycle fatigue – testing methods, 39th Risø International Symposium on Materials Science 388 (2018). https://doi.org/10.1088/1757-899X/388/1/012004.

[123] P. Lorsch, M. Sinapius, P. Wierach, Methodology for the high-frequency testing of fiber-reinforced plastics, in: H.-J. Christ (Ed.), Fatigue of materials at very high numbers of loading cycles: Experimental Techniques, Mechanisms, Modeling and Fatigue Life Assessment, Springer Fachmedien Wiesbaden, Wiesbaden, 2018, pp. 487–509.

[124] S. Mortazavian, A. Fatemi, Effects of mean stress and stress concentration on fatigue behavior of short fiber reinforced polymer composites, Fatigue & Fracture of Engineering Materials & Structures 39 (2016) 149–166. https://doi.org/10.1111/ffe.12341.

[125] M.M. Padzi, M.M. Bazin, W.M.W. Muhamad, Fatigue characteristics of 3D printed acrylonitrile butadiene styrene (ABS), IOP Conference Series: Materials Science and Engineering 269 (2017) 12060. https://doi.org/10.1088/1757-899X/269/1/012060.

[126] V. Shanmugam, O. Das, K. Babu, U. Marimuthu, A. Veerasimman, D.J. Johnson, R.E. Neisiany, M.S. Hedenqvist, S. Ramakrishna, F. Berto, Fatigue behaviour of FDM-3D printed polymers, polymeric composites and architected cellular materials, International Journal of Fatigue 143 (2021) 106007. https://doi.org/10.1016/j.ijfatigue.2020.106007.

[127] S. Hassanifard, S.M. Hashemi, On the strain-life fatigue parameters of additive manufactured plastic materials through fused filament fabrication process, Additive Manufacturing 32 (2020) 100973. https://doi.org/10.1016/j.addma.2019.100973.

[128] S. Ziemian, M. Okwara, C.W. Ziemian, Tensile and fatigue behavior of layered acrylonitrile butadiene styrene, Rapid Prototyping Journal 21 (2015) 270–278. https://doi.org/10.1108/RPJ-09-2013-0086.

[129] T. Letcher, M. Waytashek, Material property testing of 3D-printed specimen in PLA on an entry-level 3D printer, in: Proceedings of the ASME International Mechanical Engineering Congress and Exposition – 2014, Montreal, Quebec, Canada, ASME, New York, NY, 2015, V02AT02A014.

[130] H.R. Vanaei, M. Shirinbayan, S. Vanaei, J. Fitoussi, S. Khelladi, A. Tcharkhtchi, Multi-scale damage analysis and fatigue behavior of PLA manufactured by fused deposition modeling (FDM), Rapid Prototyping Journal 27 (2021) 371–378. https://doi.org/10.1108/RPJ-11-2019-0300.

[131] R. Jerez-Mesa, J.A. Travieso-Rodriguez, J. Llumà-Fuentes, G. Gomez-Gras, D. Puig, Fatigue lifespan study of PLA parts obtained by additive manufacturing, Procedia Manufacturing 13 (2017) 872–879. https://doi.org/10.1016/j.promfg.2017.09.146.

[132] W. Cui, X. Chen, C. Chen, L. Cheng, J. Ding, H. Zhang, Very high cycle fatigue (VHCF) characteristics of carbon fiber reinforced plastics (CFRP) under ultrasonic loading, Materials 13 (2020). https://doi.org/10.3390/ma13040908.

[133] N. Jia, V.A. Kagan, Effects of time and temperature on the tension-tension fatigue behavior of short fiber reinforced polyamides, Polymer Composites 19 (1998) 408–414. https://doi.org/10.1002/pc.10114.

[134] D. Flore, K. Wegener, H. Mayer, U. Karr, C.C. Oetting, Investigation of the high and very high cycle fatigue behaviour of continuous fibre reinforced plastics by conventional and ultrasonic fatigue testing, Composites Science and Technology 141 (2017) 130–136. https://doi.org/10.1016/j.compscitech.2017.01.018.

[135] J.A. Till, P. Horst, P. Lorsch, M. Sinapius, Experimental investigation of VHCF of polymer composites: two alternative approaches *, Materials Testing 54 (2012) 734–741. https://doi.org/10.3139/120.110386.

[136] T.J. Adam, P. Horst, Very high cycle fatigue testing and behavior of GFRP cross- and angle-ply laminates, in: H.-J. Christ (Ed.), Fatigue of materials at very high numbers of loading cycles: Experimental Techniques, Mechanisms, Modeling and Fatigue Life Assessment, Springer Fachmedien Wiesbaden, Wiesbaden, 2018, pp. 511–532.

[137] D. Backe, F. Balle, Ultrasonic fatigue and microstructural characterization of carbon fiber fabric reinforced polyphenylene sulfide in the very high cycle fatigue regime, Composites Science and Technology 126 (2016) 115–121. https://doi.org/10.1016/j.compscitech.2016.02.020.

[138] F. Balle, D. Backe, Very high cycle fatigue of carbon fiber reinforced polyphenylene sulfide at ultrasonic frequencies, in: H.-J. Christ (Ed.), Fatigue of materials at very high numbers of loading cycles: Experimental Techniques, Mechanisms, Modeling and Fatigue Life Assessment, Springer Fachmedien Wiesbaden, Wiesbaden, 2018, pp. 441–461.

[139] D.A. Roberson, A.R. Torrado Perez, C.M. Shemelya, A. Rivera, E. MacDonald, R.B. Wicker, Comparison of stress concentrator fabrication for 3D printed polymeric izod impact test specimens, Additive Manufacturing 7 (2015) 1–11. https://doi.org/10.1016/j.addma.2015.05.002.

[140] F. Arbeiter, L. Trávníček, S. Petersmann, P. Dlhý, M. Spoerk, G. Pinter, P. Hutař, Damage tolerance-based methodology for fatigue lifetime estimation of a structural

component produced by material extrusion-based additive manufacturing, Additive Manufacturing 36 (2020) 101730. https://doi.org/10.1016/j.addma.2020.101730.

[141] 3DXTech, Safety Data Sheet: CarbonX™ Carbon Fiber Nylon, 2020.

[142] 3DXTech, Technical Data Sheet: CarbonX™ Carbon Fiber Nylon (Gen3) 3D Printing Filament, 2020.

[143] S. Bakrani Balani, F. Chabert, V. Nassiet, A. Cantarel, Influence of printing parameters on the stability of deposited beads in fused filament fabrication of poly(lactic) acid, Additive Manufacturing 25 (2019) 112–121. https://doi.org/10.1016/j.addma.2018.10.012.

[144] P. Striemann, D. Huelsbusch, M. Niedermeier, F. Walther, Quasi-static characterization of polyamide-based discontinuous CFRP manufactured by additive manufacturing and injection molding, Key Engineering Materials 809 (2019) 386–391. https://doi.org/10.4028/www.scientific.net/KEM.809.386.

[145] Deutsches Institut für Normung, DIN EN ISO 527-2: Kunststoffe – Bestimmung der Zugeigenschaften – Teil 2: Prüfbedingungen für Form- und Extrusionsmassen, Beuth Verlag, Berlin, 2012.

[146] Deutsches Institut für Normung, DIN EN ISO 11357-2: Kunststoffe – Dynamische Differenz-Thermoanalyse (DSC) – Teil 2: Bestimmung der Glasübergangstemperatur und der Glasübergangsstufenhöhe, Beuth Verlag, Berlin, 2014.

[147] Deutsches Institut für Normung, DIN EN ISO 11357-3: Kunststoffe – Dynamische Differenz-Thermoanalyse (DSC) – Teil 3: Bestimmung der Schmelz- und Kristallisationstemperatur und der Schmelz- und Kristallisationsenthalpie, Beuth Verlag, Berlin, 2018.

[148] G.W. Ehrenstein, Thermische Analyse: Brandprüfung, Wärme- und Temperaturleitfähigkeit, DSC, DMA, TMA, Hanser, München, 2020.

[149] S. Petersmann, P. Spoerk-Erdely, M. Feuchter, T. Wieme, F. Arbeiter, M. Spoerk, Process-induced morphological features in material extrusion-based additive manufacturing of polypropylene, Additive Manufacturing 35 (2020) 101384. https://doi.org/10.1016/j.addma.2020.101384.

[150] Y. Song, Y. Li, W. Song, K. Yee, K.-Y. Lee, V.L. Tagarielli, Measurements of the mechanical response of unidirectional 3D-printed PLA, Materials & Design 123 (2017) 154–164. https://doi.org/10.1016/j.matdes.2017.03.051.

[151] H.J. Jordan, M. Wegner, H. Tiziani, Highly accurate non-contact chracterizaion of engineering surfaces using confocal microscopy, Measurement Science and Technology (1998) 1142–1151.

[152] Deutsches Institut für Normung, DIN 65148: Luft und Raumfahrt – Prüfung von faserverstärkten Kunststoffen Bestimmung der interlaminaren Scherfestigkeit im Zugversuch, Beuth Verlag, Berlin, 1986.

[153] D. Huelsbusch, M. Haack, A. Solbach, C. Emmelmann, F. Walther, Influence of pin size on tensile and fatigue behavior of Ti CFRP hybrid structures produced by laser additive manufactuing, International Conference on Composite Materials (2015) 1–12.

[154] P. Striemann, S. Bulach, D. Hülsbusch, M. Niedermeier, F. Walther, Shear characterization of additively manufactured short carbon fiber-reinforced polymer, Macromolecular Symposia 395 (2021) 1–5. https://doi.org/10.1002/masy.202000247.

[155] Deutsches Institut für Normung, DIN EN ISO 9513: Metallische Werkstoffe – Kalibrierung von Längenänderungs-Messeinrichtungen für die Prüfung mit einachsiger Beanspruchung, Beuth Verlag, Berlin, 2013.

[156] Deutsches Institut für Normung, DIN EN ISO 26203-2: Metallische Werkstoffe – Zugversuch bei hohen Dehngeschwindigkeiten – Teil 2: Servohydraulische und andere Systeme, Beuth Verlag, Berlin, 2013.

[157] F. Walther, Microstructure-oriented fatigue assessment of construction materials and joints using short-time load increase procedure*, Materials Testing 56 (2014) 519–527. https://doi.org/10.3139/120.110592.

[158] Russenberger Prüfmaschinen AG, Gigaforte 50 – Technische Daten (2015).

[159] P. Striemann, D. Huelsbusch, S. Mrzljak, M. Niedermeier, F. Walther, Effective tensile strength of additively manufactured discontinuous carbon fiber-reinforced polymer via computed tomography, International Conference on Composite Materials (2019) 1–9.

[160] P. Striemann, D. Huelsbusch, S. Mrzljak, M. Niedermeier, F. Walther, Systematic approach for the characterization of additive manufactured and injection molded short carbon fiber-reinforced polymers under tensile loading, Materials Testing 62 (2020) 561–567. https://doi.org/10.3139/120.111517.

[161] M. Rundel, H. Hörmann, Vergleichende werkstoffmechanische Prüfung von Kunststoffflachproben: FDM und Spritzguss. Projektarbeit, Weingarten, 2018.

[162] T. Metzger, M. Waizenegger, H. Schlageter, Versuchsentwicklung für die Werkstoffprüfung von additiv gefertigten Bauteilen. Projektarbeit, Weingarten, 2018.

[163] B.N. Turner, R. Strong, S. A. Gold, A review of melt extrusion additive manufacturing processes: I. Process design and modeling, Rapid Prototyping Journal 20 (2014) 192–204. https://doi.org/10.1108/RPJ-01-2013-0012.

[164] B.N. Turner, S.A. Gold, A review of melt extrusion additive manufacturing processes: II. Materials, dimensional accuracy, and surface roughness, Rapid Prototyping Journal 21 (2015) 250–261. https://doi.org/10.1108/RPJ-02-2013-0017.

[165] I. Durgun, R. Ertan, Experimental investigation of FDM process for improvement of mechanical properties and production cost, Rapid Prototyping Journal 20 (2014) 228–235. https://doi.org/10.1108/RPJ-10-2012-0091.

[166] Z. Quan, J. Suhr, J. Yu, X. Qin, C. Cotton, M. Mirotznik, T.-W. Chou, Printing direction dependence of mechanical behavior of additively manufactured 3D preforms and composites, Composite Structures 184 (2018) 917–923. https://doi.org/10.1016/j.compstruct.2017.10.055.

[167] Verein Deutscher Ingenieure, VDI 3822 – Schadensanalyse: Schäden an thermoplastischen Kunststoffprodukten durch mechanische Beanspruchung, 2012.

[168] H.L. Tekinalp, V. Kunc, G.M. Velez-Garcia, C.E. Duty, L.J. Love, A.K. Naskar, C.A. Blue, S. Ozcan, Highly oriented carbon fiber–polymer composites via additive manufacturing, Composites Science and Technology 105 (2014) 144–150. https://doi.org/10.1016/j.compscitech.2014.10.009.

[169] S.-H. Ahn, M. Montero, D. Odell, S. Roundy, P.K. Wright, Anisotropic material properties of fused deposition modeling ABS, Rapid Prototyping Journal 8 (2002) 248–257. https://doi.org/10.1108/13552540210441166.

[170] M. Faes, E. Ferraris, D. Moens, Influence of inter-layer cooling time on the quasi-static properties of ABS components produced via fused deposition modelling, Procedia CIRP 42 (2016) 748–753. https://doi.org/10.1016/j.procir.2016.02.313.

[171] J.M. Chacón, M.A. Caminero, E. García-Plaza, P.J. Núñez, Additive manufacturing of PLA structures using fused deposition modelling: Effect of process parameters on mechanical properties and their optimal selection, Materials & Design 124 (2017) 143–157. https://doi.org/10.1016/j.matdes.2017.03.065.

[172] J.C. Riddick, M.A. Haile, R.V. Wahlde, D.P. Cole, O. Bamiduro, T.E. Johnson, Fractographic analysis of tensile failure of acrylonitrile-butadiene-styrene fabricated by fused deposition modeling, Additive Manufacturing 11 (2016) 49–59. https://doi.org/10.1016/j.addma.2016.03.007.

[173] V. Kishore, C. Ajinjeru, A. Nycz, B. Post, J. Lindahl, V. Kunc, C. Duty, Infrared preheating to improve interlayer strength of big area additive manufacturing (BAAM) components, Additive Manufacturing 14 (2017) 7–12. https://doi.org/10.1016/j.addma.2016.11.008.

[174] A.K. Sood, R.K. Ohdar, S.S. Mahapatra, Experimental investigation and empirical modelling of FDM process for compressive strength improvement, Journal of Advanced Research 3 (2012) 81–90. https://doi.org/10.1016/j.jare.2011.05.001.

[175] C. Koch, L. van Hulle, N. Rudolph, Investigation of mechanical anisotropy of the fused filament fabrication process via customized tool path generation, Additive Manufacturing 16 (2017) 138–145. https://doi.org/10.1016/j.addma.2017.06.003.

[176] M. Dawoud, I. Taha, S.J. Ebeid, Mechanical behaviour of ABS: An experimental study using FDM and injection moulding techniques, Journal of Manufacturing Processes 21 (2016) 39–45. https://doi.org/10.1016/j.jmapro.2015.11.002.

[177] Z. Weng, J. Wang, T. Senthil, L. Wu, Mechanical and thermal properties of ABS/montmorillonite nanocomposites for fused deposition modeling 3D printing, Materials & Design 102 (2016) 276–283. https://doi.org/10.1016/j.matdes.2016.04.045.

[178] C.W. Ziemian, R.D. Ziemian, K.V. Haile, Characterization of stiffness degradation caused by fatigue damage of additive manufactured parts, Materials & Design 109 (2016) 209–218. https://doi.org/10.1016/j.matdes.2016.07.080.

[179] O.H. Ezeh, L. Susmel, On the fatigue strength of 3D-printed polylactide (PLA), Procedia Structural Integrity 9 (2018) 29–36. https://doi.org/10.1016/j.prostr.2018.06.007.

[180] C.W. Ziemian, D.E. Cipoletti, S. Ziemian, M.N. Okawara, K.V. Haile, Monotonic and cyclic tensile properties of ABS components fabricated by additive manufacturing, Annual International Solid Freeform Fabrication Symposium (2014) 525–541.

[181] P. Striemann, D. Huelsbusch, M. Niedermeier, F. Walther, Application-oriented assessment of the interlayer tensile strength of additively manufactured polymers, Additive Manufacturing (2021) 102095. https://doi.org/10.1016/j.addma.2021.102095.

[182] H. Schlageter, Einfluss von Düsendurchmesser und Schichthöhe auf die quasistatischen Werkstoffeigenschaften additiv gefertigter Polymere. Bachelorarbeit, Weingarten, 2019.

[183] S. Bulach, Charakterisierung der Interlayer-Scherfestigkeit additiv gefertigter Polymere. Bachelorarbeit, Weingarten, 2019.

[184] E. García Plaza, P.J.N. López, M.Á.C. Torija, J.M.C. Muñoz, Analysis of PLA geo-
metric properties processed by FFF additive manufacturing: Effects of process parameters and plate-extruder precision motion, Polymers 11 (2019). https://doi.org/10.
3390/polym11101581.

[185] Deutsches Institut für Normung, DIN 53442: Dauerschwingversuch im Biegebereich
an flachen Probekörpen, Beuth Verlag, Berlin, 1990.

[186] G.C. Onwubolu, F. Rayegani, Characterization and optimization of mechanical properties of ABS parts manufactured by the fused deposition modelling process, International Journal of Manufacturing Engineering 2014 (2014) 1–13. https://doi.org/10.
1155/2014/598531.

[187] B.M. Tymrak, M. Kreiger, J.M. Pearce, Mechanical properties of components fabricated with open-source 3-D printers under realistic environmental conditions, Materials & Design 58 (2014) 242–246. https://doi.org/10.1016/j.matdes.2014.02.038.

[188] C.S. Davis, K.E. Hillgartner, S.H. Han, J.E. Seppala, Mechanical strength of welding
zones produced by material extrusion additive manufacturing, Additive Manufacturing 16 (2017) 162–166. https://doi.org/10.1016/j.addma.2017.06.006.

[189] C. Kousiatza, D. Karalekas, In-situ monitoring of strain and temperature distributions
during fused deposition modeling process, Materials & Design 97 (2016) 400–406.
https://doi.org/10.1016/j.matdes.2016.02.099.

[190] P. Striemann, D. Hülsbusch, M. Niedermeier, F. Walther, Leistungsfähigkeit der prozessinduzierten Grenzschicht von additiv gefertigten kurzfaserverstärkten Thermoplasten, in: Werkstoffe und Bauteile auf dem Prüfstand, 2021, pp. 194–199.

[191] A.R. Torrado Perez, D.A. Roberson, R.B. Wicker, Fracture surface analysis of 3D-
printed tensile specimens of novel ABS-based materials, Journal of Failure Analysis
and Prevention 14 (2014) 343–353. https://doi.org/10.1007/s11668-014-9803-9.

[192] Deutsches Institut für Normung, DIN EN ISO 899-1: Kunststoffe – Bestimmung des
Kriechverhaltens, Beuth Verlag, Berlin, 2018.

[193] M. Gresser, F. Tarnowski, P. Melzer, T. Braun, M. Waller, A. Weishaupt, T. Pautsch,
Entwicklung und Bewertung einer neuartigen Bauteilheizung im FLM 3D-Druck.
Projektarbeit, Weingarten, 2019.

Printed in the United States
by Baker & Taylor Publisher Services